林木花卉种植与环境保护

主 编　郝　凤　李　阳　贾红茹

黄河水利出版社
·郑州·

内容提要

本书介绍了林木和花卉种植的分类、特征,分析了林木和花卉种植与气候变化、水资源保护、生物多样性、土壤保护等方面的内在联系,探讨了林业与花卉产业发展趋势与市场需求。本书适用于林业、花卉产业、环境保护、生态学等相关专业的人员参阅。

图书在版编目(CIP)数据

林木花卉种植与环境保护 / 郝凤,李阳,贾红茹主编. -- 郑州:黄河水利出版社,2024. 6. -- ISBN 978-7-5509-3909-7

Ⅰ. S68;S72

中国国家版本馆 CIP 数据核字第 2024QG5538 号

组稿编辑:韩莹莹　电话:0371-66025553　E-mail:1025524002@ qq. com

责任编辑　郭　琼	责任校对　兰文峡
封面设计　黄瑞宁	责任监制　常红昕

出版发行　黄河水利出版社

　　　　　地址:河南省郑州市顺河路 49 号　邮政编码:450003

　　　　　网址:www. yrcp. com　E-mail:hhslcbs@ 126. com

　　　　　发行部电话:0371-66020550

承印单位　广东虎彩云印刷有限公司

开　　本　787 mm×1 092 mm　1/16

印　　张　17.75

字　　数　300 千字

版次印次　2024 年 6 月第 1 版　　　　2024 年 6 月第 1 次印刷

定　　价　128.00 元

《林木花卉种植与环境保护》

编委会

亲爱的读者朋友们，本书全面、详细地讲述了林木种植、花卉栽培和环境保护的措施，实践性强。为保证本书的编写质量，我们邀请了资深的策划人员指导完成编写工作。

总策划：段银凤　王孝立　晁顺波　谢永霞

前 言
FOREWORD

随着工业化进程的迅猛发展和人口数量的持续增长，全球环境问题愈发凸显，气候变化带来的极端天气事件频发，水资源日益紧张，土壤退化现象加剧，生物多样性面临严重挑战，这些问题犹如悬在人类头上的"达摩克利斯之剑"，严重威胁着我们的生存和发展。在这样紧迫的形势下，林木花卉种植作为一种绿色生态技术，其重要性日益显现。它不仅能够有效改善生态环境，通过碳汇作用缓解气候变化，还能保护珍贵的水资源，提高土壤质量，维护生物多样性。因此，深入探究林木花卉种植与环境保护之间的紧密联系，不仅对于推动环境保护事业的蓬勃发展至关重要，更是实现人与自然和谐共生、可持续发展的关键所在。

本书在编写过程中，精心运用了文献综述和案例分析等多种研究方法，确保内容的丰富性和深度。我们广泛搜集并梳理了国内外最新的研究成果和实践经验，以此为基础，对林木花卉种植与环境保护之间的关系进行了全面而系统的探讨。通过深入分析林木花卉种植的基础理论，我们深入理解了其生长特性和种植要点；同时，我们对林木花卉种植的技术方法进行了详细解读，展现了这些技术在实际操作中的可行性；最后，我们结合实际应用效果，评估了这些技术在环境保护中的实际作用。这一系列的研究和分析，旨在为读者呈现一套科学、实用的林木花卉种植技术体系，为环境保护事业提供坚实而有力的技术支撑，促进绿色生态与可持续发展的双赢。

本书共分为 10 章：第 1 章介绍了研究背景与现状、林木花卉种植与环境保护的重要性；第 2 章至第 8 章分别探讨了林木花卉种植的基础理论、环境保护与生态修复、气候变化的应对、水资源保护、生物多样性保护、土壤保护以及景观生态学在林木花卉种植规划中的应用；第 9 章介绍了可持续林业与花卉产业发展；第 10 章通过案例分析与实践应用，展示了林木花卉种植在环境保护中的实际效果和未来发展方向。

　　本书既适用于林业、花卉种植、环境科学等领域的科研人员和教育工作者，也适用于对环境保护和林木花卉种植感兴趣的广大读者。希望本书能够为读者提供有益的参考和启示，为推动环境保护事业的发展贡献一份力量。限于笔者水平，书中难免有疏漏之处，敬请广大读者批评指正。

编　者

2024 年 3 月

目 录
CONTENTS

第 1 章　绪　论

随着全球环境问题的日益严峻，保护和改善生态环境成为国际社会的共同追求。林木和花卉作为自然界的重要组成部分，其种植与环境保护之间有着密不可分的关系。当前，植树造林已成为改善生态环境的有效措施之一，而花卉种植不仅美化了环境，还促进了生态循环。

1.1　研究背景与现状

1.1.1　研究背景

1.1.1.1　全球环境问题的严峻性

当前，全球环境问题愈发凸显，气候变化加剧、空气污染严重、水资源日渐枯竭、土壤退化现象普遍，这些环境恶化的迹象像一道道警示灯，不断提醒我们人类社会正面临可持续发展的严峻挑战。这些环境问题的根源，正是人类活动对自然环境的过度索取和破坏性开发。面对这样的困境，国际社会已经达成了共识，保护环境、恢复生态平衡不再是一个国家或地区的任务，而是全人类共同的责任和使命。因此，我们必须采取切实有效的措施，共同应对这些环境问题，以确保地球家园的和谐与永续发展。

1.1.1.2　林木花卉种植在环境保护中的作用

林木花卉作为自然界中不可或缺的元素，在环境保护中占据着举足轻重的地位。首先，林木通过光合作用这一自然过程，能够吸收空气中的二氧化碳，同时释放出大量氧气，这一过程不仅促进了大气的良性循环，更对减缓全球气候变暖产生了深远影响。其次，林木的根系深入土壤，能够有效固定土壤，防止水土流失，从而保护珍贵的土地资源。此外，林木还是众多野生动植物的家园，为它们提供了栖息和繁衍的场所，对维护生物多样性起到了至关重要的作用。而花卉则以其绚烂的色彩和芬芳的香气，为人们的生活增添了无限美好，它们还能吸收空气中的有害物质，净化空气，美化环境，让我们的生活空间更加宜居。

1.1.1.3　现代社会对环境保护的需求

随着人们生活水平的持续提升，对生活质量的要求也日益精细化。

优美的环境、清新的空气、绿色的生态空间，已成为衡量生活品质的重要标尺。在这样的背景下，加强环境保护、提高生态环境质量，不仅是满足人民对美好生活向往的必然要求，更是现代社会发展的必由之路。而林木花卉种植作为环境保护的重要手段之一，其独特的生态功能和美学价值在提升环境质量、美化生活环境方面发挥着不可替代的作用。因此，深入研究和实践林木花卉种植技术，对于促进环境保护、提升生态质量具有极其重要的现实意义。

1.1.1.4　科学研究与政策支持

随着环境保护意识的日益增强，科学界对林木花卉种植在环境保护中的潜力进行了广泛而深入的研究。这些研究不仅深入探讨了林木花卉种植在减少碳排放、保护水资源、维护生物多样性等方面的积极作用，还致力于挖掘和优化其种植技术，以期更好地发挥其在环境保护中的作用。与此同时，各国政府也积极响应，纷纷出台相关政策，通过财政补贴、技术支持等方式，鼓励和支持林木花卉种植的发展，为相关的科学研究和实践工作提供了强有力的政策保障和资金支持。

1.1.2　发展现状

1.1.2.1　政策引导与规划

近年来，随着环境保护意识的显著提升，国家及地方政府对林木花卉种植与环境保护的融合发展给予了高度重视，并制定了一系列相关政策以鼓励和支持这一趋势。在"十一五"规划中，国家首次明确提出要因地制宜地发展经济林和花卉产业，旨在通过科学合理的种植规划，既保护生态环境，又促进经济发展。到了"十二五"时期，政策进一步细化，强调加快发展设施农业，特别是推进茶叶、花卉等园艺作物的标准化生产。这些政策不仅为林木花卉种植提供了明确的指导方向，也为环境保护与经济发展的有机结合提供了强有力的政策支持，使两者能够相互促进，实现可持续发展。

1.1.2.2　种植面积与产量

在政策的积极引导与扶持下，我国林木花卉的种植面积和产量均展现出稳步增长的强劲势头。各地政府深入调研，根据当地的气候、土壤等自然条件，科学规划种植区域，确保每一寸土地都能得到最合理的利用。同时，积极引入国内外优质林木花卉品种，结合现代科技手段提升种植技术，从而使得林木花卉的产量和质量均实现了质的飞跃。这一成就不仅满足了国内外市场对于多样化、高品质林木花卉的日益增长需求，也为我国的环境保护事业注入了新的活力，为构建绿色生态、实现可持续发展提供了有力的支撑。

1.1.2.3　科技支撑与创新

随着科技的不断进步，林木花卉种植与环境保护的科技含量也日益提升。通过引入先进的种植技术，包括精准灌溉、智能施肥等，不仅能够确保林木花卉在生长过程中获得最适宜的环境条件，还显著提高了其成活率和产量。同时，育种技术的创新也使我们能够针对特定环境需求，培育出更具适应性的新品种。在病虫害防治方面，现代科技手段如生物防治和基因编辑技术，有效减少了化学农药的使用，保护了生态环境。此外，利用生物技术和信息技术等现代科技手段，对林木花卉进行基因改良和品种创新，不仅增强了其抗病虫害能力和生长适应性，还培育出了更多观赏价值高、环境适应性强的新品种，为环境保护提供了更多元化、更高质量的植物资源选择。

1.1.2.4　生态功能与价值

林木花卉种植在环境保护中占据着举足轻重的地位，发挥着诸多关键的生态功能。树木通过光合作用吸收大量二氧化碳并释放氧气，有效降低了大气中的温室气体浓度，显著缓解了温室效应。同时，它们的根系能够稳固土壤，减少水土流失，并有效防风固沙，降低了自然灾害的风险。花卉则以它们绚丽的色彩和迷人的香气，不仅美化了环境，更为人们带来了身心的愉悦与享受。更为重要的是，林木花卉为野生动植物提供了栖息和繁衍的场所，维护了生物多样性的稳定与丰富。这些卓越的生态功能使得林木花卉种植在环境保护中不可或缺，成为我们守护绿色家园的有力工具。

1.1.2.5　社会参与与公众意识提升

随着社会对环境保护的关注度不断攀升，公众对于林木花卉种植与环境保护的热情也日益高涨。各类志愿者组织、社会团体和企事业单位积极响应，纷纷投身于植树造林、花卉种植等公益活动中，这些行动不仅极大地推动了林木花卉种植与环境保护的普及和发展，而且有效地提升了公众对环境保护的认知度和参与度。通过亲身参与，人们更加深刻地理解到环境保护的重要性，形成了全社会共同参与、共同维护生态环境的良好氛围。

1.2　林木花卉种植与环境保护的重要性

林木花卉种植与环境保护的重要性体现在多个方面，这些方面相互交织、互为支撑，共同构建了一个完整的生态体系。

1.2.1　生态平衡维护

林木花卉种植不仅是维护生态平衡的关键策略，而且在实际操作中展现出了显著成效。通过大规模的植树造林和花卉种植，我国绿色植被的覆盖面积显著增加了，这不仅有效地防止了土地退化和沙漠化的扩展，还显著减少了诸如洪水、干旱等自然灾害的发生频率和强度。更为重要的是，这些植物通过光合作用不断产生氧气，同时消耗大气中的二氧化碳，这种自然的碳循环过程对于维持大气中氧气和二氧化碳的平衡至关重要，有助于进一步稳定地球的气候系统，为我们创造一个更加宜居的生态环境。

1.2.2　气候调节功能

林木花卉在气候调节方面展现出了显著而重要的作用。树木通过其茂密的树冠和深广的根系，能够吸收和储存大量的太阳能，减少阳光直射地面的程度，进而降低地表温度，有效缓解城市热岛效应。此外，树木的蒸腾作用是一个关键的自然过程，通过这个过程，树木能够释放大量水分到空气中，不仅增加了空气湿度，还有助于调节气温和湿度，为人们创造出更加舒适宜居的生活环境。这种天然的气候调节机制，在维护生态平衡和改善城市微气候方面，具有不可替代的科学价值。

1.2.3　水土保持功能

林木花卉种植对水土保持具有不可或缺的重要意义。树木的根系深植于土壤之中，它们像无数条锚索一样，牢牢地固定住土壤颗粒，有效防止了水土流失的发生。与此同时，植被的繁茂覆盖为地面提供了一层保护伞，减少了雨滴对地面的直接冲击，降低了地表径流的速度，使得雨水有更多的机会渗透到土壤深层，从而促进了水分的储存和地下水的补给。这些作用共同构建了一个稳固的水土保持体系，对于保护珍贵的土地资源、防止土地退化和沙漠化具有重要的科学价值和实际意义。

1.2.4　生物多样性保护

林木花卉种植不仅为野生动植物提供了宝贵的栖息地和丰富的食物来源，而且在维护生物多样性方面发挥着至关重要的作用。通过精心选择和种植不同种类的树木和花卉，能够构建出一个丰富多样的生态环境，这样的环境为各种生物提供了适宜的生存条件，满足了它们对食物、水源和庇护所的需求。同时，茂密的植被还能够有效减少人类活动对生物栖息地的干扰和破坏，为野生动植物提供一个相对安全、稳定的生存空间，有助于促进生物种群的繁衍生息，从而进一步丰富生物多样性。

1.2.5　社会经济效益

林木花卉种植不仅为环境增添了一抹亮色，而且在社会经济效益上展现出其独特的价值。首先，植树造林和花卉种植在提高环境质量、提高城市绿化覆盖率方面发挥着不可替代的作用，有效提升了居民的生活质量，为人们创造了更加宜居、宜游的生活环境。其次，林业和花卉产业作为地方经济的重要组成部分，其产业链的延伸和产品的多样化，为当地经济注入了新的活力，成为推动经济发展的重要引擎。更为重要的是，林木花卉种植与生态旅游的深度融合，不仅丰富了旅游业态，还带动了相关产业的发展，为当地社区带来了可观的经济收益和稳定的就业机会，进一步提升了社会经济效益的整体水平。

第 2 章　林木花卉种植

林木花卉种植的基础理论涉及植物分类、生态习性、繁殖方式等多个方面，这些理论知识对于指导种植实践、提高种植效果具有重要意义。

2.1　林木种植的分类与特性

2.1.1　主要生态树种

2.1.1.1　油松

别名：黑松。

科属：松科松属。

【形态特征】

油松为常绿乔木，高达 30 m，胸径达 1 m 以上。树皮深灰色或褐灰色，不规则鳞状深裂。一年生，枝淡灰黄色或淡褐色，无毛，幼时微被白粉。针叶 2 针一束，长 10~15 cm，直径 1.5 mm 左右，粗硬。树脂道 5~8 条或更多，边生。冬芽红褐色。球果卵圆形，长 4~9 cm，熟时暗褐色。种子卵圆形，长 6~8 mm，翅长约 1 cm。花期 4—5 月，果期翌年 9—10 月。

【生物学特性】

油松为喜光、深根性树种，喜干冷气候，耐干旱、瘠薄，在酸性、中性、石灰性土壤中均能生长，不耐水涝和盐碱。在海拔 500 m 以下的低山、丘陵区生长不良，病虫害较多。为我国特有树种，分布于华北、西北 14 省（自治区、直辖市）。河南为油松自然分布区的南界，主要生长于太行山和伏牛山区的山坡或山脊，垂直分布达 1 500 m。油松为太行山和伏牛山海拔 1 500 m 以下的主要造林树种。

【育苗技术】

油松多用种子繁殖，可采用大田育苗、容器育苗和移植育苗。

（1）大田育苗。

油松可采用苗床育苗和高垄育苗。油松种子熟后应立即采种。播种季节春秋均可，一般以早春播种为好。播前通常用 0.5% 福尔马林溶液浸泡 15～30 min，或用 0.5%高锰酸钾溶液浸泡 2 h，然后进行催芽处理。播种以条播为主，播幅 5～15 cm，条行中心距 15～20 cm。播种量每亩 16～22 kg，覆土厚度 1～1.5 cm，稍加镇压。在播种后须灌溉。出土后，种壳脱落前要防止鸟害。油松幼苗宜适当密生，每米播种沟上留苗 100～150 株。油松幼苗耐旱、怕淤涝，灌溉要适当控制，经常松土、除草。在生长期内合理追肥（前期用氮肥，后期用磷、钾肥），以加速苗木生长，提高成苗率。为防治立枯病，在幼苗出土前后，每隔 7～10 d喷 0.5%～1.0%等量式波尔多液或 0.5%～1.5%硫酸亚铁溶液。育苗地宜在头年雨季进行深耕，当年秋末或翌年春初松碎土块并搂平做成不同宽度的水平梯田或反坡坡田；在梯田上修筑苗床。除春播外，还可以进行雨季播种。这一播种季节要适当提前，使苗木当年有 2 个月以上的生长时间，保证苗木能够安全越冬。秋播只适合在鸟兽危害不太严重的地区应用。鸟兽危害严重的地区，应在床面上覆盖带刺的灌木条。油松幼苗越冬易遭干旱危害的地方，应采用埋土防旱措施。

（2）容器育苗。

容器育苗省地省种，育苗时间短，栽后缓苗快，成活率高，很有推广价值。容器育苗每袋播 7～8 粒种子，经常喷水，保持营养土湿润。春季播种，雨季造林或移植大田继续培育大苗。

（3）移植育苗。

为取得大规格苗木，很多苗圃培育大苗，一般春季移植，也可在秋季、雨季移植育苗，每亩定植密度 1 m×1.5 m，以后每年进行起苗或移植。雨季一般带土坨移植。

【造林技术】

一般在海拔 650～1 600 m、土层厚度 20 cm 以上的壤土或沙壤土的阴坡、半阴坡造林。在薄层土壤上，造林株行距 1 m×1 m 或 1 m×1.5 m，在立地条件良好的土壤上，株行距 1 m×1.5 m 或 1.5 m×1.5 m。雨季造林，1.5 年生裸根壮苗，根蘸泥浆栽植。春季造林，2 年生裸根壮苗，根蘸泥浆栽植。泥浆不能过稠，以泥浆蘸根后，根系基本保持原舒展状态为宜。丛状栽植，每丛 2～3 株，栽植穴靠近坑外侧，先用好的湿土埋根，再向穴内填表层土和下层土，第一次填土 60%，稍提一下苗，再由四周向中间砸实土壤，然后埋土使坑面形成小反坡。小鱼鳞坑每坑栽一丛，中鱼鳞坑每坑栽两丛，丛距 50 cm。在瘠薄山地造林，采用油松与灌木行间混交。混交灌木树种有紫穗槐、荆条、黄栌、沙棘，混交行距 1.5~2 m，也可采用油松与栎类带状混交，油松 3~5 行为一带，栎类 2~3 行为一带。在土层较厚的地方造林，可采用油松与乔木树种作行间或带状混交。混交树种为五角枫和山杏。行间混交，行距 2 m。带状混交，油松 3~5 行为一带，混交树种 2~3 行为一带。苗木栽好后，将 40 cm×50 cm 的农用塑料薄膜从一半处剪一道缝，穿过苗干，剪缝交错重叠 3~5 cm，使塑料薄膜平展覆盖在穴面上，穴的中间低于四周 3~5 cm，塑料薄膜上覆土 2~3 cm，将塑料薄膜压严。

【病虫害防治】

油松主要病害有松树腐烂病、松树白粉病、松树轮纹病，主要虫害有油松毛虫、松梢螟、油松球果螟、中华松针蚧等。

（1）松树腐烂病主要危害中心干及主枝下部皮层。病部初呈红褐色、略隆起、水渍状，后皮层腐烂，常流出黄褐色汁液，湿腐状，有酒糟味，病斑圆形或椭圆形，边缘不清晰，有时呈深浅相间的轮纹状。防治方法：①加强栽培管理；②清洁果园；③药剂防治，刮净病皮，涂抹 1~2 次杀菌剂，药剂可用 40% 福美胂、退菌特、石硫合剂、843 康复剂、腐烂灵等。

（2）松树白粉病主要危害新梢及嫩叶，也可危害花及幼果。新梢受害后，节间缩短叶片细长，叶缘上卷，质硬而脆，被害部覆盖一层白粉，后期变为黄褐色，严重时整个梢枯死。防治方法：①清除病原；②加强栽培管理；③药剂防治，主要有甲基托布津、多菌灵、苯来特、福美胂等。

（3）松树轮纹病是树上一种很严重的病害，主要危害枝干和果实，叶片受害较少见。枝干受害，以皮孔为中心，形成近圆形，直径为 3~20 cm 的红褐色病斑。病斑中心突起呈病状，边缘开裂。使表皮显得十分粗糙。果实受害，也是以皮孔为中心，生成水渍状褐色腐烂点，很快呈同心轮纹状向四周扩展，5~6 d 可使全果腐烂。病斑不凹陷，病组织呈软腐状，常发出酸臭的气味。防治方法：①加强栽培管理；②喷药保护，常用药剂有多菌灵、甲基托布津、代森锰锌、波尔多液等。

【生产价值】

油松木材较硬、强度大、耐摩擦、耐腐蚀，是优良的建筑、矿柱等用材。木纤维质量好，是造纸和人造纤维原料之一。油松富含松脂，可提炼松香和松节油；松针可蒸馏芳香油，含维生素 C，干后粉碎可作饲料。油松适应性强，根性发达，枝叶繁茂，树冠常绿，树体高大，树形美观，是营造风景林的主要树种。油松根部肥大，具有保持水土流失的特性。油松分泌出的松脂容易被氧化，放出臭氧，低浓度的臭氧能清新空气。低浓度的臭氧进入水中，具有极强的吸收二氧化碳和二氧化硫的能力，可使周围的空气始终保持清新。

2.1.1.2　侧柏

别名：香柏、柏树、扁柏。

科属：柏科侧柏属。

【形态特征】

侧柏为常绿乔木，高可达 20 m，胸径达 1 m。树皮淡褐色或灰褐色；细条状纵裂。生鳞叶的小枝扁平，直展，两面均为绿色。鳞叶交互对生，先端微尖。雌雄同株。球果长卵形，种鳞 4 对，扁平，背部上端有一反曲的小尖头。种子长卵形，长约 4 mm，无翅，花期 3—4 月，果熟期 9—10 月。

【生物学特性】

侧柏是我国的主要造林树种，为东亚种，除新疆、青海外，全国各地都有分布；适应干冷及温湿气候，耐干旱、瘠薄，不耐涝，对造林地要求不严，除重盐碱地和低洼积水地外均可作造林地。垂直分布高度一般不超过海拔 800 m，海拔超过 1 000 m 时生长不良；喜光、浅根，宜避开风口，在阳坡或半阳坡造林。

【育苗技术】

侧柏以种子繁殖为主。

（1）采种。

从 20～30 年生的生长健壮、无病虫害的孤立母树上采集。当从外地调拨种子时，要选择适合的种源和产区。种子在室温条件下，用布袋干藏，能在 2~3 年内保持较高的发芽率。

（2）种子处理。

播种前 10 d 左右，要先进行种子催芽。用 30~40 ℃温水浸种 12 h，捞出置于蒲包或篮筐内，放在背风向阳的地方，每天用清水淘洗 1 次，并经常翻倒，当种子有一半咧嘴时，即可播种。

（3）播种。

一般在 4 月上旬进行。在春季干旱、无鸟害的地方，可采用冬初播种或雨季播种方式。播种方法通常采用条播，每床纵播 3~5 行，播幅 5~10 cm，行距 20~25 cm。播种沟采用光滑木板压出，种子撒在板印上，也可用开沟器进行。播前 7~10 d 灌 1 次透墒水。覆土厚度 0.5~1.0 cm，并稍加镇压。在干旱地区，可用地膜、草帘覆盖苗床，保持床面湿润。一般出苗后无雨，5~7 d 浇水 1 次；5—6 月，半月浇水 1 次，以侧方灌水最好。

（4）管理。

当苗木高 3~5 cm 时开始间苗，一般分两次进行，在苗木生长稳定后定苗。追肥要及时，结合浇水进行，以施氮肥为主，一般 2 次。第一次 6 月中旬，每亩施硫酸铵或尿素 3~4 kg；第二次 7 月上旬，每亩追施化肥 7~10 kg。苗木生长后期，停止追施氮肥，增施磷、钾肥，以便促进苗木木质化。每年进行中耕除草 3~4 次，育苗地草多时，可用 40%除草醚除草。

【造林技术】

侧柏造林地多为干旱瘠薄的山地，宜采取水平阶或鱼鳞坑等整地方式，在立地条件好的地方，以造林前一年的雨季和秋季整地效果较好；在立地条件较差的干旱阳坡，不整地直接造林比整地效果好。造林密度根据立地条件和造林目的确定，立地条件好的地方宜培育大径材，造林密度宜小些，株行距采用 1 m×2 m 或 1.5 m×2 m；立地条件较差的地方只能培育中、小径材，造林密度宜大些，采用 1 m×1 m 或 1 m×1.5 m 的株行距。因侧柏生长缓慢，过去在土壤瘠薄的石质山区造林多采用密植，以促进林分尽快郁闭，但近年来的研究表明，密植的侧柏林分郁闭后，林下灌草由于树冠遮阴难以生长，加之侧柏生物产量低，枯枝落叶少，对土壤的改良作用小，因此密植的侧柏纯林地涵养水源和保持水土的作用较小，而侧柏的灌草疏林地涵养水源和保持水土的能力均超过密植的纯林，所以营造用于涵养水源和保持水土的侧柏林以稀植为好，栽植密度为 1.5 m×2 m 或 2 m×3 m。侧柏造林季节首选雨季，其次为秋季，春季造林成活率较低。雨季造林时间为 7 月上旬至 8 月上旬，雨季第一次降雨透墒后栽植，阴坡、阳坡可全面造林。秋季造林一般在 9 月且秋季降雨比较多的年份，利用秋季气温较低，蒸发量减少，苗木地上部分停止生长，而地温较高，根系旺盛生长，移苗断根易愈合的有利条件栽植。春季植苗应选在阴坡，时间在 3 月上旬至 4 月上旬，春雨之后随即造林。用裸根苗造林根要蘸泥浆，或将苗干截去一半或修除苗木下半部侧枝以减少苗木蒸腾失水。在定植好的苗干基部覆盖石块或草秸可以减少土壤水分蒸发，促进苗木成活。这几种方法单独使用或同时使用，都能提高造林成活率 20% 以上。选用容器苗造林，要掌握苗木的木质化程度，春季播种当年雨季造林的小苗幼嫩易遭野兔咬断，保存率低；春季播种第二年雨季造林，苗木过大取苗时容器易散开；以秋季采种培育容器苗，生长至第二年雨季造林为宜。侧柏可与多种树种混交造林。在海拔 800 m 以上的山地，可采用侧柏与油松行间或带状混交造林，混交比例为 6 柏 4 松或 6 松 4 柏。低山区可营造侧柏与刺槐混交林，混交方式为带状，混交比例侧柏占 70%～80%，刺槐占 20%～30%。侧柏与栓皮栎混交造林多采用带状混交，侧柏占 60%～70%，栓皮栎占 30%～40%。也可营造侧柏与黄连木、侧柏与五角枫的混交林，混交方式和比例与侧柏栓皮栎混交林相同。

【病虫害防治】

侧柏的主要病害有侧柏叶枯病、侧柏叶凋病等。

（1）侧柏叶枯病危害后，树冠似火烧状的凋枯，病叶大批脱落，枝条枯死。防治方法：①适度修枝，改善侧柏的生长环境，降低侵染源；②增施肥料，促进生长；③子囊孢子释放高峰时期，喷施 40% 灭病威或 40% 百菌清 500 倍液进行防治；④选用抗病品种。

（2）侧柏叶凋病危害严重时可造成大片侧柏树叶凋枯，似火烧状。防治方法：①秋、冬季清扫树下病叶烧毁。消灭过冬病菌，减少第一次侵入。②在 5—8 月，每两周喷 1 次 1∶1∶100 的波尔多液预防，特别注意严格控制初侵染，发现初侵染发病中心，要进行封锁，防止蔓延。

侧柏的主要虫害有侧柏毒蛾、侧柏大蚜、双条杉天牛等。

（1）侧柏毒蛾是侧柏防护林的主要食叶害虫。防治方法：①在该虫越冬期环剥树皮，集中烧毁，并可在幼虫大发生时进行人工捕捉。②根据成虫趋光性，设置黑光灯诱杀成虫。③此虫天敌种类多，发生量不大时尽量不用化学防治方法，注意保护天敌，如释放寄生蜂等。④幼虫密度大时，宜早治，使用飞机低容量喷洒 25% 灭幼脲 3 号防治幼虫，每亩用药 23~45 g，喷液量 10.5 kg，防治效果可达 98%。

（2）侧柏大蚜特别对侧柏绿篱和侧柏幼苗危害性极大。防治方法：①保护和利用天敌，如七星瓢虫、异色瓢虫、日光蜂、蚜小蜂、草蛉和食蚜虻等；②喷施 25% 阿克泰水分散粒剂或 20% 康福多浓可溶剂 5 000 倍液。

（3）双条杉天牛又名蛀木虫，幼虫取食于皮、木之间，引起针叶黄化，长势衰退，严重时很快造成整株或整枝树木死亡。防治方法：①深挖松土，追施土杂肥，增强树势；②冬季进行疏伐，伐除虫害木、衰弱木、被压木等，增强对虫害的抵抗力；③成虫期，可用敌敌畏烟剂熏杀；④初孵幼虫期，可用天牛气雾剂喷天牛蛀洞，之后封堵洞口，也可用棉签蘸 77.5% 敌敌畏 50 倍溶液封堵天牛蛀洞口，或者用 25% 杀虫脒 100 倍溶液喷湿 3 m 以下树干或重点喷流脂处，效果很好。

【生产价值】

侧柏心材为浅橘红色，边材浅黄褐色，木材细致坚硬，是建筑、家具、雕刻、文具等优良材质。种子、根、枝、叶、树皮等均可入药。柏子仁（种子）含皂苷、脂肪，有滋补强身、养心安神、润肠通便、止汗等功效；叶含挥发油、鞣质、树脂、维生素 C，能止血、利尿、健胃、解毒、散瘀等；枝叶还含有柏精油和 17 种氨基酸，是配制香料的重要原料。侧柏树形美观，耐修剪，抗病、抗二氧化硫能力强，能吸收二氧化碳和氯气等有毒气体，适宜栽植在城镇及矿区内，净化空气。其栽培变种千头柏和线柏为园林观赏树种。

2.1.1.3　毛白杨

科属：杨柳科杨属。

【形态特征】

毛白杨为落叶乔木。高达 30 m，胸径 2 m。小枝圆筒形或有棱角。顶芽发达。芽鳞数枚，常有黏质。雌雄异株。树冠卵圆形或卵形。树干通直，树皮灰绿色至灰白色，皮孔鞭形。芽卵形略有茸毛。单叶，互生。叶卵形、宽卵形或三角状卵形。先端渐尖或短渐尖类，叶波状或锯齿，背面密生白茸毛，后全脱落。叶柄扁，顶端常有 2~4 个腺体。蒴果小。

【生物学特性】

毛白杨树干通直，生长迅速，有广泛的适应能力，为我国特产，主要栽植于华北平原及渭河平原。毛白杨为温带树种，在年平均温度 7~12 ℃、年降水量 300~1 300 mm 的范围内均可生长，耐寒性较差，在早春昼夜温差大的地方，树皮常会冻裂。喜光，稍耐盐碱，在 pH 8~8.5 时能够正常生长，pH 8.5 以上则生长不良。在河南省各地均有大面积栽培。目前适宜推广的优良品种有毛白杨 CFG37、毛白杨 CFG1012、毛白杨 30 号、毛白杨 CFG301、毛白杨 CFG9832、毛白杨 CFG351、毛白杨 CFG34 等。

【育苗技术】

毛白杨以无性繁殖为主，主要有插条育苗、埋条育苗、留根繁殖与嫁接繁殖等几种繁殖方法。比较常用的方法是插条育苗。

（1）选择插穗。

11 月中下旬至 12 月上中旬进行采条，选用生长健壮、发育良好的 1 年生苗干做种条。插穗一般选用基部，长度一般在 15~20 cm 为宜，插穗粗度以 1~1.6 cm 为宜，插穗上端须具有一个健壮的侧芽。一般采用湿沙窖藏。选择地势干燥的地方，挖成深 50~70 cm、宽 1 m、长 1~2 m 的贮藏坑，坑底铺细沙一层，沙上竖放插穗，用干沙填缝后灌水。

（2）插穗技术。

对选好的插穗，为增强其生根率，在插入苗床前，可用 ABT 生根粉、0.1%~0.5% 的硼酸、0.5%~5% 的糖液进行处理，可提高插穗的成活率。在扦插时，应选择土质疏松、保水性好的土壤作为苗床；插穗上部的第一个芽要露出地面，不同粗度、不同部位的插穗要分开插；株行距一般多采用 25 cm×30 cm，也可根据插穗的大小进行适当调整。

（3）苗木管理。

在毛白杨插穗从扦插到新梢开始封顶的一段时间内，要定期少量浇水，保持土壤疏松湿润，提高地温，松土保墒，防止土壤板结。在插穗成活并生出新芽后，要及时进行灌溉、中耕、除草和施肥，防止锈病和蚜虫的发生和危害。在 6 月中下旬至 10 月中旬进入苗木速生期，这时要每隔 10～15 d 施化肥 1 次，同时进行灌溉、抹芽、防治病虫害。在 10 月下旬后，停止灌溉和施氮肥，可施磷、钾肥。

【造林技术】

毛白杨对水肥要求较高，因此造林地应选择土壤肥沃、杂草稀少、向阳、保水排水性能好的地方。要进行细致整地，消灭杂草、熟化土壤，提高土壤肥力。在平原区采用全面整地，在沙区采用带状整地，四旁多采用挖大穴的方法。毛白杨造林多采用穴状栽植，春秋两季都可进行。穴的规格一般为 1 m×1 m×1 m，把挖出的表土和底土分别放在穴边。栽植时，对准株行距，使苗木根系舒展后，用细表土填入穴内，填到穴的 1/3 或 1/2 时，将苗木轻轻向上提动，使根舒展、踩实，再将穴填满，并浇 1 次透水。造林株行距一般为 3 m×3 m，在土壤肥沃、水分充足、管理及时的地方，密度要稀，在土壤肥力差、抚育困难或培育小径材时，造林密度要大些。毛白杨可与紫穗槐、刺槐、侧柏、柳树等树种进行混交。

【病虫害防治】

毛白杨的主要病害有毛白杨锈病、毛白杨破腹病等。

（1）毛白杨锈病是幼苗和幼林的主要病害之一。病菌主要在芽内潜伏越冬，来年发芽时就可见带有大量夏孢子的新叶，它是春季的发病中心。防治方法：①摘病芽、剪病枝；②加强营林措施，氮肥不应过量；③喷药防治，自发病初期开始，每隔 10～15 d 喷 1 次药。可选用以下农药：0.3～0.5 波美度的石灰硫黄合剂；1∶2∶200 的波尔多液；65% 可湿性代森锌 400～500 倍液。

（2）毛白杨破腹病：因冻裂所致，树干西南面自基部向上开裂，木质部裸露，常自裂口流出红褐色液汁，俗称"破肚子"。防治方法：加强林木抚育管理，冬季树干涂白或扎草绳，选择抗病类型。

毛白杨的主要虫害有毛白杨透翅蛾、青杨天牛等。

（1）毛白杨透翅蛾，幼虫主要为害苗木及幼树的主干和枝梢，使受害部分形成虫瘿，易遭风折并影响树木干形和材质。防治方法：①羽化前用毒泥（6%六六六可湿性粉剂 1 kg，黄土 5 kg）堵塞虫孔，以杀死其中的成虫；②产卵前要避免修枝和机械创伤，以免成虫在创伤处产卵；③孵化末期用 50%速灭松乳剂或 50%杀虫脒 1 000 倍液喷洒苗木或幼林。

（2）青杨天牛，虫体形小，色黑色。防治方法：①冬春修剪，将有虫瘿的枝、梢剪下烧毁，以消灭越冬幼虫；②大量羽化时，喷洒 50%马拉松乳剂或 90%敌百虫 500 倍液，或 50%百治屠乳剂 1 000 倍液，并可兼杀初孵幼虫。

【生产价值】

毛白杨干形通直，姿态雄伟，材质优良，生长迅速，是我国最常用的用材及生态树种。它纹理直，结构细，同时易干燥，不翘裂，旋、切、刨容易，胶粘及油漆性能良好，木材纤维优良，是优良的建筑与家具材料，也是造纸、人造纤维、胶合板等工业优质原料。毛白杨具有防风固沙、保护堤岸、保持水土、防止污染、美化环境的作用。

2.1.1.4 欧美杨

科属：杨柳科杨属。

【形态特征】

欧美杨为落叶乔木。树体高大，树干通直，树冠窄，分枝角度小，侧枝与主干夹角小于 45°，侧枝细；叶片小而密，满冠。树皮灰色，较粗。

【生物学特性】

速生，早期速生是欧美杨 107 杨的主要生物学特性。易繁殖，育苗及造林成活率高。具有优良干形、冠形，增加主干出材率。材质好，适宜作工业原材料树种。抗逆性较强，较耐干旱和低温。喜温暖、湿润的气候。对土壤水肥要求不高。在土层深厚、肥沃、湿润条件下生长迅速，在特别干旱、瘠薄的地方生长较差。欧美杨 107 杨主要适宜种植地区是华北平原。

【育苗技术】

欧美杨主要采用扦插育苗方式。育苗地要深耕 25 cm，每亩施优质鸡粪 1 000 kg，混施复合肥 20 kg、辛硫磷或呋喃丹 2 kg，将地整平。12 月，选粗度 1.5~2.5 cm、高 3 m 以上的当年生苗，截成长度 15 cm 左右的插穗，50 个插穗扎成一捆，挖深、宽各 50 cm 的沟进行沙藏；也可于 3 月，随选苗、随截穗、随扦插，每插穗上至少要有 2 个饱满芽，插穗上口平齐，下口呈马耳形。3 月下旬至 4 月上旬扦插时，先按株行距 0.25 m×0.7 m 开沟，然后灌水，待水渗下时，再进行扦插，然后覆土。根据降雨和土壤湿度进行浇水，全年应浇水 3~4 次，浇后及时松土锄草。7—8 月是雨季高峰，也是生长高峰，应根据苗情及时追肥。第一遍肥应在 6 月底前施入，每亩施入尿素 12 kg，以后每隔 15 d 追肥 1 次，每次 12 kg，8 月底前停止追肥。如果追肥后 3~4 d 不下雨，应进行灌水。插穗有时发 2~3 个芽，当苗子长到 40~50 cm 时，应留直立粗壮的枝梢定苗，其余芽萌发的枝条及时除去。以后随苗子的生长，叶腋间萌发的枝梢都应及时去掉，以免消耗过多的养分。

【造林技术】

造林一般应在春季和秋季进行。造林地应选择地势平坦的地方，土壤质地为中壤、轻壤或沙壤土，最适宜的是沿河流域有冲积物的沙壤土，忌选有卵石、粗沙和土层板结通气不好的地块。土层厚度应在 1 m 以上，最低限不能低于 0.6 m；土壤酸碱度适中，pH 为 6.5~8.0；总含盐量低于 0.3%，地下水水位 1.0~2.5 m，要远离杨树病源 60 m 以外。造林时一般选用 1 根 1 干壮苗，或 2 根 1 干壮苗，培育纸浆材造林株行距是 3 m×4 m，也有采用 2 m×5 m 的造林密度；培育板材采用株行距是 4 m×4 m 或 4 m×5 m。造林前整地、定点、挖坑，坑内按比例放好发酵好的厩肥，放入苗木回土后一定将坑内土踩实，然后浇透水。主张春季造林。有的地方采用秋季造林，效果也很好。欧美杨造林成活率一般在 95% 以上。

【病虫害防治】

欧美杨的主要病害有杨锈病、黑斑病、根癌病、破腹病，主要虫害有盲蝽象、四星瓢虫、铜绿叶甲、黄刺蛾等。

【生产价值】

目前重点推广的品种主要有欧美杨 107 杨、欧美杨 108 杨。欧美杨生长快、树体高大，适应性强，材质好，其纤维长度和木材密度均优于普通杨树；干形美，树冠窄，侧枝细，叶满冠，御风能力强；抗病虫。胸径年均生长量为 3.5～4.0 cm，树高年均生长量 3.2～4.0 m，3～4 年间伐可作纸浆材及中小径民用材，7～8 年主伐可作为干径材。无性繁殖能力强，育苗及造林成活率在 95% 以上。欧美杨不但是优质的工业用材，如纸浆材、板材和包装材等，而且是最优良的防护林树种。欧美杨的推广解决了我国北方地区缺少工业用材林优良树种的难题，缓解了速生丰产林优良品种严重匮乏的实际困难，大大提高了杨树的品质和作用，具有显著的社会效益、经济效益和生态效益。欧美杨具有防风固沙、保护堤岸、保持水土、美化环境的作用。

2.1.1.5　柳树

科属：杨柳科柳属。

【形态特征】

柳树为落叶乔木，小枝细长，下垂，淡绿色或褐绿色，无毛或幼时有毛。叶狭披针形或线状披针形，顶端渐尖，基部楔形。花序轴有短柔毛；雄花序长 2～4 cm，苞片长圆形；雌花序长 1.5～2.5 cm。蒴果黄褐色，长 3～4 mm。花期 4 月。

【生物学特性】

柳树是河南省分布最广、适应性最强的一类用材树种。柳树性喜光，不耐阴；耐绝对最低温度 -39 ℃，无冻害；耐水湿，短期水淹没顶不致死亡；对土壤适应性较强，在河边生长尤好；在土层深厚、地势高燥的地区及石灰质土壤也能正常生长，萌芽力强，生长迅速。在干旱、沙丘地造林成活率较低，植株易干梢死亡或长成小老树；能在含盐量 0.5% 以下的盐渍化土壤上生长；发芽早落叶迟，年生长期长；冬季落叶后可修剪、整枝。

【育苗技术】

柳树常用扦插繁殖，可以保持母树的优良特点。柳树以扦插繁殖为主，也可播种育苗。

（1）扦插育苗。

扦插于早春进行，选择生长快、病虫少的优良植株作为采条母树，插条用 1 年生扦插苗干为宜；生长健壮、发育良好的幼树上的壮条也可以应用。一般粗度 0.8~1.5 cm，穗长 15~20 cm。秋采的插穗要窖藏过冬。春季扦插在芽萌发前进行。扦插前，可将插穗放入清水中浸 3 d 左右，以促进插穗生根发芽。插后要及时灌水，幼苗生根前浇水 1~2 次，以后每 10~15 d 浇水 1 次。6—7 月间施追肥 2~3 次，出芽后，选留一生长旺盛的主芽，培养主干，将其余的芽全部除去。秋季扦插一般在落叶后至土壤解冻前，直插，插后覆土 6~10 cm 厚，翌春发芽前将土刨开。扦插深度要一致，距离均匀，按照种条的梢、中、基部分别扦插。株行距（20~30）cm×（30~40）cm；垄式扦插，垄距 50~60 cm，每垄两行，距离 15 cm。1 年生扦插苗平均高度不低于 2.5 m。

（2）播种育苗。

播种育苗于 4 月采收种子，随采随播。种子千粒重 0.4 g，若在常温下 3~5 d，种子就会丧失生命力。播前灌足底水，亩播种量 0.5~0.8 kg；细沙覆盖，厚度以不见种子为宜；覆草，出土期经常洒水保持床面湿润。亩出苗量 4 万~5 万株。1 年生苗高 0.3~1 m。

【造林技术】

造林密度根据立地条件不同而定，一般采用 1.5 m×1.5 m 或 1.5 m×1.2 m。用材林，初植行距 2.5~3 m，株距 2~2.5 m；也可采用带状栽植，每带 5~7 行，带间距 5~8 m。防护林，行距 2~2.5 m，株距 1.5~2 m。栽种宜在冬季落叶后至翌年早春芽未萌动前进行，栽后要充分浇水并立支柱。

【病虫害防治】

柳树的主要病害有杨柳腐烂病、煤污病、杨柳溃疡病，主要虫害有厚壁叶蜂、光肩星天牛、桑天牛等。

厚壁叶蜂防治方法：①幼树生长期，组织动员当地群众，逐树摘除带虫瘿叶片，秋后清除处理落地虫瘿，并焚烧掩埋；②选择适用农药防治，用 40%氧化乐果乳油 1 000~1 500 倍液或 40%菊马合剂 2 000 倍液全树喷施。

光肩星天牛防治方法：①人工防治，捉成虫，根据光肩星天牛成虫比较迟钝，在雌成虫产卵前，组织动员当地群众捕捉成虫；②生物防治，采取人工挂鸟巢、设饵木或其他措施，保护和招引啄木鸟，创造适合啄木鸟生存栖息的环境；③化学防治，中连段危害的林木，可采用地面常量或超低量喷洒绿色威雷 150～50 倍液或 40％氧化乐果乳剂 300～500 倍液杀灭光肩星天牛成虫。

桑天牛是柳树上常见的蛀干害虫，也是树木的一种毁灭性蛀干害虫。防治方法：①捉成虫，7 月是成虫发生盛期，下雨后，可采取人工捕捉；②杀卵，在枝干刻槽中间产卵处刺入，即可杀死卵；③春秋两季为杀死幼虫最佳时期，可用 50％甲胺磷 10 倍液或 40％乐果乳油 10 倍液，用针管向蛀孔处注药，效果良好；④向枝干上涂白，另加少量 40％乐果乳油或 50％甲胺磷，防止成虫在上面产卵。

【生产价值】

柳树木材白色，轻软，不耐腐，可耐水湿，供建筑、胶合板、造纸业等用。树皮含鞣质 3.06％～5.47％，可提取栲胶；枝条烧炭可供绘图及制火药用，枝皮可造纸，河柳枝皮的纤维可作纺织及绳索原料；枝条可编织提篮、抬筐、柳条箱及安全帽等；枝干可作小农具、小器具与烧制木炭用。柳叶及树皮含有水杨甙，可药用做解热剂。垂柳叶主治慢性气管炎、尿道炎、高血压、膀胱炎、膀胱结石；外用主治关节肿痛、皮肤瘙痒等。枝、根皮主治风湿关节炎，外用治烧伤烫伤。树皮外用治黄水疮。须根主治风湿痉挛、肋骨疼痛、湿热带下及牙龈肿痛。柳树对空气污染及尘埃的抵抗力强，对二氧化硫、二氧化氮有较强的抗性，柳树矮林还可起到清除污染物和治理环境的作用。

2.1.1.6　国槐

别名：槐树。

科属：豆科槐属。

【形态特征】

国槐为落叶乔木。树冠圆形。小枝绿色，皮孔明显。叶互生，奇数羽状复生，小叶互生，卵状或卵状披针形，先端尖，基部圆形至广楔形。圆锥花序，花浅黄绿色。

【生物学特性】

国槐喜光，稍耐阴，稍耐寒，适应性强，石灰性及轻度盐碱地上可正常生长，但在过于干旱、瘠薄、多风的地方，难成高大良材；不耐低洼积水，生长速度中等，深根性，根系发达。河南省各地均有栽培。

【育苗技术】

国槐的主要繁殖方式有播种育苗、扦插育苗和嫁接育苗 3 种。

（1）播种育苗。

种子采收后浸泡 6~8 d，洗除果肉，阴干沙藏。种子千粒重 111~125 g，发芽率 60%~80%，亩播种量 15~18 kg，覆土厚度 2~3 cm。幼苗期间苗干歪扭不直，最好在秋季落叶后平茬，翌年新萌出条直立苗壮。亩产苗量 1 万~1.5 万株，1 年生苗高 60 cm。

（2）扦插育苗。

选 1 年生实生苗干，截成长 10~15 cm 的段，经湿沙贮藏催根。翌年 4 月开沟进行直插。插后，喷水使其与土壤密接，并经常保持土壤湿润，育苗成活率达 85%。插条萌发后，及时防治地下害虫。插条成活后，选留 1 壮条，其余剪除，加强管理，可培育出优质壮苗。1 年生苗高 2~3 m。

（3）嫁接育苗。

嫁接繁殖主要用于观赏品种。通常选用 3~5 年生的砧木，并在砧木上留 10~15 cm 长的粗壮枝条，选用 1 年生粗 1~1.5 cm 的发育枝作接穗。春季树液流动时随采随接。接穗芽高 10 cm 时，及时除去萌芽，并绑缚，以防止风折。

【造林技术】

栽植株行距 4~6 m 均可，栽时要保持填土细碎、根土密接、踏实土面、灌足底水，宜截去幼树或大苗主干上的侧枝。当年于雨季前灌水 3~5 次，并适当追肥，冬季封冻前要灌水封土，使之安全越冬。树冠郁闭后，对枯枝干杈要及时修剪，使伤口迅速愈合，避免发生心腐病。

【病虫害防治】

病虫害有国槐叶小蛾、槐蚜、朱砂叶螨等。

（1）槐叶小蛾：造成树木复叶枯干、脱落，严重时树冠呈现秃头枯梢。防治方法：①冬季树干绑草把或草绳诱杀越冬幼虫；②害虫发生期喷洒40%乙酰甲胺磷乳油1 000~1 500倍液或50%杀螟松1 000倍液或50%马拉硫磷乳油1 000~1 500倍液。

（2）槐蚜：受害严重的花序不能开放，同时诱发煤污病。防治方法：①秋冬喷石硫合剂，消灭越冬卵；②蚜虫发生量大时，可喷40%氧化乐果或50%马拉硫磷乳剂或40%乙酰甲胺磷1 000~1 500倍液，或喷鱼藤精1 000~2 000倍液或10%蚜虱净可湿性粉剂3 000~4 000倍液；或5%溴氰菊酯乳油3 000倍液；③蚜虫发生初期或越冬卵大量孵化后卷叶前，用药棉蘸吸40%氧化乐果乳剂8~10倍液，绕树干涂抹一圈，外用塑料布包裹绑扎。

（3）朱砂叶螨：被害叶片最初出现黄白色小斑点，后扩展到全叶，并有密集的细丝网，严重时，整棵树叶片枯黄、脱落。防治方法：①越冬期防治，用石硫合剂喷洒，刮除粗皮、翘皮，也可用树干束草，诱集越冬螨，来春集中烧毁；②发现叶螨危害较多叶片时，应及早喷药，防治早期危害，是控制后期虫害的关键。可用40%三氯杀螨醇乳油1 000~1 500倍液喷雾防治，每隔半月喷1次，连续喷2~3次有良好效果。

【生产价值】

国槐多作为"四旁"绿化树种，北方城市多用于行道树、庭园树和环境保护林带栽培。国槐木材纹理直，结构较粗，有弹性，耐水湿，可供建筑等用；荚果外皮可制糖，种子可供糊料、酿酒饲料，提取槐豆胶，可用于石油钻井、造纸、印染和作食品添加剂等；叶含20%以上的蛋白质，日本已将槐树叶作为标准饲料。槐花是良好的抗氧剂，对油脂和奶酪有保护作用。花蕾含有芦丁，芦丁有鲜艳的黄色，可作为食品和饮料的着色剂，芦丁还有抗辐射、防紫外线的作用，可用于生产化妆品。夏季采集含苞待放的花蕾，晒干成槐米，一般价格为10~15元/kg，且可制作保健饮料。另外，国槐还是优良的蜜源树。国槐耐有害气体，对二氧化硫、氯气、氟化氢气体有较强的抗性，对苯、醛、醚等致癌物质有一定的吸附能力，分泌的黏液有过滤作用。树叶还可分泌一种杀菌力很强的杀菌素，可杀死一定范围内的细菌。

2.1.1.7　刺槐

别名：洋槐。

科属：豆科刺槐属。

【形态特征】

刺槐为落叶乔木。树冠近卵形，小枝光滑，较脆，在总叶柄基部常有大小、软硬不等的两个托叶刺。奇数羽状复叶、互生，小叶椭圆形，先端钝圆。总状花序腋生，花蝶形，白色。荚果扁平。

【生物学特性】

刺槐喜光，不耐阴庇，耐干旱瘠薄。在沙土、沙质沙壤土、壤土、黏壤土、黏土，甚至矿渣堆和紫色页岩风化石砾土上也能生长，在中性土、酸性土和含盐量 0.3% 以下的盐碱性土上也可以正常生长发育。水分过多时，刺槐常发生烂根和紫纹羽病以致整株死亡；地下水水位过高时，易引起刺槐烂根和枯梢。在土层厚度相同的条件下，阳坡的刺槐林比在阴坡长得好。刺槐的萌芽力和根蘖性都很强，根系发达，根瘤可固氮。华北地区海拔在 400~1 200 m 的地方刺槐生长最好。刺槐有一定的抗旱、抗烟能力，是我国华北、西北等地区优良的绿化树种；河南省主要栽植在豫西豫北山区的三门峡、洛阳、济源、安阳，豫东豫北平原沙区的郑州、开封、焦作、新乡、安阳等地。河南省适宜推广的主要优良品种有长叶刺槐，4 倍体 2 号、5 号，匈牙利多倍体刺槐，豫刺槐 1 号、2 号等。

【育苗技术】

刺槐主要采用播种育苗。刺槐的种皮厚而坚硬，透水性差，有很多硬粒种子，春播需要浸种催芽处理，先用温水（50~60 ℃）浸泡一昼夜后，捞出已膨胀的种子进行催芽。未膨胀的种子，再放入缸内，倒入开水，边倒水边搅拌到不烫手为止，浸泡一昼夜，用 30% 的黄泥浆水漂出吸水膨胀的种子。用上述方法反复多次。膨胀的种子均匀混沙催芽（沙：种子＝3：1），放在背风向阳的沙坑中经常喷水，保持湿润。每日翻动 1~2 次，经 4~5 d，有 1/3 的种子咧嘴露白时，进行播种。每亩播种量 3~4 kg，覆土厚度 0.5~1 cm。每亩产苗量 1 万~1.5 万株，1 年生苗高 100 cm 左右。刺槐亦可插根、插条、根蘖和嫁接育苗。春季插根要选粗 0.5 ~ 2 cm 的根，截成 15 ~ 20 cm 长的小段，插入苗床，用塑料薄膜增温催芽，以提高发芽成苗率。插条育苗要选用粗 1 cm 以上的 1 年生萌条的中下部，剪成长 25 cm 的插穗，秋冬季采条沙藏，第二年春，大都能形成愈合组织。

【造林技术】

一般用材林多选择在中厚层土的山地、平原细沙地，黄土高原灰褐色土的沟谷坡地。刺槐的造林密度适当加大，能促进树高生长，提早郁闭，培养优良干形。一般用材林在中层土立地条件下，每亩栽植 330 株为宜，而在厚层土上每亩可栽植 220 株；速生用材林每亩栽植 160 ~ 200 株；水土保持林、薪炭林每亩要栽植 330 株以上。

【病虫害防治】

刺槐的病害主要有紫纹羽病，虫害主要有刺槐尺蠖、刺槐种子小蜂。

刺槐紫纹羽病，病原菌先侵染幼嫩细根，夏季腐烂。大根皮层腐烂后，多自木质部剥离，最后由于根部腐烂，树冠枯死或风倒。防治方法：①改善林分卫生状况，清除病腐木及腐烂病根，再用石灰、硫黄粉、福尔马林、黑矾、赛力散等农药进行土壤消毒；②苗根消毒，对可疑带菌苗木用 0.1% 硫酸铜溶液浸 3 h，或以 20% 石灰水浸 0.5 h，再用清水冲洗后栽植；③在 7 月底至 8 月中旬将发病林木表土挖出，以露出树根为宜，撒入石灰粉或灌入石灰乳，然后覆土。

刺槐尺蠖，突发性强，常在短短几天内将叶片吃光，整片林地似火烧状。防治方法：①营造混交林是防治刺槐尺蠖的有效途径；②越冬蛹羽化前挖树盘消灭蛹；③幼虫危害期摇树或振枝，使虫吐丝下垂坠地，集中处理；④1 ~ 2 龄幼虫期喷 1 000 倍的 25% 灭幼脲 1 号胶悬剂，或于较高龄幼虫期喷 500 ~ 1 000 倍的每毫升含孢子 100×10^8 以上的苏云金杆菌 Bt 乳剂；⑤地面防治可喷洒 4 000 倍菊杀乳油或 4 000 倍的 20% 灭扫利乳油等毒杀幼虫；⑥保护胡蜂、土蜂、寄生蜂、麻雀等天敌，保护林间生物多样性。

刺槐种子小蜂的防治方法：①结合采种，及时清除被害果和种子，减少林间虫源；②种子贮藏期或外调种子应进行熏蒸处理，在种子含水量不超过 10% 的常温条件下，用溴甲烷、硫酰氟 30 g/m³ 熏蒸 72 h；③在成虫羽化盛期，喷洒 50% 杀螟松乳油 2 000 倍液，或 80% 敌敌畏乳油 3 000 倍液，毒杀成虫；④播种前用 80～100 ℃ 热水烫种 1～3 min，或用 10%～20% 食盐水漂选；⑤冬季彻底摘除留在树上带虫的荚角，清除越冬幼虫。

【生产价值】

刺槐枝丫和树根易燃，火力旺，发热量大，烟少，着火时间长，是良好的薪炭林树种，平均每亩可修枝获得枝柴 100～150 kg。刺槐叶子可作饲料和沤制绿肥，其合氮素为其干重量的 1.767%～2.33%，含粗蛋白 18.81%、蛋白质 15.08%、粗脂肪 4.16%、粗纤维 12.12%。刺槐花是上等蜜源。刺槐鲜花还含芳香油 0.15%～0.2%；鲜花浸膏可用作调香原料，配制各种花香精。树皮纤维强韧，有光泽，易于漂白和染色，可作为造纸、编织、提炼橡胶的原料。种子含油量 12%～13.88%，可供制造肥皂和油漆等。刺槐林保持水土的能力很强，14 年生的刺槐林可截留降水量 28%～37%。一株 14 年生的刺槐根系可固土 2～3 m³。刺槐具有吸铅特性。

2.1.1.8　榆树

别名：钱榆、家榆、白榆。

科属：榆科榆属。

【形态特征】

榆树为落叶乔木。树干直立，枝多开展。叶缘具不规则的复锯齿或单锯齿。

【生物学特性】

榆树为喜光性树种，抗旱，在干旱瘠薄的固定沙丘和栗钙土上能够生长。耐盐碱性较强，根系发达，具有强大的主根和侧根，抗风力强，但不耐水湿，地下水水位过高或排水不良的洼地，常引起主根腐烂。榆树主要分布于我国的东北、华北、西北、华东等地区。

【育苗技术】

（1）播种育苗。

选择 15~30 年生的健壮母树采种。当果实由绿色变为黄白色时，即可采收。将种子置于通风的地方阴干，清除杂物后，即可播种。最好随采随播，否则发芽率降低。如不能及时播种，应密封贮藏。种子发芽率一般为 65%~85%，千粒重 7.7 g。育苗时应选择排水良好，肥沃的沙壤土或壤土作为苗圃地，做成长 10 m、宽 1.2 m 的苗床。播种时种子不必进行催芽处理。在大畦育苗，条播行距 20 cm，每亩播种量 5~7 kg，覆土厚度 1~1.5 cm。苗高 4~6 cm 时开始间苗、定苗，每亩留苗约 3 万株。1 年生苗高 60 cm。

（2）嫁接育苗。

选用当年生地径 0.6~1.5 cm 的壮苗作砧木，选优良无性系的 1 年生发育充实、粗 3~4 cm、具 2~3 个芽的长枝作接穗，在其饱满芽背面下削成长 1~1.5 cm 的平滑斜面，在其相反的一面削一刀。扒开砧木根表土，从根颈黄色处剪断，削成斜面，用手捏，使砧木韧皮部与木质部分离。使剪口顶部高位面皮层与木质部分离成袋状，将削好的插穗插入砧木皮部，勿使皮部破裂。插入后用湿润土培高，其高度稍高于接穗 1 cm，保持接口处湿润。

【造林技术】

植苗造林选择土层较深厚、肥沃，水分条件好的地方，采用 2~3 年生大苗造林。植树坑尺寸为 60 cm×60 cm×60 cm，造林密度为 1 m×（1.5~2）m、（1.5~2）m×2 m，7~8 年后开始间伐，每公顷保留 1 750 株左右。直播造林最好随采随播，这样才能出苗整齐、成活率高。一般穴距 1 m，行距 1.5 m，播种量 20 粒/穴，覆土厚度 0.5~1.5 cm。

【病虫害防治】

榆树的主要病虫害有榆毒蛾、榆树金花虫、立枯病等。

（1）榆毒蛾，初龄幼虫只食叶肉，残留表皮及叶脉，以后则吃成孔洞或缺刻，严重时可将叶片吃光。防治方法：①灯光诱杀，成虫羽化期利用黑光灯诱杀。②人工防治，结合养护管理摘除卵块及初孵群集幼虫集中消灭，消灭越冬幼虫及越冬虫茧。③生物防治，保护和利用土蜂、马蜂、麻雀等天敌。于绿尾大蚕蛾卵期释放赤眼蜂，寄生率达 60%~70%。于低龄幼虫期喷洒 25% 灭幼脲 3 号悬浮剂 1 500~2 000 倍液防治，于高龄幼虫期喷洒每毫升含孢子 100 亿以上苏云金杆菌（Bt）乳剂 400~600 倍液防治。④化学防治，于幼虫盛发期喷洒 20% 灭扫利乳油 2 500~3 000 倍液或 20% 杀灭菊酯乳油 2 000 倍液。

（2）榆树金花虫可喷洒 1 500 倍高效氯氰菊酯防治。

（3）榆树幼苗出土后的一个月内易发生立枯病，榆树幼苗期可喷洒 600 倍多菌灵预防，每半月 1 次，连续喷 3~4 次。

【生产价值】

榆树皮含纤维 16.14%。纤维坚韧，可代麻用于制绳索、麻袋或人造棉。树皮及根皮有黏液的胶质物，可做造纸糊料。种子含油率 25.5%，可榨油供食用、制肥皂及其他工业用油。新鲜嫩叶含粗蛋白 24.1%、粗脂肪 2.66%、粗纤维 15.16%、无氮抽出物 41.23%，是很好的牲畜饲料。果、叶、树皮还可入药，能安神、利尿，并可医治神经衰弱、失眠及体浮肿等病症。榆树抗二氧化碳、氯、氟等有毒气体。树叶表面粗糙，滞尘能力强，每平方米叶片可吸附粉尘 10 g 以上，还具有净化水源、吸铅的能力。

2.1.1.9　泡桐

别名：桐树。

科属：玄参科泡桐属。

【形态特征】

泡桐为落叶乔木。小枝粗壮，被毛，髓腔大。单叶，对生。全缘，波状或浅裂，具长柄。顶生圆锥花序由多数聚伞花序组成，花萼盘状、钟状或倒圆锥状。花冠近白色或紫色，花期 4—5 月。

【生物学特性】

泡桐耐干旱，在水淹、黏重的土壤上生长不良。地下水水位不足 2 m 时，生长也差。对土壤肥力、土层厚度和疏松程度也有较高要求，土壤以 pH 6~7.5 为好。对热量要求较高，对大气干旱的适应能力较强，但因种类不同而有一定差异。泡桐生长迅速，7~8 年即可成材。在北方地区，以兰考泡桐生长最快，楸叶泡桐次之，毛泡桐生长较慢。不同种类的生长过程有所不同。栽植后经过 2~8 年，自然接干向上生长。在整个生长过程中，一般能自然接干 3~4 次，个别能自然接干 5 次。第一次自然接干生长量最大，可达 3 m 以上，以后逐渐降低。胸径的连年生长量高峰在 4~10 年。材积连年生长量高峰出现在 7~14 年。这种高峰出现的时间早晚和数值大小，取决于土壤条件和抚育管理措施。

【育苗技术】

泡桐一般采用播种育苗、埋根育苗、留根育苗和埋条育苗。

（1）播种育苗。

种子采收后置于通风、干燥处贮藏。种子千粒重 0.2~0.4 g。播前须施硫酸亚铁进行土壤消毒，用 35~40 ℃温水浸种，冷却后再继续浸种 24 h，然后捞出置于 35 ℃温暖处进行催芽，每天温水冲洗 1~2 次，不断翻动，3~5 d 部分种子开始发芽后，即可播种。播种期以 4 月上旬为宜，若用温床薄膜育苗，可提早到 2 月底或 3 月上旬。播前应灌足底水，待水分渗下后撒播或条播，覆土厚度以微见种子为宜。每亩播种量 0.4~0.8 kg。亩产苗量 0.4 万~0.5 万株。

（2）埋根育苗。

选择 1 年生幼苗或 1~2 年生幼树根作种根，选择大头粗度 1.5~4.0 cm 根条，埋根在 3 月上旬进行，株行距 80 cm×100 cm，上端齐地面，填土踏实。当苗高 10 cm 时，选留一个健壮萌条继续培育，除去其余萌条。6 月底至 8 月下旬，苗木生长旺盛，每亩每隔 15 d 施 10 kg 尿素或 400~500 kg 人畜粪 1 次，并结合灌水抗旱，做好排涝。8 月下旬以后停止追肥、浇水，以免苗木徒长。

（3）留根育苗。

起苗时，使 2/5 的根残留土内，可萌生新植株。起苗后松土，并结合平地施肥。春季要灌足水，留在土中的根系即萌发成苗。

（4）埋条育苗。

在雨季选择健康的枝条，按一定的穴距挖成 7~8 cm 宽的沟，将枝条埋入沟中，露出叶部和生长点，浇水后覆土。

【造林技术】

山地水平带状及大穴整地，"四旁"绿化大穴整地。穴规格 1 m×1 m，深 60 cm。用 1 年生苗秋季至春季间造林。丰产林初植密度每亩 37~44 株。农桐间作是农区广泛采用的造林模式，行距 5~6 m。顶端具假二杈分枝特性，注意修枝。培育高树干的方法有平茬接干法、钩芽接干法、剪梢接干法、目伤接干法、平头接干法、抹芽接干法等。平茬接干法适于 1 年生苗，接干时间在整个休眠期，主要技术环节是对茬口高度和平滑度的控制，要求较好的立地条件，较适宜的树种为毛泡桐和兰考泡桐；钩芽接干法适于 2 年生树，接干时间在接干枝下部未木质化前，关键环节是选芽和钩芽，较适宜的树种为白花泡桐、楸叶泡桐和兰考泡桐；剪梢接干法适宜树龄为 1~2 年，接干时间在春季萌发前，主要环节是选芽、剪梢抹芽和控制竞争枝，剪梢强度从顶芽向下 5~6 对斜接效果最佳，较适宜树种同钩芽接干法；目伤接干法适宜树龄为 3~5 年，接干时间在春季萌发前半个月左右，主要环节为选芽目伤、截枝和疏枝，要求较好的立地条件，适宜树种为兰考泡桐；平头接干适宜树龄为 2~3 年，对立地条件要求不甚严格，适于泡桐属各种；抹芽接干原理在于各种促控措施，从光照到营养方面保证了新培养主干突出上长，接干时间在定植当年春季进行。

【病虫害防治】

泡桐丛枝病是较为普遍的病害，有的地区发病率高达 80%~90%，病原为类菌原体。幼树发病后，多在主干或主枝上部丛生小枝小叶，形如扫帚或鸟窝。防治方法包括选用无病母树的根作为繁殖材料，及时修除病树，选用抗病良种等。害虫有大袋蛾，危害叶部；毛黄鳃金龟的幼虫，食苗木根皮。

【生产价值】

泡桐生长快，分布广泛，材质优良，栽培历史悠久，是我国最著名的速生优质用材树种之一，能在短期内提供大量的商品用材。泡桐是优良的软质实木家具和室内装修用材树种，材质轻，具有不易翘裂、不易变形、易加工、易雕刻、绝缘性能好、纹理美观、不易燃烧、容易干燥、耐磨、隔潮、耐腐等优点。叶和花是优良的肥料和饲料。泡桐具有净化空气、过滤尘埃、防沙尘暴、杀灭细菌、消除噪声等功能。据测定，每平方米泡桐叶片可吸附粉尘 20~70 g，其树叶能吸收氟化氢、臭氧、二氧化碳及烟雾，是厂矿绿化、抗污染和防止污染物扩散的好树种。泡桐的根可吸收碱性物质，是净化土壤的良好树种。

2.1.1.10　香椿

别名：红椿、椿花、椿甜树。

科属：楝科香椿属。

【形态特征】

香椿为落叶乔木。树干通直，幼年树皮红褐色，有撕裂纹。壮年树皮暗褐色，条片状剥落。树干有时有透明的树胶。偶数羽状复叶，小叶卵状披针形，先端渐长尖。全缘或具不明显锯齿。新叶红色，入秋又变红色，叶揉搓后有特殊香气，叶柄红色。圆锥花序顶生，花白色。蒴果长椭圆形，种子一端有膜状长翅。

【生物学特性】

香椿为强阳性树、暖温带树种，亚热带也有，耐寒性差，适宜在年平均气温 10 ℃、极端最低气温 -25 ℃ 以下的地区种植；耐旱性较差，较耐水湿；喜深厚肥沃的沙质土壤，对土壤的酸碱度要求不严，pH 5.5~8.0 的土壤均能生长；深根性，喜光，不耐阴，抗污染性能差。主要分布于我国华北、东南及西南各地，河南各地均有栽植。

【育苗技术】

香椿多用种子育苗。为获得种子，春季可不采嫩芽，否则当年不结籽。当果实由青绿色转为黄褐色，蒴果尚未裂开时采集。剪下果穗晾晒 3~5 d，去杂质装袋干藏。香椿种子发芽容易，可用 45 ℃ 以下温水浸种 1 d，放到 20~25 ℃ 温暖处催芽，经 4~5 d 便开始发芽。若低温层积 20~30 d，则发芽快且整齐。育苗地要选择土壤肥沃、排水良好、地下水水位较低的地方。整地前最好多施有机肥料，播种期一般在 3—4 月，条播，行距 25 cm。每亩播种量 2.5~4 kg，覆土厚度 0.5~0.8 cm，播后覆膜或覆草。在出苗期间要保持土壤湿润。香椿幼苗怕日灼，可遮阴或喷水加以防止。苗高 5~10 cm 时，分 2 次间苗，定苗株距 10~12 cm。香椿怕涝，在雨季要注意排水和松土，在幼苗期生长缓慢，7—8 月为速生期，需肥量增大，以追施氮肥为主。进入 9 月生长缓慢，可追施磷、钾肥各 1 次。

【造林技术】

香椿是速生树种，主侧根均发达，栽前须细致整地，施足底肥。每亩施有机肥 2 500~3 500 kg、氮肥 75 kg、磷肥 50 kg。进行穴状整地，一般长 50 cm、宽 50 cm、深 50 cm。栽植方法：一般在春季土壤解冻后、发芽前移栽，选苗时要清除患有根腐病的苗木，主根过长可截断一部分，随起苗随栽植。栽植不宜太深，用材林株行距 1.5 m×2 m 或 2 m×2 m。

【病虫害防治】

香椿的病害主要有香椿叶锈病、香椿白粉病等，虫害主要有香椿毛虫。

（1）叶锈病主要危害叶片，夏天叶面呈黄褐色不规则病斑，冬天叶背呈黑色不规则病斑，可用 500 倍粉锈宁液喷雾防治。

（2）白粉病主要危害叶片，病叶表面褪绿呈黄白色斑驳状，叶背出现白色粉层斑块，后期形成颗粒状小圆点，变为黑褐色，可用 500 倍粉锈宁液喷雾防治。

（3）香椿毛虫，幼虫期可用 800 倍敌百虫液喷杀，成虫期用 1 500 倍 40%乐果乳油防治。

【生产价值】

香椿是我国特有的经济树种，幼芽、嫩叶有多种营养物质，是一种别具风味的蔬菜，深受我国人民的喜爱。其芽、根、皮及果均可入药。果入药，有止血、消炎之功能；种子可榨油，供食用；茎皮纤维可制绳索。香椿树冠庞大，树干端直，木纹有花纹，纹理直，具光泽，是优良的用材树种。香椿具有较强的抗二氧化硫、二氧化碳、氯化氢等有毒气体的特性。

2.1.2　主要经济树种

2.1.2.1　桃

别名：桃子、桃仔。

科属：蔷薇科桃属。

【形态特征】

桃为落叶小乔木，高 4~8 m。叶卵状披针形或圆状披针形，长 8~12 cm，宽 3~4 cm，边缘具细密锯齿，两边无毛或下面脉腋间有鬓毛。

花单生，先叶开放，近无柄。花瓣粉红色，倒卵形或矩圆状卵形。果球形或卵形，直径 5~7 cm，表面有短毛，白绿色，夏末成熟。熟果带粉红色，肉厚，多汁，气香，味甜或微甜酸。核扁心形，极硬。

【生物学特性】

喜光，喜温暖，稍耐寒，喜肥沃、排水良好的土壤，碱性土、黏重土均不适宜。桃不耐水湿，忌洼地积水处栽培。桃根系较浅，但须根多，发达。目前在河南省适宜推广的主要优良品种有春艳、安农水蜜、早凤王、中国沙红桃、新川中岛、重阳红、莱山蜜、中华寿桃、旭日冬桃、千年红油桃、早露蟠桃、双喜红、玫瑰红等。桃原产于我国西部，是我国最古老的果树之一，目前除黑龙江省外，全国各地均有栽培，以山东、河北、河南、陕西和山西栽培较多。

【育苗技术】

桃树苗木繁育主要采用嫁接繁殖。我国广泛采用的桃砧木是山桃和毛桃，播种时间分秋播和春播两种。山桃种子较小，每千克一般为250~600 粒，每亩播种量一般为 20~50 kg。毛桃较大，每千克 200~400 粒，每亩播种量 30~50 kg，每亩出苗在 0.6 万~1.2 万株。春、夏、秋季均可进行嫁接，春、秋季嫁接多采用带木质部芽接、嵌芽接；夏季嫁接主要为 T 形芽接、方块形芽接。在多雨季节应避开雨天，以减少流胶，提高成活率。

【造林技术】

坡地造林提前按地形修筑水平梯田或台田，造林株行距 3 m×3 m 或 4 m×4 m，并配置授粉树，根据授粉品种的经济价值，采用 1∶1 行列式栽植，或 1∶5 的中心式栽植。施肥量株施纯氮 0.75~1.25 kg、磷 0.35~0.5 kg、钾 0.5~0.75 kg，氮∶磷∶钾为 1∶0.5∶0.5。一般在采收后至落叶前施基肥，施肥量占全年的 60%~80%。追肥在开花前、开花后、花芽分化前、果实膨大期进行。在营养生长期，喷施 0.3%~0.4% 尿素或 1%~2% 过磷酸钙浸出液或 0.3%~0.5% 硫酸钾，可获增产效果。桃树宜采用小冠或开心树形。幼树要疏剪无用的徒长枝、下垂枝、细弱枝、竞争枝，运用拉、撑方式使主枝与主干角度达 45°~60°。盛果树要疏剪过密枝、重叠枝、纤弱枝、徒长枝，短截中、长果枝，剪留 8~10 对花芽，对树冠基部的生长枝以及全树结果枝总量的 20%，实行重短截，使抽生健壮的新梢，预备作结果母枝。在花前疏蕾并剪除无叶花枝，短截冬剪时留的过长的中、长果枝。在开花后 20~25 d 进行疏果，短果枝、花束枝只留 1 个，中果枝留 1~2 个，长果枝留 3 个，轻疏的可留 4~5 个，徒长性结果枝比长果枝可多留 1~2 个，同一枝上果实的间距为 10~15 cm。采收时期以果面底色由绿转为乳白色为准，即八成熟采收。全树果实的成熟期有先有后，要分期分批采摘，以保质保量。

【病虫害防治】

桃主要病虫害有桃蚜、桃流胶病、桃蛀螟、桃小食心虫。

（1）桃蚜，危害桃树梢、叶及幼果，严重影响桃树生长结果，并诱发烟煤病。防治方法：以药剂防治为主，在谢花后桃蚜已发生但还未造成卷叶前及时喷药。药剂可用 10% 吡虫啉 4 000~6 000 倍液。由于虫体表面多蜡粉，因此药液中可加入适量中性洗衣粉或洗洁精，以提高药液黏着力。桃树萌芽前可喷洒 5 波美度石硫合剂，消灭越冬卵。

（2）桃流胶病，发病枝干树皮粗糙、龟裂、不易愈合，流出黄褐色透明胶状物。防治方法：①加强综合管理，促进树体正常生长发育，增强树势；②流胶严重的枝干秋冬进行刮治，伤口用 5~6 波美度石硫合剂或 100 倍硫酸铜液消毒。

（3）桃蛀螟，以幼虫蛀入果实内取食危害，受害果实内充满虫粪，极易引起裂果和腐烂，严重影响品质和产量。防治方法：①果实套袋，在桃长到拇指大小、第二次自然落果后进行套袋，防止螟蛾在果面上产卵；②药剂防治，在成虫发生期和产卵盛期，用 10% 吡虫啉 4 000~6 000 倍液或 20% 的除虫脲 4 000~6 000 倍稀释喷雾防治；③桃园内不可间作玉米、高粱、向日葵等作物，减少虫源。

（4）桃小食心虫，俗称"桃小"，是危害桃树果实的主要害虫。成虫产卵于桃果面上，每果 1 粒。幼虫孵化后蛀入果内，蛀孔很小。幼虫蛀入果实后，向果心或皮下取食籽粒，虫粪留在果内。防治方法：①在幼虫出土期 6—7 月，用 1.2% 苦参碱乳油 2 000 倍液喷洒树根周围的地面，喷后浅锄树盘；②在成虫盛发期，喷洒 25% 灭幼脲Ⅲ号悬浮剂

3 000～4 000倍液稀释喷雾防治；③发现虫果，及时摘除深埋或烧毁。

【生产价值】

桃的栽培历史已有3 000年以上，是深受人民普遍喜爱的果品，其汁多味美，并具有美丽的色彩和诱人的芳香，因此有仙果、寿果的称号。桃还可以制作罐头、速冻水果、桃脯、桃干、桃汁等。桃树对污染环境的硫化物、氯化物等特别敏感，可用来监测此类有害物质。

【桃树"宝塔形"整形修剪技术】

桃是我国第四大水果，种植面积广阔。桃树冬季修剪，不仅影响着桃树的长势，更决定着来年的产量。但是，在桃树冬剪的时候，由于修剪不善，树形培养不恰当，枝条留得过密，造成了行间郁闭，不仅修剪起来麻烦费事，还严重影响了桃子的品质，到头来是增产不增收。有的种植户为了防止桃树背上枝旺长，影响通风透光，就一味地剪除背上枝，时间一长，桃树树体枝干下垂、贴地，导致桃子出现烂果，影响产量。为了帮助种植户解决冬剪的问题，我国研发出一种新型果树栽培法——宝塔形桃树栽培技术。

桃树宝塔形树形是在纺锤形基础上改造而成的一种树形，以本书研究项目的园区为例，种植的新品种为兴农红2号，按照1.5 m×1 m的行株距，树高2 m，中心干直立挺拔，留12～15个侧生枝，上下错落距离为15～25 cm，开张角度80°～90°，侧生枝下大上小，树冠下部最大直径可达1.2 m，呈松塔形。通过多年来的生产实践，宝塔形桃树与传统的整形修剪相比，优势很突出：主要表现在树冠小，适于密植，好学易懂，树体结构简单，整形容易，修剪简单，一看就懂，一学就会。目前，该修剪技术实用性强，推广面积大，覆盖面广，受到了广大果农的好评与拥护。宝塔形树体结构和主干形相似，不同之处是树冠上尖下宽，呈宝塔状。另外，宝塔形桃树可以达到枝枝见光、果果向阳、含糖量高、个头均匀、优质果多的效果。

（1）树冠小，合理密植。

在桃树合理密植当中，应该根据露地定植和设施内定植特点的不同，确定合理的定植密度。在露地定植中，（2～6）m×1 m为主体密度，新植应该控制地界和第1行桃树的距离在（1.5～2）m之内，第3行与第 2 行、第 2 行与第 1 行之间的距离分别控制在 3 m 和 2 m 左右。从桃树的第 3 行起，4 行内控制行距为 2 m，每 4 行之间的间距为 3 m。采用露地定植的方式，桃树栽培的密度可以达到 4 440 株/hm²。在设施内定植中，1.5 m×（1~1.2）m 为主体密度的合理范围，在确定栽培行数时，应该对支柱和棚宽状况进行深入分析，保障密植的合理性。通常情况下应该按照如下公式计算棚腿距边行的距离：棚腿距边行的距离=行距/2+0.5 m。合理的棚腿距边行的距离能够为后续整形工作的实施奠定基础，确保具有合理的棚边高度。当大棚中运用支架时，定植工作应该沿支架实施，根据实际情况在两侧进行定植。应该根据温室或者拱棚的朝向对成行的方向进行控制，使其保持一致性，为覆膜与微耕机耕操作提供便利。基肥的施用应该在定植前完成，通常应该在秋季栽植，防止出现深栽现象，并保障浇水与覆膜的及时性。

（2）造型美观，易于观赏。

桃花是中国传统的园林花木，其树态优美、枝干扶疏、花朵丰腴、色彩艳丽，为早春重要观花树种之一，每到花开时节，人们纷纷欣赏娇枝绿叶、粉红桃花，既能陶冶情操，又能增添节日气氛。宝塔形桃树使树形呈上尖下宽状，达到"近看是树，远看像塔"的观赏效果。

（3）桃树宝塔形整形修剪技术。

①树形结构。主干高 20~30 cm，树高 1.6~2 m，有直立、强壮的中心干，中心干上每隔 15~25 cm 螺旋状着生 12~15 个主枝，主枝上直接培养结果枝。主枝与中心干角度为 80°~90°，基部粗度不超过其着生处中心领导干的 1/3，主枝下长上短，最下边树体直径为 1.2~1.5 m，树体呈宝塔形。

②栽植密度。宝塔形桃树适宜于栽植密度为（1~2）m×（2~2.5）m 的密植桃园。

③定干。桃树栽植后即定干，定干高度 40~50 cm，剪口下保留 4~6 个饱满芽。

④修剪。

第一，定植当年夏季修剪，包括摘心、拉枝和疏枝。整形带内萌发的枝条长至 40 cm 时摘心。下部第一主枝确定后，按间隔 15~25 cm 的间距，选择与下部第一个主枝垂直或平行的枝条，作为永久性主枝。间隔小于15 cm的枝条疏除。定植当年培养6~8个永久性主枝。主枝与中心干角度小于80°时采取拉枝法开张角度。

第二，定植当年冬季修剪，以短截和缓放为主。下层选留的3~4个主枝保留50~60 cm短截，其上的结果枝缓放，促其形成花芽；上层选留的3~4个主枝保留40~50 cm短截，其上结果枝缓放。中心干保留50~60 cm短截。

第三，第二年修剪，以培养上层主枝和保证下层产量为主。夏季管理用定植当年夏季管理方法培养6~7个主枝，疏除下层过密枝；冬季修剪将当年选留的6~7个主枝分别保留30~40 cm、20~30 cm短截，中心干落头开心，形成宝塔形树体结构。下层老枝全部疏除，分别回缩定植当年选留的6~8个主枝至50~60 cm、40~50 cm处。

第四，盛果期修剪。盛果期修剪原则是："一疏""两控""留中长"。

① "一疏"即疏密更新。冬剪疏除过密枝，更新老枝，使树冠通风透光，老而不衰。这种树形没有主枝，只有中心干，中心干上每隔25 cm留1个结果枝，共留12~15个结果枝，每年可更新已结过桃子的老枝。

② "两控"即严控树高，严控枝干比。树冠高度控制在1.6~2 m，树冠过高，不便于管理，费工费力；树冠过低，果实产量低，病害严重。第1年树高可达1.5 m，2年生树高可达2 m，3~4年生树应稳定在2 m。可通过中心干摘心的方法控制其高度。同时在每年的整形修剪过程中，上边枝条要小、要少，下边枝条要大、要多，也就是说尖端所有的大枝条全部剪掉，留下中小枝条结果，采取以果压冠控制树高。

控制枝干比：就是控制中心干与结果枝的比例。为了平衡树势，多产优质果，一定控制好枝干比，干与枝条的比例要控制在3∶1，也就说中心干的直径有3 cm，结果枝的直径要控制在1 cm。若结果枝大于中心干，容易形成偏冠，采取的措施是从基部留5 cm处剪掉，重新培养。若干与枝条的比例小于3∶1时，容易上强下弱，针对这样的情况，要更新老枝条，增加枝条数。

③"留中长"即留足够的中、长果枝。要根据亩产量,留有足够的中、长果枝。因为长果枝平均可结 3 个果,中果枝平均可结 2 个果,短果枝一般结 1 个果。所以,在修剪时,要留一定量的中、长果枝,才能保证一定的亩产量。长果枝就是指 30 cm 以上的枝条,中果枝就是 20~30 cm 的枝条,短果枝就是 20 cm 以下的枝条。在幼树结果过程中,以中、长枝条结果为主,以疏枝条为主不短截,在以前的生产中,大部分修剪以短截为主,出现的问题就是一剪子剪下去就会出 3~4 根条子,使结果的年龄往后推迟,生理落果严重,夏季修剪复杂,增加了劳动力,也就是说长枝修剪得到的是桃子,短截回缩是废条子。根据园区新品种兴农红 2 号桃子定植的密度,每亩❶地 150 棵桃树,计划产量在 3 000 kg 左右的话,每亩地留枝量应该在 8 000~10 000 个,中、长枝条占比应在 70% 以上,也就是说每棵树应该留结果枝条 60 根左右。

(4) 通风见光性好,优质果产出率高。

通过生长季整形修剪,调光调势调花,使桃园的枝叶覆盖率控制在 80% 以内,既有上光,又有下光;既有直射光,又有散射光,达到树冠各部位均匀见光,控好中心干的上下比,利于达到枝枝见光、果果向阳的效果,通风效果好,优质果产出率高。

桃树是我国重要的经济林树种,密植栽培、提高桃树前期产量是桃树栽培的发展趋势。目前,桃树密植栽培中树形多采用主干形,桃树易出现"上强下弱""上大下小"的现象,影响桃树种植的经济效益。改良桃树主干形树形,克服"上强下弱""上大下小"的现象,使桃树枝枝见光,果果向阳,多产优质果、商品果势在必行。我国桃树有关技术多是桃树综合管理技术,少数关于桃树整形修剪的技术也是针对多种树形的整形修剪技术,尚没有一项关于桃树一种树形的技术。桃树宝塔形整形修剪技术已经成熟,可以有效地指导密植桃树的整形修剪工作,提升密植桃园的管理水平,保证密植桃园早果丰产,经济效益持续稳定。

2.1.2.2 杏

科属:蔷薇科杏属。

---

❶ 1 亩 = 1/15 hm²。

【形态特征】

落叶小乔木，高可达 5~8 m，胸径 30 cm。干皮暗灰褐色，无顶芽，冬芽 2~3 枚簇生。单叶互生，叶卵形至近圆形，长 5~9 cm，宽 4~8 cm。花两性，单花无梗或近无梗；花萼狭圆筒形，萼片花时反折；花白色或微红，雄蕊 25~45 枚，短于花瓣，果球形或卵形，熟时多浅裂或黄红色。种核扁平圆形，花期 3 月，果熟 6—7 月。

【生物学特性】

杏耐旱不耐涝，耐瘠薄、喜光照，花期易受晚霜危害，因此应选背风向阳、地势较高、排水良好、土层深厚的地块建园。河南省渑池的仰韶大杏、原阳的大接杏，以及引进的意大利 1 号、金太阳、凯特杏、玛瑙杏等品种表现很好，可推广应用。杏原产于我国，分布范围大体以秦岭和淮河为界，黄河流域为其分布中心地带。

【育苗技术】

杏主要采取嫁接繁殖。常用的砧木种类有西伯利亚杏、普通杏、辽杏、藏杏、梅、桃、李等。嫁接方法有劈接、腹接和带木质芽接。嫁接后及时解绑，并进行补接。芽接苗在翌春萌芽前应进行剪砧；春季芽接的可在接后立即剪砧，当年即可成苗。在嫩枝长到 20 cm 时进行支缚，并及时去除砧木上的蘖芽。当接芽萌发后，应及时浇水并追施速效氮肥，以利苗木生长。

【造林技术】

根据定植密度，挖宽、深各 1 m 的定植穴或沟，在底部铺 20 cm 厚的秸秆、秧草或树叶，在表土层中掺入适量的有机肥和磷钾肥填入下层。栽植深度以浇过定植水后根茎交接处与地面相平为宜，定植后灌足水，然后覆土保墒。密植的株行距为（1.5~2.5）m×4 m，稀植的为（3~4）m×5 m；保护地栽培可进一步加大密度，株行距采用（0.8~1.2）m×1.5 m。基肥应于每年秋季施入，以有机肥为主。4 月下旬、6 月下旬及花期进行追肥。如气候干旱，应在春季萌芽前、幼果期及越冬前各灌水 1 次。杏树整形以自然圆头形为主，也可采用主干疏层形、纺锤形和自然开心形等。杏树修剪应掌握疏密间旺、缓放斜生、轻度短截、增加枝量的原则。杏树以短果枝和花束状果枝结果为主，修剪时应着重培养此类果枝。杏树结果枝的寿命为 3~5 年，因此要注意及时回缩更新，抑制结果部位外移。

【病虫害防治】

杏树病虫害主要有杏流胶病、杏裂果病。

（1）杏树病虫害主要有杏流胶病、杏裂果病。杏流胶病是一种典型的生理性病害。流胶主要发生在枝干和果实上，树干、枝条被害时，春季流出透明的树胶，与空气接触后，树胶逐渐变褐，成为晶莹柔软的胶块，最后变成茶褐色硬质胶块。流胶处常呈肿胀状，病部皮层及木质部逐渐变褐腐朽，再被腐生菌感染，严重削弱树势。果实流胶多在伤口处发生，流胶粘在果面上，使果实生长停滞，品质下降。防治方法：①避免使树体造成机械损伤，万一造成了损伤，要及时给伤口涂以铅油等防腐剂加以保护；②及时消灭蛀干害虫，控制氮肥用量；③在树体休眠期用胶体杀菌剂涂抹病斑，以杀灭病原菌。

（2）杏裂果病是杏果生长中普遍存在的问题。裂果使杏的商品价值降低，给果农造成巨大的经济损失。防治方法：①选育抗裂品种，如选择特早熟或晚熟品种，以及果皮厚、果肉弹性大与可塑性小的抗裂品种；②树盘覆草，这样能避免因降雨及太阳直射所引起的土壤湿度的急剧变化，使树冠下面的小气候处于比较稳定的状态，减少根部吸收水分的速度和数量，保证果实代谢作用的协调进行，从而减少裂果的数量与程度；③适时浇水，给杏树浇水，要适时适量，尤其是在杏果膨大期及果实着色期，更应保持土壤湿润适度，要防止过干或过湿而造成裂果；④喷施化学药品或生长调节剂，在果实膨大期及着色期，连续喷布两次 5 000 倍农乐牌"稀土"可以防裂。

【生产价值】

杏的果实含有丰富的营养成分，杏的医疗保健作用越来越受到医务工作者的重视。另外，杏还可以制作罐头、速冻水果、杏脯、杏干、杏汁等。

2.1.2.3 苹果

科属：蔷薇科苹果属。

【形态特征】

苹果为落叶乔木，树高可达 15 m，栽培条件下一般高 3~5 m。树干灰褐色，老皮有不规则的纵裂或片状剥落，小枝光滑。叶序为单叶互生，椭圆至卵圆形，叶缘有锯齿。伞房花序，花瓣白色，含苞时带粉红色，雄蕊 20 枚，花柱 5 枚，大多数品种自花不育，需种植授粉树。果实为仁果，颜色及大小因品种而异。

【生物学特性】

苹果喜光，生长期平均气温在 13.5~18.5 ℃。日平均气温 ≥5 ℃ 的持续日数在 170 d 以上的地区适宜于苹果栽培。苹果是河南省的重要果树栽培树种，优良品种很多，早熟品种有辽伏、早捷、伏帅、藤牧 3 号等，中熟品种有新嘎拉、首红、新红星、超红、华冠、乔纳金等，晚熟品种有秦冠、富士系列等。苹果是世界上栽培面积较大、产量较多的果树之一，也是我国华北、西北、东北地区主要果树栽培树种。

【育苗技术】

苹果一般采用嫁接育苗，繁殖方式分实生苗砧苗、营养系矮化砧苗和矮化中间砧苗。实生苗砧苗繁殖分为秋播和春播；营养系矮化砧苗主要采用压条繁殖；矮化中间砧苗繁殖是以实生砧作基砧，其上嫁接矮化砧并留有一定长度的枝段作中间砧，在中间砧上嫁接苹果品种。一般在 7 月中旬至 9 月初进行芽接，接后 15 d 左右解绑，嫁接成活的苗木于春季萌芽前将接芽以上的砧木部分剪除，不留残桩，剪砧后要及时抹芽，越早越好。枝接主要在春季树液开始流动、芽尚未萌发期间进行，待芽萌发抽梢后逐步解绑。接穗若萌发出多个新梢，应选留 1 个，其余去除。

【造林技术】

栽植密度为 2 m×3 m 或 2 m×4 m，挖穴规格为 0.8 m×0.8 m×0.8 m，栽植深度以嫁接接口部位略高于地面为宜。选经济价值高、丰产、结果年龄和开花时期一致、能相互授粉的品种配置授粉树，主栽品种和授粉品种的比例可按 1∶1、2∶1 或 3∶1 配置。采用的树形有小冠疏层形、自由纺锤形、圆柱形和树篱形 4 种。修剪时期分夏季修剪和冬季修剪。幼树在 8 月下旬至 9 月，树梢停止生长后施基肥，结果树在果实采收后施基肥，花前、花后及果实采收前还需追肥。追肥以速效氮肥为主，适当配合磷、钾肥。施肥量原则上按生产 1 kg 苹果施 1～1.5 kg 厩肥计算，盛果期苹果园按每亩 3 000 kg 厩肥量进行施肥。可用地面灌溉、喷灌和滴灌等方式进行灌溉。平地和地势较低的苹果园，可在树行或果园四周开排水沟。苹果开花期间辅助进行人工液体授粉，可提高苹果坐果率，增加产量。花期进行疏花疏果，可采用人工疏花和化学疏花两种方法。

【病虫害防治】

苹果的主要病虫害有苹果树腐烂病、苹果树枝干轮纹病、金纹细蛾、叶螨等。

（1）病害防治方法：针对苹果树腐烂病和枝干轮纹病，主要在初冬或早春刮除病斑或病瘤后抹药。刮除腐烂病时，刮治的病斑呈梭形，将病皮彻底消除。病斑刮除后要用腐必清 2～3 倍液或 2% 农抗 120 的 10～20 倍液或 5% 菌毒清 30～50 倍液加新高脂膜涂抹消毒，半个月后再用上述药剂涂抹 1 次。同时对刮治后受创伤的枝干可涂抹愈伤防腐膜，保护伤口愈合组织生长，防腐烂病菌侵染，防土、雨水污染，防冻、防伤口干裂。对苹果树腐烂病发生严重的果园，可在入冬前采用树体喷药的方法防治。药剂可选用：腐必清加新高脂膜或 5% 菌毒清 100 倍液；5% 菌毒清 100 倍液加腐必清 1 000 倍液，提高农药有效成分利用率，消菌杀毒。同时喷洒护树将军，保护树体防冻、驱逐越冬病毒，防止虫害着落于树体繁衍，催促果树早冬眠，恢复元气。

（2）虫害防治方法：在早春花芽萌动前，要防治锈线菊蚜、苹果瘤蚜的越冬卵和初孵若虫及苹果全爪螨越冬卵和蚧壳虫等，可喷 99.1% 加德士敌死虫乳油 20 倍或 95% 柴油乳油 50～80 倍液或 50% 硫悬浮剂 30～50 倍液或 5 波美度石硫合剂。

【生产价值】

盛果期果园可亩产苹果 2 000～2 500 kg。苹果品质风味好，含水分 85% 左右，总含糖量 10%～14.2%，含苹果酸 0.38%～0.63%，可谓甜酸可口。苹果除供鲜食外，还可加工果酒、果汁、果脯、果干、果酱、蜜饯和罐头等。从医学角度来看，苹果是一个丰富的多种维生素体，它含有丰富的钾和果胶，有防止心血管病的作用。

2.1.2.4　梨

科属：蔷薇科梨属。

【形态特征】

梨为落叶乔木。在幼树期主干树皮光滑，树龄增大后树皮变粗，纵裂或剥落。嫩枝无毛或具有茸毛，后脱落。2年生以上枝灰黄色乃至紫褐色。叶形多数为卵形或长卵圆形，叶柄长短不一。花为伞房花序，两性花，花瓣近圆形或宽椭圆形。果实有圆、扁圆、椭圆、瓢形等。果皮分黄色或褐色两大类，黄色品种有些阳面呈红色。果肉中有石细胞，内果皮为软骨状。

【生物学特性】

适宜在阳坡、半阳坡土质疏松、排水良好的轻壤土质上生长，适宜pH 5.8~8.5，但土壤含盐量0.3%即受害。梨在我国分布很广，全国各地都有栽培，其中以河北、山东、河南、山西等省栽培较多。河南省郑州、安阳、开封、商丘、孟州、宁陵、汝阳等地栽植有天生优梨、甜瓜梨、鹅梨、雪花酥梨、红蜜梨、瓢梨、七月酥、金星等品种，从日本引进的明月梨、红香梨、香水梨等在河南省内表现良好。

【育苗技术】

梨主要采用嫁接繁殖。梨树的砧木主要有杜梨、山梨、豆梨、沙梨等。嫁接方法有"T"形芽接、嵌芽接和各种枝接。无病毒苗木的培育：培育无病毒苗木首先要对现存发展品种进行脱毒，脱毒方法有恒温热处理脱毒、变温热处理脱毒、茎尖培养脱毒、热处理与茎尖培养结合脱毒。目前，中国农业科学院果树研究所已经脱毒的品种和砧木有砀山酥梨、金花1号梨、金花4号梨、苍溪雪梨、晋蜜梨、矮香梨、巴梨、柠檬黄梨、大南果梨、八月酥梨等。获得无病毒母本梨树后，为大量繁殖无病毒苗木，必须建立无病毒采集接穗的圃地。一般用种子繁殖的实生砧木本身不带病毒，在这些专门培育的砧木苗上嫁接无病毒品种，建立梨无病毒品种采穗圃，繁殖无病毒苗木。

【造林技术】

坡地造林要提前在秋季修筑梯田，在整好的地上挖60~80 cm见方的大穴，株行距2 m×3 m至3 m×4 m。栽植前确定主栽品种，选配2~3个授粉品种。定植后灌足水，然后封土，并用薄膜覆盖。强调秋施基肥、早春追肥。在肥料充足的情况下，还可在发芽后、开花前后分次少量追肥。年降水量不足 600 mm 的地区，在春、秋两季旱时应及时浇水，浇水量以渗透根系集中分布层为宜。整形修剪：适于丰产优质的苹果树形，梨树也适用。生产上梨树稀植园常用的树形有主干疏层形、二层开心形等。在矮化密植园，常用的树形有自由纺锤形、自然扇形、自由篱壁形等。

【病虫害防治】

梨的主要病虫害有黑星病、轮纹病和腐烂病等。

（1）黑星病、轮纹病防治方法：8 月上旬全园普喷 1 次杀菌剂，如50%多菌灵或 70%甲基托布津 800～1 000 倍液，同时混用 50%杀螟松1 000～2 000 倍液，或 40%水胺硫磷 2 000 倍液。

（2）腐烂病防治方法：采收后要加强梨树管理，主要是立即施用速效肥料，如叶面喷布 0.3%尿素加 0.3%磷酸二氢钾 1～2 次；土壤施用碳酸氢铵、尿素或其他速效肥料等。10 月上旬、中旬，幼树喷 1 次 80%敌敌畏乳剂 800～1 000 倍液。

【生产价值】

梨味甘酸、性寒，有清热除烦渴、润肺化痰、止咳的作用，并能解酒毒，善治热病津伤的烦热口渴和肺热的干咳无痰等症。除供鲜食外，梨可制作梨干、梨脯、梨膏、罐头、梨酒、梨醋等。

2.1.2.5　葡萄

科属：葡萄科葡萄属。

【形态特征】

葡萄为落叶藤本。茎蔓长达 10～20 m。单叶，互生。花小，黄绿色，组成圆锥花序。浆果圆形或椭圆形，因品种不同，有白、青、红、褐、紫、黑等不同果色。果熟期 8—10 月。

【生物学特性】

葡萄是世界上最古老的植物之一，原产于欧美和中亚。中国栽培葡萄已有 2 000 多年历史，相传为汉代人张骞引入。在我国长江流域以北各地均有栽培，主要产于新疆、甘肃、山西、河北等地。全世界葡萄的栽培面积和产量在各种果树中占据首位。葡萄品种很多，全世界有 60

多种，其中我国约有 25 种。我国栽培历史久远的"龙眼""无核白""牛奶""黑鸡心"等均属于东方品种群。"玫瑰香""加里娘"等属于欧洲品种群。目前在河南省适宜推广的主要优良品种有无核早红、京秀、亚都蜜、峰后、美人指、红提、皇家秋天等。葡萄适应性很强，在我国广大地区均能种植。葡萄喜温、喜光、喜干燥，适宜在 pH 6.0~8.0、有机质含量 1% 以上的土壤中生长。

【育苗技术】

葡萄育苗主要采用扦插育苗、嫁接育苗、压条育苗三种方法。

（1）扦插育苗。

春季葡萄扦插前 30 d，整理种条，并进行催根处理。当地温稳定在 10 ℃ 以上后，即可进行覆膜扦插。营养钵扦插育苗：首先配制营养土，接着作床、摆放，然后将秋季准备好的芽粒饱满、成熟的种条剪成芽段，经清水浸泡及萘乙酸处理后，插入营养钵中央，进行加湿保温。

（2）嫁接育苗。

目前生产上多采用单芽劈接嫁接。

（3）压条育苗。

休眠期将母株根部的健壮枝条压入土中，经一段时间后即能发芽生根，然后将枝条与母株分离，移植再行培养。

【造林技术】

植苗前要搭架，有单臂篱架、双臂篱架、丁字形篱架、棚架等。在秋季落叶后和早春树液流动前均可栽种，栽植株行距为（1.5~2）m×（2.5~3）m，亩栽 110~178 株。每生产 100 kg 葡萄，一年中需施氮肥 0.5~1.5 kg、磷肥 0.4~1.5 kg、钾肥 0.25~1.25 kg。每年施肥 3~4 次，落叶后施肥占全年施肥总量的 60%，开花前后和采果后各追肥 1 次。浆果开始着色时，果实迅速膨大，如遇夏旱，应增施肥水 1 次。整形修剪：篱架、丁字架采用自然扇形，棚架采用多主蔓自然形。篱架以中、短梢修剪为主，棚架以中、长梢修剪为主。长势中等、结果率高的品种，宜以中、短梢修剪为主，反之则以长、中梢修剪为主。冬季修剪应视情况对各级枝蔓更新修剪。生长期修剪，一是抹芽、定梢，二是新梢摘心，三是疏花序，四是引绑。

【病虫害防治】

葡萄的病虫害主要有炭疽病、白腐病、穗枯病等。

（1）葡萄炭疽病的防治方法：①改善立地条件，增施有机肥，控制结果量，加强管理，改善通风透光条件；②发芽前树体和地面喷 1 次 5 波美度石硫合剂，花前花后各喷 1 次 86.2%氧化亚铜水分散粒剂 1 500 倍液、石灰半量式 240 倍液的波尔多液、70%甲基托布津可湿性粉剂 800 倍液、50%多菌灵可湿性粉剂 600 倍液、75%百菌清可湿性粉剂 800 倍液、80%炭疽福美可湿性粉剂 500 倍液。

（2）葡萄白腐病的防治方法：①注意葡萄园排水系统建设，增施有机肥，采用高宽垂树形，注意中耕除草，发病后及时清除病果并深埋；②发芽前喷 5 波美度石硫合剂，重点喷地面，6 月中旬是白腐病的发病始期，应重点防治白腐病，可喷洒 86.2%氧化亚铜水分散粒剂 1 500 倍液或 75%百菌清可湿性粉剂 600 倍液或 50%多菌灵可湿性粉剂 600 倍液或 50%退菌特可湿性粉剂 800 倍液灵或 78%的科波可湿性粉剂 600 倍液或速克灵 1 000 倍液。

（3）葡萄穗枯病的防治方法：①加强水肥管理，增强树势，彻底清园，将病僵果深埋或烧掉；合理间作，均可减轻穗枯病的发生。②发芽前喷 5 波美度石硫合剂，花前花后各喷一次 86.2%氧化亚铜水分散粒剂 1 500 倍液、50%多菌灵可湿性粉剂 600 倍液，或 70%甲基托布津可湿性粉剂 800 倍液。

【生产价值】

葡萄果实味甜可口，营养丰富，含 17%以上葡萄糖和果糖，并含有一定的蛋白质及丰富的钾、钙、钠、磷、锰等微量元素与多种维生素和氨基酸，同时葡萄还含有白藜芦醇，具有抗肿瘤，防贫血、肝炎，降血脂，软化血管，防糖尿病，抗癌等作用。

2.1.2.6　李

科属：蔷薇科李属。

【形态特征】

李为落叶小乔木。小枝无毛，红褐色。

【生物学特性】

李为温带树种，适应性强，生长快，性喜光，耐半阴，耐寒性强。在长期的栽培选育中，形成了不少优良的地方品种，如济源的玉皇李等。近年来引进的美国黑李，销售市场广阔。李树适宜生长在山地阳坡和阴坡土层较厚、保水保肥力较强的黏重土壤上。目前，河南省推广的主要优良品种有大石早生李、玫瑰皇后李、黑宝石李、澳大利亚14号、美丽李、太阳李、秋姬、凯尔斯、安哥诺、梅李女神等。李在我国分布较为广泛，东北南部、华北、华东、华中等地均有栽培。

【育苗技术】

李的育苗方式有嫁接育苗、扦插育苗、组培育苗和分蘖育苗等，生产上主要采用的是嫁接育苗。在华北地区，砧木主要是山杏和山桃。经过层积处理的砧木种子，翌年春季土地解冻即可播种，株行距30 cm×50 cm，每亩约1.5万株。当年7—8月，当苗长到30~50 cm高、基部茎粗0.5 cm左右时，即可嫁接。7月下旬到8月中旬为嫁接的最佳时期。嫁接方法以带木质芽接成活率最高。

【造林技术】

李在土壤瘠薄的地方，可采用1.5 m×（2~3）m的株行距；土层深厚、肥水条件较好的地方，可采用3 m×（4~5）m的株行距。砧木不同，栽植密度略有不同。如采用毛樱桃、山桃、山杏等乔化砧木时，株行距应适当加大。多数品种自花不结实，栽植时必须配授粉树。一般授粉品种与主栽品种的比例以1：（4~5）为宜，每块李子园的品种不宜多，以2~3个较好。一般采用自然开心形和主枝开心形进行整形。每年在采果后至落叶前后结合施有机肥进行深耕改土。4—8月进行4~6次中耕除草，在秋季每株施30~60 kg有机肥，并及时追肥。萌芽前以追施速效氮肥为主，果实膨大期追施氮、磷、钾肥，后期施磷、钾肥。果园还应做好排水工作，忌积水，特别是雨季要注意防涝，以免造成烂根死树。李树花量大，坐果率高，可在现蕾、开花期分别疏蕾、疏花。

【病虫害防治】

李树的主要病虫害有蛀干天牛、食心虫、蚜虫、李树流胶病等。

（1）一般危害李树的主要害虫是星天牛和桑天牛等，其幼虫会蛀食树干、枝干和根部。防治方法：①钩杀，用一铁丝钩，先将蛀孔内的木屑、虫粪掏出，然后用铁丝钩将蛀孔内的幼虫钩杀致死；②刮皮，结合钩杀，将李树的裂皮、翘皮刮掉，并连同枯枝、残果在园外集中烧毁，以杀死虫卵；③密封，先将蛀孔内的木屑、虫粪掏出，然后用棉花团蘸上50%敌敌畏乳剂原液，塞入蛀孔内，并立即用黄黏泥密封蛀虫孔口，以杀灭天牛的成虫和幼虫；④喷灌，取50%敌敌畏乳剂1 000倍液5～10 mL或20%速灭杀丁乳油700～800倍液5～10 mL，去除喷雾器的喷头，将药液直接喷灌到有新鲜虫粪排出的排粪孔内。

（2）食心虫是危害李子果实最严重的害虫，被害率高达80%～90%。被害果实常在虫孔处流出泪珠状果胶，不能继续正常发育，渐渐变成紫红色而脱落。防治方法：防治的关键时期是各代成虫盛期和产卵盛期及第1代老熟幼虫入土期。用10%高效氯氰菊酯1 000倍液，也可用16%甲维茚虫威1 500倍液，或用50%敌敌畏800倍液喷洒。李树生理落果前，冠下土壤普施1次50%辛硫磷1%～1.5%液。在落花末期（95%落花）小果呈麦粒大小时，喷第1次药，使用敌敌畏、敌杀死、速灭杀丁、来福灵皆可，每隔7～10 d喷1次。

（3）蚜虫主要危害李树新梢叶片，新梢被害严重时呈卷曲状，生长不良，影响光合作用，以致脱落，影响果树产量及花芽形成，并大大削弱树势。防治方法：①早春结合修剪，剪去被害枝条，集中销毁；②树体打药：在危害盛期可喷5%吡虫啉乳油2 000～3 000倍液，也可用20%啶虫脒乳油8 000～10 000倍液，或用50%灭蚜松可湿性粉剂1 500倍液喷洒。

（4）李树流胶病主要危害李树1～2年生枝条。防治方法：①及时清园、松土培肥，挖通排水沟，防止土壤积水；增施富含有机质的粪肥或麸肥及磷钾肥，保持土壤疏松，以利土根系生长，增强树势，减少发病。②及时防治天牛等蛀干害虫，消除发病诱因。③5—6月可用12.5%烯唑醇可湿性粉剂2 000～2 500倍液喷施，每隔15 d喷1次，连喷3～4次，施药时，药液要全面覆盖枝、干、叶片和果实，直至湿透。

【生产价值】

李是优良的鲜食果品，外观鲜美、酸甜适度、营养丰富。果实含糖量 7%~17%、酸 0.16%~2.29%、单宁 0.15%~1.5%。李果中含有蛋白质、脂肪、胡萝卜素、硫胺素、核黄素、尼克酸、维生素 C、维生素 B_1、维生素 B_2，以及钙、磷、铁等矿物质，还含有 17 种人体需要的氨基酸等。李果不仅适于鲜食，且可制果干、罐头、果脯、果酱、果汁、果酒和蜜饯等。李果亦有清热利尿、活血祛痰、润肠等作用。

2.1.2.7　扁桃

别名：巴旦杏、巴旦木、甜杏仁、美国大杏仁。

科属：蔷薇科桃属。

【形态特征】

扁桃为中型乔木或灌木，高达 6 m。枝直立或平展，无刺，具多数短枝，幼时无毛，一年生枝浅褐色，多年生枝灰褐色至灰黑色。叶片披针形或椭圆状披针形，先端急尖至短渐尖，基部宽楔形至圆形，幼嫩时微被疏柔毛，老时无毛，叶边具浅钝锯齿。花单生，先于叶开放，着生在短枝或一年生枝上。果实斜卵形或长圆卵形，扁平，长 3~4 cm，直径 2~3 cm，顶端尖或稍钝，基部多数近截形，外面密被短柔毛。种仁味甜或苦。花期 3—4 月，果期 7—8 月。

【生物学特性】

扁桃耐贫瘠、耐旱、耐寒，适应性极强，但在生产上最好选择土层深厚、通气良好的壤土和沙壤土地块种植。由于扁桃极易遭受晚霜危害，因此要注意选择山坡中部和开阔的平地、谷地及避风向阳的南山坡建园，并且注意不要在主风向的迎风面建园。目前，在河南省适宜推广的优良品种有浓帕尔、比提、弥森等。扁桃在我国主要产于新疆的南疆地区。另外，我国甘肃、内蒙古、陕西、山西、河南等地也有引种栽培，其营养价值高，适应性广，种植效益好。

【育苗技术】

扁桃主要有播种育苗和嫁接育苗两种方法。

（1）播种育苗。

秋播种子出苗早、出苗整齐，种子不需处理。春播须进行催芽处理。种子千粒重 4.76 kg。条播行距 60~70 cm，按 8~10 cm 的距离播种种子，覆土厚度 3~5 cm。为了提高地温，可铺设地膜。软壳或薄壳的种子每亩播种量为 10 kg，中壳为 15 ~ 20 kg。亩产苗量为 1 万 ~ 1.2 万株，1 年生苗高 80 cm。

（2）嫁接育苗。

砧木有桃、杏、李等，嫁接方法可用夏秋芽接和早春枝接，苗圃培育 1 ~ 2 年，产苗量 3 000 万 ~ 3 500 万株。

【造林技术】

株行距以 3 m×4 m 或 4 m×5 m 为宜。为达到早期丰产高效的目的，对于计划密植园每亩可栽植 83 ~ 111 株，但应注意及时间伐。定植苗采用成品苗和芽苗均可。采用芽苗可省去 1 年育苗时间，便于早期整形。定植前挖深和直径均为 60 cm 的定植坑，栽植密度大时可直接挖成宽、深各 60 cm 的栽植带。一般每隔 2 ~ 3 行种植主栽品种，配植 1 ~ 2 行授粉品种。幼树每年施基肥 1 次，成年树 2 ~ 3 年施基肥 1 次。幼树株施基肥 15 ~ 25 kg，中年树为 20 ~ 25 kg，大树为 50 ~ 100 kg。一年中施肥一般分 3 次，第一次宜在早春或秋冬，以速效氮肥为主；第二次在果实膨大期，以氮、钾肥为主；第三次在果实采收后，以堆肥、厩肥等有机肥为主，通常结合秋季深翻施入。另外，在生长季节还可进行叶面喷肥。年降水量在 400 ~ 450 mm 的地区，一般不需要专门浇水。夏季雨水不足或分布不均地区，应灌水 1 ~ 2 次。入冬前若进行冬灌，效果更好。整形修剪：扁桃喜光、干性强，在高密度栽培果园常以自由纺锤形为主，低密度栽培果园以自然开心形为主。修剪原则是多疏少截。扁桃以短果枝结果为主，其幼树和初果期果树生长旺盛，中长果枝量较多，一般当新梢长至 50 ~ 60 cm，要及时摘心，促发副梢，增加结果枝，及时疏除多余枝。对于有空间需要保留的背上枝、直立枝，当长至 50 ~ 60 cm 时及时扭梢。冬季基本不动剪。

【病虫害防治】

扁桃病虫害主要有桃缩叶病、桃流胶病等。

（1）桃缩叶病主要危害叶片，发病严重时也可以危害花、幼果和嫩梢。新梢受害呈灰绿色，节间缩短，略肿，叶片丛生，严重的会使新梢枯死。花瓣受害肥大变长。果实受害变畸形，果面龟裂，易早落。防治方法：①药剂防治，由于桃缩叶病只在早春侵染 1 次而没有再次侵染，因此在关键时机喷 1 次药便可收到很好的防治效果。喷药时间应掌握在桃树花芽露红而未展开前，喷 1 次 1.5 波美度石硫合剂或 1%波尔多液，就能控制初侵染的发生。②摘除病梢，加强管理。当初见病叶而尚未出现银灰色粉状物前，摘除销毁，可减少来年的越冬菌量。对发病树应加强管理，追施肥料，使树势得到恢复，增强抗性。

（2）桃流胶病，病部流出半透明黄色树胶，雨后流胶现象更为严重。流出的树胶与空气接触后，变为红褐色，呈胶冻状，干燥后变为红褐色至条褐色的坚硬胶块。病部易被腐生菌侵染，使皮层和木质部变褐腐烂，致树势衰弱，叶片变黄、变小，严重时枝干或全株枯死。防治方法：①加强管理，增强树势。低洼积水地注意排水；酸碱土壤应适当施用石灰或过磷酸钙，改良土壤；盐碱地要注意排盐，合理修剪，减少枝干伤口，避免桃园连作。②防治枝干病虫害，预防病虫伤，及早防治桃树上的害虫，如蚧壳虫、蚜虫、天牛等。冬、春季树干涂白，预防冻害和日灼伤。③药剂保护与防治。早春发芽前将流胶部位病组织刮除，伤口涂 45%晶体石硫合剂 30 倍液，然后涂白铅油或煤焦油保护，药剂防治可用 50%甲基硫菌灵超微可湿性粉剂 1 000 倍液。

【生产价值】

扁桃种仁味美，营养价值高，优良无性系种仁含脂肪 55%，蛋白质 28%，淀粉、糖各 10%，并含有少量的杏仁素酶、杏仁甙，多种维生素及钙、镁、钠、钾等多种微量元素，营养价值比同等质量的牛肉高 6 倍。在食品工业上，扁桃仁可制作糕点、糖果、干果罐头等。在医药上，对高血压、神经衰弱、皮肤过敏、气管炎等都有一定的疗效。

2.1.2.8 樱桃

别名：莺桃、含桃、牛桃、朱樱、麦樱。

科属：蔷薇科李属。

【形态特征】

樱桃为落叶果树。叶为卵圆形、倒卵形或椭圆形。花为总状花序，有花 1~10 朵，多数为 2~5 朵。花未开时，为粉红色，盛开后变为白色，先花后叶。花瓣 5 枚，雄蕊 20~30 枚，雌蕊 1 枚。樱桃的芽单生。分叶芽和花芽两类。一个花芽内簇生 2~5 朵花，花芽内花朵的多少，与其着生的部位有关，在树冠上部或外围枝条上花芽内的花朵多。樱桃的果实较小。果实有扁圆形、圆形、椭圆形、心脏形、宽心脏形、肾形。

【生物学特性】

樱桃是喜光、喜温、喜湿、喜肥的果树，适合在年均气温 10～12 ℃、年降水量 600～700 mm、年日照时数 2 600～2 800 h 以上的气候条件下生长。忌涝、不耐碱性土壤和瘠薄黏土，土壤以土质疏松、土层深厚的沙壤土为佳。樱桃花的授粉结实特性，不同种类区别较大，中国樱桃与酸樱桃花粉多，自花结实能力强。欧洲甜樱桃除拉宾斯、斯坦勒、斯塔克、艳红等少数品种有较高的自花结实外，大部分品种都明显地自花不实，而且品种之间的亲和性也有很大不同。因此，建立甜樱桃园时要特别注意配制好授粉品种，并进行放蜂和人工授粉。樱桃是落叶果树中成熟最早的一种，目前世界上主栽的樱桃种类仅有 4 种，即中国樱桃、欧洲甜樱桃、欧洲酸樱桃、毛樱桃，此外还有供观赏的各种樱桃和作砧木用的樱桃。樱桃的优良品种很多，在我国华北、西北、华南、西南均有分布，以浙江、山东、河南等地为多。在河南省适宜推广的主要有雷尼、红灯、佐藤锦、先锋、豫樱桃 I～Ⅳ号等。

【育苗技术】

樱桃主要由嫁接育苗繁殖。用作樱桃砧木的主要有中国樱桃、毛把酸、山樱桃、考脱等。樱桃从 3 月中下旬到 9 月底都可进行嫁接，但最适宜的嫁接时间是 3 月下旬前后半个月左右，此期多采用板片梭形芽接、单芽切腹接或劈接法。6 月下旬到 7 月上旬，时间 15～20 d，主要采用板片条状芽接，或"T"形芽接。9 月中、下旬至 10 月上旬，此期一般采用板片条状芽接。

【造林技术】

樱桃属异花授粉树种，大多数品种自花不实，需配置授粉树，一般采用间隔 2 行主栽品种，栽植 1 行授粉品种的做法，以保证正常授粉。种植园春夏季要进行中耕除草，保持土壤疏松。每年 9—10 月在行间距树干 50 cm 外，沟施有机肥，每亩施有机肥 400 kg、尿素 15～30 kg、复合肥 50～100 kg。发芽前和采果后各追施尿素 0.3～0.5 kg。萌发后至花期叶面喷施 0.3%尿素 2～3 次，果实成熟期和采果后叶面喷施 0.3%磷酸二氢钾各 1 次。在萌芽前、硬核期、采果前和封冻前各灌水 1 次。樱桃树形可采用自由纺锤形。一般干高 40~50 cm，树高 3 m 左右。全树有单轴枝组 8~12 个，枝角 70°~80°，交错排列。冬剪在发芽前进行，在苗高 80 cm 处定干。第 1~4 年中，干和单轴枝组均在饱满芽处剪截，剪留长度 40~60 cm，疏除过密枝和病虫枝。侧生单轴枝组上的枝条，一般留 5~15 cm 短截，促其形成短枝群，翌年形成花束状果枝。采用疏除和重截相结合的方法处理外围多头枝，以减少树冠外围枝量，改善冠内光照条件。春秋季侧生单轴枝组拉开角 75°左右，辅养枝拉成 90°状态。5—6 月对重短截所萌发的旺梢和直立新梢留 5~10 cm 摘心。二次枝生长旺时可再次摘心，促其形成短枝和花芽。

【病虫害防治】

樱桃的主要病虫害有褐腐病、叶斑病、瘿瘤蚜、舟形毛虫等。

（1）褐腐病主要危害花和果实，引起花腐和果腐。防治方法：①清洁果园，将落叶、落果清扫烧毁；②合理修剪，使树冠具有良好的通风透光条件；③发芽前喷 1 次 3~5 波美度石硫合剂；④生长季每隔 10~15 d 喷 1 次药，共喷 4~6 次，药剂可用 1∶2∶240 倍波尔多液或 77% 可杀得 500 倍液或 50% 克菌丹 500 倍液。

（2）叶斑病主要危害叶片、叶柄和果实。防治方法：①加强栽培，增强树势，提高树体抗病能力；②清除病枝、病叶，集中烧毁或深埋；③发芽前喷 3~5 波美度石硫合剂。

（3）瘿瘤蚜，一年发生多代，以卵在樱桃幼枝上越冬，春季萌芽时卵孵化成干母，被害叶背凹陷，叶面突起成泡状瘿。防治方法：①发生量小的果园，可人工剪除虫瘿；②3 月上旬，在瘿瘤蚜卵孵化后和虫瘿形成前，喷 40% 氧化乐果或 50% 辛硫磷乳剂 2 000 倍液。

（4）舟形毛虫，一年发生 1 代，以蛹在树根部土层内越冬，第 2 年 7 月上旬至 8 月中旬羽化成虫，昼伏夜出，趋光性较强，卵多产在叶背面。防治方法：①结合秋翻地或春刨树盘，使越冬蛹暴露地面失水而死；②利用其 3 龄前群集取食和受惊下垂的习性，进行人工摘除有虫群集的枝叶；③危害期可喷 50% 杀螟松乳油 1 000 倍液或 20% 速灭杀丁 2 000 倍液。

【生产价值】

樱桃果实营养丰富，色泽艳丽，风味独特，是商品价值极高的果品，除生食或加工成各种果酒、蜜饯外，花果美丽，亦适合作观赏树种。

2.1.2.9　石榴

科属：石榴科石榴属。

【形态特征】

石榴为落叶灌木或小乔木，在热带则变为常绿树。树冠丛状自然圆头形。根黄褐色，生长强健，根际易生根蘖。树高可达 5~7 m，但矮生石榴高约 1 m 或更矮。干灰褐色，上有瘤状突起，干多向左方扭转。树冠内分枝多，嫩枝有棱，多呈方形。花两性，有钟状花和筒状花之别，前者子房发达善于受精结果，后者常凋落不实。花瓣倒卵形，有单瓣、重瓣之分。雄蕊多数，花丝无毛。雌蕊具花柱 1 个，长度超过雄蕊，心皮 4~8 个，子房下位，成熟后变成大型而多室、多子的浆果，每室内有多数子粒；外种皮肉质呈鲜红色、淡红色或白色，多汁，甜而带酸，即为可食用的部分；内种皮为角质，也有退化变软的，即软籽石榴。

【生物特性】

石榴喜光喜温，生长期大于 10 ℃以上的有效积温需 3 000 ℃以上，但在冬季休眠期也能耐一定的低温。石榴较耐干旱，但在生长季节需有充足的水分，果实成熟前以天气干燥为宜。宜在背风向阳的山坡中上部建石榴园。目前，在河南省适宜推广的主要优良品种有河阴铜皮、河阴大籽甜、豫石榴 1 号、豫石榴 2 号、豫石榴 3 号、突尼斯软籽石榴等。我国华东、华中、华南、西北、西南地区均有栽培，以河北省为石榴自然分布区的北界。

【育苗技术】

石榴一般采用种子繁殖。果实成熟后，剥去果皮，用细眼筐篓置水中轻揉淘洗，清除肉质外种皮，阴干后混沙进行贮藏。石榴的内种皮木质，萌发较慢，但种子无生理休眠习性，在 25 ℃恒温条件下 28 d 的发芽率可达 90%。3 月下旬播种，方式为条播。经过层积处理的种子播后发芽整齐，可以 1 年出圃，也可培育大苗。除常用种子繁殖外，石榴还可以分株、压条、嫁接和扦插繁殖，以扦插应用最广。

【造林技术】

选择适合当地气候条件的优良品种，合理密植。定植前要深翻土壤 0.8 m，每亩施土杂肥 2 000 kg；定植后立即浇透水，9 月每株施尿素 0.75 kg，翌春每株施农家肥 25~40 kg，夏季每株追施磷肥 3~4 kg、钾肥 1.5~2 kg。第三年春在树冠定植穴外进行土壤深翻，深 1 m，同时每株施农家肥 20 kg；5 月每株施优质圈肥 75 kg、碳酸氢铵 1.5 kg，树下覆草。整形修剪：石榴树形以开心形（自然开心形、三主枝开心形）、纺锤形为宜，并按照"三稀三密"（大小枝在树冠上的分布是上稀下密、外稀内密、大枝稀小枝密）的树形特点进行修剪。通过修剪使树冠内结果枝与营养枝保持 1∶15 的比例，利于早果丰产。花果管理：石榴为虫媒花，授粉昆虫主要是蜜蜂、壁蜂及其他昆虫，花期放蜂或人工点授能显著提高坐果率。同其他树种一样，石榴也须进行疏花疏果，从而达到保证高产稳产优质，应及早疏除发育不全的退化花和侧生花，因侧生花坐果较差，故在疏花疏果时应注意保留顶生花果，多除侧生花果。石榴果实成熟前易裂口，套袋可有效解决这一问题。石榴果套袋后不仅不影响其生长发育，并且果实表皮细嫩，着色好，商品价值高，因而在生产中得到了全面推广应用。

【病虫害防治】

石榴病虫害主要有食心虫、麻皮病、干腐病等。

（1）食心虫防治方法：用 33% 水灭氯乳油 12 mL 稀释 1 500 倍液，喷施在石榴树正反叶面上，如果间隔 3~5 d 仍发生蚜虫，可用 2.5% 扑虱蚜可湿性粉剂 10 g 稀释 1 500 倍液喷洒正反叶面，以后每隔 7~10 d 交叉用药喷洒 1 次。对于潜伏危害的病菌此时可用 10% 石膏分散粒剂 3 000 倍液或 20% 丙环唑乳油 3 000 倍液去除。

（2）麻皮病防治方法：6 月 5 日前后整园喷施来福灵＋灭幼脲＋叶面肥＋多菌灵控制第一代幼虫入果，于开花前、幼果期、果实膨大期分别喷 1 次壮果蒂灵，可保花、保果、提高果树抗性。

（3）干腐病防治方法：应将石榴果周围的叶片摘除掉，用 25% 苯醚甲环唑乳油 3 000 倍液喷洒。

【生产价值与环境保护】

石榴为药、食兼用植物，营养价值很高。以果皮、茎皮、根、叶、花入药，性温，味酸涩，有涩肠止泻、止血驱虫的功能。除可鲜食、加工成饮料外，其果皮可做鞣皮工业原料和天然染料，经济效益好，开发前景广阔。石榴树抗污染面较广，能吸收二氧化硫，对氯气、氯化氢、臭氧、水杨酸、二氧化氮、硫化氢等都有吸收和抵御作用。

2.1.3　主要生态经济兼用树种

2.1.3.1　核桃

别名：胡桃、羌桃。

科属：胡桃科胡桃属。

【形态特征】

核桃为落叶乔木，高达 3~5 m，树皮灰白色，浅纵裂，枝条髓部片状，幼枝先端具细柔毛，2 年生枝无毛。羽状复叶长 25~50 cm，小叶 5~9 个，椭圆状卵形至椭圆形，顶生小叶通常较大，长 5~15 cm，宽 3~6 cm。果实球形，直径约 5 cm，灰绿色。花期 4—5 月，果实成熟期 8—9 月。

【生物学特性】

核桃树喜光，对土壤适应性比较广泛，但因其为深根性果树，且抗性较弱，所以以选择深厚肥沃、保水力强的土壤为宜。河南核桃主要分布在京广线以西的伏牛山区和豫北的太行山区。目前，在河南省适宜推广的优良品种有薄丰、绿波、西扶 1 号、辽核系列、中林系列（中林 1~6 号）、晋龙 1 号（2 号）等。核桃在我国分布很广，除东北部和长江中下游分布较少外，其他各地均有生长。

【育苗技术】

核桃的繁殖方式有播种育苗和嫁接繁殖。

（1）播种育苗。

苗圃地应选土层深厚、肥沃湿润的沙壤土，播前深翻土地，施足积肥，灌好底墒，坐床备用。播前 10~20 d 用冷水浸泡种子 5~7 d，每天换水搅动。种子捞出后在阳光下曝晒 1~2 h，待部分种子裂口即可播种。

春播应在 4 月上旬至 4 月中旬进行，秋播一般在 9 月中旬至 10 月初。条播，行距 30~50 cm，沟深 5~8 cm，每隔 12~15 cm 放一粒种子，种子缝合线与地面垂直，种尖以向南的摆向最好，这样出苗时头朝北，背向南，生根快又不易受日晒灼伤。核桃播后 20~30 d 开始出苗，出苗期持续 1 个月以上。出苗前浇透底水，在此期间应注意松土保墒遮阳。幼苗生长期应追肥 2~3 次，经常松土锄草。待干径达 1~1.5 cm 时可在圃内嫁接，或起苗假植进行室内嫁接。

（2）嫁接繁殖。

常用的砧木是核桃本砧和山核桃。以本砧最好，山核桃次之。接穗应从优良品种树上和采穗圃内剪取，采后埋藏在背阴处冷凉湿润沙土中（温度保持 0~5 ℃），保持接穗良好的新鲜状态，留作翌年春季嫁接使用。根据河南的气候特点，枝接宜在 4 月上旬至中旬核桃抽梢展叶时进行，也可适当提前。芽接宜在 6—8 月进行，以 6 月上旬至 7 月上旬效果最好。常用的枝接方法为插皮舌接、劈接、皮下接、双舌接，以插皮舌接（大树高接）成活率较高。常用的芽接方法为大块芽接、"丁"字形芽接、嵌芽接，以大块芽接成活率较高。

【造林技术】

一般选择在背风向阳、不积水的平地或 15°以下的缓坡地种植核桃，要求土质肥沃，土壤中性至微碱性，土层厚度在 1 m 以上，有灌溉条件，较黏重的土壤必须经过改良才能栽植，否则不能丰产。肥沃的平原地，株行距一般为 3 m×6 m 或 4 m×6 m，丘陵山地株行距宜采用 3 m×5 m 或 4 m×5 m。核桃属于风媒传粉树种，雌雄同株，但多数品种雌花和雄花花期不一致。为提高坐果率和果实品质，必须配置授粉树。授粉树和主栽品种的比例一般以 1∶4 为宜，按株行距配置均匀。

整形修苗：根据不同种植密度和品种特性来选择整形方式。密度大、早实型、干性差的品种多采用开心形，以 3~5 个主枝，每个主枝选留 4~6 个侧枝为宜。密度小、晚实型、干性强的品种多采用主干疏层形，2~3 层，每层 5~7 个主枝，每个主枝上选留 3~4 个侧枝。整形宜早不宜迟，一般要在 5~7 年内完成。秋季落叶前或次年春季萌芽至展叶期进行修剪。幼树和初果树修剪的主要任务是培养各级骨干枝，使其尽快形成良好的树体骨架。盛果期树修剪的主要任务是及时调整平衡树势，调节生长与结果的矛盾，改善树冠通风透光条件，更新复壮结果枝组，延长盛果期。衰老树修剪的任务是对老弱枝进行重回缩，并充分利用新发枝更新复壮树冠。对衰老树要及早整形，防止新发枝郁闭早衰。同时结合修剪，彻底清除病虫枝。

【病虫害防治】

核桃的主要病虫害有核桃举肢蛾、木尺蠖、草履蚧壳虫、核桃白粉病、核桃褐斑病等。

（1）核桃举肢蛾主要危害果实，幼虫蛀入危害。防治方法：①8 月前病果及时摘除；入冬前彻底清园，翻耕土壤消灭越冬虫茧。②成虫出土前在树内盘撒毒土，25% 的辛硫磷微胶囊施药后要浅锄；产卵盛期每隔 10～15 d 用 25% 西维因可湿性粉剂 400～500 倍液进行树上喷药。

（2）木尺蠖以幼虫取食叶片，严重时吃光叶片，仅留叶柄，严重影响树势。防治方法：①蛹密度大的地区，在早秋或早春，结合整地、修地堰，进行人工刨蛹；②5—8 月成虫羽化期，用黑光灯或堆火诱杀；③卵孵化期和低龄幼虫期喷药，25% 灭幼脲悬浮剂 5 000 倍液。

（3）草履蚧壳虫，若虫上树吸食树液，致使树势衰弱，甚至枝条枯死，影响产量。防治方法：①树干涂粘胶带，2 月初在树干基部刮除老皮，涂上粘胶带，阻止若虫上树；②虫期喷 3～5 波美度石硫合剂；③保护好黑缘红瓢虫、暗红瓢虫等天敌。

（4）核桃白粉病危害叶片幼芽和新梢，造成早期落叶，甚至苗木死亡。防治方法：连续清除病叶、病枝并烧掉，加强管理，增强树势和抗病力，7 月发病初期用 0.2～0.3 波美度石硫合剂喷施。

（5）核桃褐斑病主要危害叶片、果实和嫩梢，可造成落叶枯梢。防治方法：清除病叶和结合修剪除病梢，深埋或烧掉，开花前后和 6 月中旬各喷 1 次 1 : 2 : 200 波尔多液或 50% 甲基托布津可湿性粉剂 500～800 倍液。

【生产价值】

核桃是四大干果之一，为重要的木本粮油树种。核桃仁味道鲜美，是营养价值极高的果品，除直接食用外，还可作各种糕点的配料。核桃木材质地坚硬，是胶合板和家具的优良用材。核桃仁味甘性温，有补肾乌发的作用，同时能敛肺止咳喘，对肺肾不足的咳嗽气喘有效。

2.1.3.2　花椒

别名：秦椒、岩椒。

科属：芸香科花椒属。

【形态特征】

花椒为落叶灌木或小乔木，高 3~7 m，茎干通常有皮刺。枝灰色或褐灰色，有细小的皮孔及略斜向上生的皮刺。当年生小枝被短柔毛。奇数羽状复叶，叶轴边缘有狭翅。小叶 5~11 个，纸质，卵形或卵状长圆形，无柄或近无柄，长 1.5~7 cm，宽 1~3 cm，先端尖或微凹，基部近圆形，边缘有细锯齿，无针刺。聚伞圆锥花序顶生，花被片 4~8 个。果球形，通常 2~3 个，红色或紫红色。花期 3—5 月，果期 7—9 月。

【生物学特性】

花椒喜光，适宜温暖湿润及土层深厚肥沃的壤土、沙壤土，萌蘖性强，耐寒，耐旱，抗病能力强，不耐涝，短期积水可致死亡。花椒适宜栽植在年降水量 400~700 mm 的广大平原及低山丘陵地区，对土壤适应性强，在中性土壤、微酸至微碱性土壤均可栽植。优良品种为林州大红袍花椒，辉县市林场建有花椒采种基地。花椒除东北及新疆外，几乎全国分布，河南省豫北、豫西山区栽培较多，为重要的经济林树种之一。

【育苗技术】

花椒应选择阳光充足、土壤深厚肥沃、排灌良好的沙质壤土进行育苗。整地要在秋末冬初进行，深耕 25 cm 以上。每亩施足底肥 2 000~3 000 kg，耕后经冬季风化，翌春土壤解冻后细致整平坐床，床宽 0.6~1 m，床长不等。花椒主要采取播种育苗，故种子品质是育苗成败的关键，应选择大红袍优良母树，当果实充分成熟、果皮开裂露出种子时采种。花椒优良种子形状饱满，发育充实，种皮蓝黑色，有光泽，入水下沉，种仁鲜白色、饱满，子叶和胚芽部分界线分明，种壳不易透水。采种后应及时处理和贮藏，不经贮藏的种子，出苗时易发霉腐烂，会失去发芽能力。种子用草木灰或碱水（2%）浸泡 1~2 d，搓去种皮、油脂，捞出冲净，即可秋播；或用湿沙层积贮藏。可随采随播，条播行距 30~

40 cm，播沟深 1.5~2 cm，播后覆土 1~1.5 cm，轻轻镇压。播种后保持土壤湿润，出苗期间要防止土壤板结。花椒苗木怕水、怕涝，幼苗时尽量少灌溉，雨季要排水防涝。幼苗高 3~5 cm 时进行间苗，株距 10~15 cm。天气干旱时注意灌水，及时追肥，以加速苗木旺盛生长。雨季后追施草木灰或磷、钾肥料，以提高苗木木质化程度。

【造林技术】

花椒可植苗造林，也可直播造林。植苗造林在春、冬两季进行。春季在花椒芽苞开始萌动时进行，冬季在立冬前后进行。为防止冻害，可截干栽植，然后把树干埋起来，第二年春季解冻后扒去土堆。直播造林主要在初秋进行，随采随播。挖直径 70 cm、深 50~60 cm 的坑，回土整平，待秋季播种。每穴种 8~10 粒，覆土厚度 1 cm 左右，第二年春就出苗。在夏季连阴雨天间苗，同时补栽。间苗时每穴留 1 株壮苗。花椒栽后当年要松土、除草 2~3 次，干旱时及时灌水。花椒根系浅，杂草与树争肥严重，有"花椒不除草，当年就枯老"之说。结果后应及时进行土肥水管理。农家肥以猪粪最好，10~15 年生的树采收后再环状沟施，每株 25 kg 左右。整形修剪：花椒是喜光树种，发枝力很强，容易造成树冠稠密，内膛光照不良，合理修剪可以改变这种情况。果实采收后到翌年春发芽前都可进行修剪，幼树和盛果树宜在秋季修剪，弱树和老树宜在春季修剪。整形方式有三角形、丛状形及自然开心形。三角形截头后留 3 个分布在 3 个方向的主枝，最好是北、西南、东南各 1 个主枝，基角保持在 60°~70°。每个主枝配 4~7 个侧枝，结果枝和结果枝组均匀地分布在主枝两侧。这种树形光照较充足，树冠也大，能高产。丛状形栽后截干从根基部萌发出很多枝，保留 5~6 个主枝后 3~4 年即成形。这种树形易早丰产，但因主枝多，长成大枝条拥挤，若管理跟不上，树势易衰老。丛状形适于早产密植树园。自然开心形定植后于 30 cm 左右处留第一侧枝，4~5 年就可以培养成形。这种树形光照好，能丰产稳产。

【病虫害防治】

花椒的主要病虫害有花椒棉蚜、桑白介、天牛类、跳甲类、花椒锈病等。

（1）花椒棉蚜常群集在花椒嫩叶和幼嫩枝梢上刺吸汁液，造成叶片卷缩，引起落花落果，同时其排泄的黏性蜜露易诱发烟煤病，影响叶片的光合效能。防治方法：在发生期每隔 10 d 交替喷 40%氧化乐果 1 500 倍液、40%水胺硫磷 1 000 倍液、50%灭蚜净乳剂 4 000 倍液，连续喷洒 2~3 次即可控制危害。

（2）桑白介主要危害枝干，严重时可致枝干枯死。防治方法：萌芽前喷洒 50 倍液机油乳剂或 5 波美度石硫合剂防治越冬雌成虫；也可于5—8 月喷洒 100 倍液机油乳剂加 40%氧化乐果 1 000 倍液，防治初孵若虫。

（3）天牛类主要以幼虫钻蛀枝干和根部，大多两年发生 1 代，为花椒毁灭性害虫。防治方法：可采用树干涂白、人工捕捉成虫、击杀虫卵、钩杀幼虫或磷化锌毒签插蛀孔等方法进行防治；也可用 80%敌敌畏500 倍液注射蛀孔；成虫盛发期喷乐果 1 000~1 500 倍液或敌敌畏 1 000 倍液，将成虫杀灭在产卵之前。

（4）跳甲类主要危害叶片，有的幼虫还专门蛀食嫩椒果的果仁、花序梗和叶柄，是造成花椒落果、叶片萎蔫而大量减产的主要害虫。防治方法：在花椒展叶期，用杀螟松 2 000 倍液或敌杀死 2 000 倍液喷洒树冠和地面，杀灭出土的越冬成虫；也可于 5 月中下旬幼虫盛发期用氧化乐果 1 500 倍液或磷胺乳油 800~1 000 倍液喷树冠，杀灭幼虫。

（5）花椒锈病危害叶片。防治方法：6—8 月喷 0.3~0.4 波美度石硫合剂或 15%粉锈宁 1 000~1 500 倍液 2~3 次，可控制锈病的发生和危害。

【生产价值】

花椒全身都是宝，根、茎、叶、花、果实中含有大量的麻味素和芳香油，可作食用和药用。

2.1.3.3 柿树

科属：柿树科柿树属。

【形态特征】

柿树为落叶乔木或灌木，通常雌雄异株。叶为单叶，互生，全缘。花通常单性，雌花腋生，单生，雄花常生在小聚伞花序上。萼片合生，宿存，常在花后增大。花瓣合生，雄蕊下位或着生在花冠基部，常为花瓣裂片数的 2~4 倍。子房上位，3 室至多室，每室有胚珠 1~2 颗。雄花有退化子房。果为浆果。每室具 1 枚种子。

【生物学特性】

柿树抗旱、耐湿、结果早、寿命长，原产于我国，全国主栽品种有 40 多个，黄河流域为其栽培中心。河南省适宜栽植的品种主要有富有、次郎、西村早生、禅寺丸、阳丰、日本斤柿、八月黄、水柿、牛心柿等。

【育苗技术】

柿树主要采用嫁接繁殖。砧木通常为君迁子和柿子。采集充分成熟的君迁子或小柿果实，经堆积软化后，搓去果肉，淘取种子，便可直接播种。也可将种子阴干，用湿沙层积，到春季种子萌芽时播种。选择疏松土壤作苗圃，播前土地需耕翻施肥，整地做畦，畦长 5~10 m。秋播、春播均可，秋播于 11 月进行，春播以 3 月上旬为佳。种子间距 3~5 cm，覆土厚度为种子的 2~3 倍，再覆草或落叶，以保持土壤湿度，防止板结。用塑料薄膜覆盖亦可，但要防止烧苗。如用地膜，要在出苗后及时打洞，让苗子露出地膜，并压盖少量碎土。当幼苗长出 2~3 片真叶时，疏去过密苗，使株距保持 10~15 cm。间苗后 2~3 周可追施化肥，天旱时注意灌水。苗高 30 cm 时，进行摘心，促苗加粗。8—9 月苗木直径达 0.6 cm 时进行嫁接。嫁接方法主要有枝接和芽接两大类。枝接应在 3 月中旬到 4 月上旬进行，以芽未萌发的枝条作接穗，常用的方法有劈接、切接、腹接、皮下接芽。枝接用的接穗在落叶后至萌芽前均可采取，采回后应放在阴凉的地方用湿润的河沙埋住，贮藏备用。河沙以捏之成团、放开即散为宜。芽接适宜在 5 月上旬至下旬进行，8—9 月上旬也可。芽接用的接穗，5 月采取的可随采随用。8 月可采取枝条充实、芽子饱满的当年生枝条，采后应立即将叶子去掉，注意留下叶柄。应随采随接，不能久贮。枝接用的绑缚物，要在接芽成活长到 30 cm 时解绑，并设立支柱。芽接要在接后 20 d 左右去掉绑缚物。砧木上的萌芽要及时剥去，以免影响嫁接芽的萌发和生长。

【造林技术】

柿树造林地应选择在海拔 1 800 m 以下的山地阳坡、半阳坡。坡地柿园可采用株行距（4～5）m×（5～6）m 的造林密度，株距为 5～6 m。为达到早期丰产的目的，初建园时可适度密植，待树冠即将郁闭时再隔株或隔行间伐。根据立地条件选择反坡梯田、翼式大鱼鳞坑、水平阶等整地方法。栽植时间一般在春季和秋季，秋季栽植比春季栽植成活率高。春季应在柿树萌芽前栽植，秋季应在落叶时栽植。

整形修剪：针对柿树一般主枝较多、树形紊乱、光照不良、内膛光秃的特点，应按疏散分层形进行整形。对过高树采取落头，对过长的大主枝进行回缩，引光入膛，使树高控制在 5～7 m，一层主枝 3～4 个，二层主枝 2～3 个，三层主枝 1～2 个。落头回缩后 3 年生树体基本上布满枝组，呈现立体结果现象。按疏散分层形确立好主侧枝后，要回缩较弱的骨干枝头、下垂枝、后部光腿的中型枝，改善光照条件，防止结果部位外移。疏除过密的交叉枝、重叠枝、病虫枝、干枯枝，集中营养于结果枝。根据树龄树势确立修剪原则，旺树按预备枝和结果枝比例 1：1.5、成龄树按预备枝和结果枝的比例 1：1 进行修剪，预备枝可采取单枝或双枝更新培养。这样年年重复修剪，有的结果，有的育花。对长势旺的壮树盛花期可进行环剥，环剥宽度 0.3～0.4 cm，剥后绑上塑料条以利伤口愈合，但弱树、幼树不宜环剥。

【病虫害防治】

柿树病虫害主要有炭疽病、角斑病、圆斑病、蚧壳虫等。

（1）病害防治方法：①冬季和早期要剪除一切病虫枝，刮除病斑，清园烧毁落叶病枝，在病斑处涂抹"护树将军"乳液，使病皮迅速干枯脱落，清除病源；②新梢抽发至花前用托布津 600 倍液喷施 2～3 次；③落花后幼果期可喷布 1：5：600 倍的波尔多液 1～2 次，以防治圆斑病、角斑病等；④果实生长期应根据气候情况喷药防治炭疽病和其他叶部病害；⑤秋季应进行清园，注意扫除落叶，去除病蒂，消除一切病菌残体，然后全园喷洒"护树将军"，杀菌消毒，保温防冻，保护柿树安全越冬。

（2）蚧壳虫防治方法：①春刮树皮，集中烧毁，消灭越冬卵，9 月上旬在树主干距地面 30 cm 处绑一个草环，诱虫越冬，第二年春季果树发芽前解下，集中烧毁，可收到事半功倍的效果。在树木休眠期即 3 月清园，喷 1~3 波美度石硫合剂+乙酰甲胺磷 1 500 倍液；②在初孵若虫分散转移期，用 20%除毒 1 500 倍液+10%吡虫啉可湿性粉剂 2 000 倍液或 25%吡虫啉可湿性粉剂 4 000 倍液、福蝶+1.8%阿维菌素乳油 2 500 倍液，均匀喷施树体即可；③4 月下旬、5 月上旬为若虫危害盛期，可以喷施 20%毒高或 20%除毒 1 500 倍液+5%啶虫脒 3 000 倍或 1.8%阿维菌素 2 000 倍液。在 6 月上中旬、7 月上中旬、9 月上中旬等各代若虫危害盛期，再连续喷施几次药剂，可有效防治蚧壳虫。

【生产价值】

柿果营养丰富，鲜食甜糯可口，含有多种维生素和微量元素。每 100 g 柿果实中含蛋白质 1.2 g、碳水化合物 12~18 g、钙 4 mg、磷 20 mg、铁 3 mg。柿果还有药理功效，吃鲜果清热下火、止血润便、降血压、缓和痔疮肿痛，柿霜治咽喉肿痛、咽干及口舌生疮，柿果皮内服有补血功效。柿果还可加工成柿饼、柿果酒等。柿叶能治糖尿病。柿树木质坚硬，重而致密，为贵重家具、工艺品的上等优质材料。

2.1.3.4 板栗

别名：栗、毛栗。

科属：壳斗科栗属。

【形态特征】

板栗为落叶乔木。叶椭圆至长圆形，长 11~17 cm，宽 7 cm，顶部短至渐尖，基部近截平或圆形。单叶互生，薄革质，边缘有疏锯齿，齿端为内弯的刺毛状。花单性，雌雄同株。花 3~5 朵聚生成簇，雌花 1~3 朵，发育结实，花柱下部被毛。总苞球形，外面生尖锐被毛的刺，内藏坚果 2~3 颗，成熟时裂为 4 瓣。坚果深褐色，成熟壳斗的锐刺有长有短，有疏有密，高 1.5~3 cm，宽 1.8~3.5 cm。花期 4—6 月，果期 8—10 月。

【生物学特性】

板栗适应性广，抗旱，不耐涝，适宜微酸性土壤，也较耐瘠薄，适于大面积荒山造林。目前河南省推广的优良品种主要有豫罗红、豫栗王、石丰、确山油栗、确红栗、豫板栗 2 号、七月红等。板栗原产于我国，我国 25 个省（自治区、直辖市）均有分布。重点产区为燕山、沂蒙山、秦岭和大别山等山区及云贵高原。

【育苗技术】

板栗主要以实生繁殖和嫁接繁殖两种方式进行育苗。嫁接良种板栗的砧木均为本砧。培育砧木所用的种子要求充分成熟，种仁饱满，大面积育苗以中、小粒为好。采后的种子若妥善贮藏，可保持发芽力数月之久。种子贮藏以沙藏为主，种子与沙混合或一层种子一层沙间隔，用沙量为种子量的 5~10 倍，堆高不超过 1 m，底下铺沙 10 cm，表层覆沙 10 cm。贮藏期间的前 20~30 d 特别要防干、防湿、防热，因为栗子的败坏多发生在这个时期。长期保存的温度以 0~4 ℃为宜。早春，当温度达 8~10 ℃时，贮藏的栗种即可发芽。

（1）实生繁殖。

实生繁殖采用点播或条播方式播种。每亩播种量 130 kg 左右，可出苗 1 万株。播种后 10~15 d 幼茎便可出土。幼苗生长期间需水量大，如遇高温干旱，要勤灌水，同时要及时除草松土。幼苗期间可施入人粪尿等速效肥料，8—9 月生长后期宜增加磷钾肥，以利苗木加粗生长和木质化。另外，还要注意适时防治幼苗期白粉病和金龟子的危害。

（2）嫁接繁殖。

嫁接繁殖主要嫁接方法有切接、劈接、插皮接、插皮舌接、腹接和嵌芽接。嫁接后 10 余天砧木即发生萌蘗，要及时除去萌蘗以保证营养只供接穗生长。新梢长到 30 cm 以上时，为避免劈裂，要绑支棍。支棍长 1 m 左右，把新梢绑在支棍上，腹接的可绑在砧木上。随着新梢的生长，每隔 30 cm 绑缚 1 次。到新梢进入加粗生长高峰期、雨季来临前，要解除绑扎材料。当新梢长到 50~60 cm 时摘心，以促壮枝壮芽。

【造林技术】

板栗栽植株行距一般为 2 m×4 m、3 m×4 m 和 3 m×5 m，具体密度要因砧木特性、接穗特性或立地条件而定。山地可按等高线挖鱼鳞坑或水平沟作为定植穴（沟）。平地按行距挖深、宽各 1 m 的定植沟，底层填以表土与有机肥的混合物，填至七八成满，余下空间供积蓄雨雪之用，待风化腐熟之后，当年秋季或第二年春季植入成苗。板栗耐旱耐瘠薄能力强，一般只在定植时在定植穴内浇足水，成活后须再浇水。在秋施基肥的基础上生长期每年追肥2~3次。幼树以培养树型为主，要掌握宜轻不宜重，少疏不截，冬季修剪为辅的原则，加快扩大树冠，增加有效枝量，实现早结果、早丰产。一般疏去内膛过密枝、徒长枝、细弱枝，保留强壮枝条，以培养成骨干枝、枝组或结果母枝，并调整好以上各类枝条的角度和比例。对个别过长枝梢也应适当短截，以利整形，并促生有效分枝。其骨干枝的延长枝可1年缓放，2年短截。

【病虫害防治】

板栗的主要病虫害有栗瘿蜂、透翅蛾、栗实蛾、小蛀果斑螟等。

（1）栗瘿蜂、透翅蛾防治方法：①用80%敌敌畏、40%氧乐果或40%久效磷+煤油20~30倍液涂抹危害部位，防治透翅蛾幼虫；②修剪防治栗瘿蜂；③用4.5%高效氯氰菊酯、3%果虫灭1000倍液喷雾或涂刷，防治高接换种树的接穗害虫。

（2）栗实蛾防治方法：①10月下旬用80%敌敌畏、40%氧乐果等300~500倍液喷树干或用敌敌畏原液+煤油20~30倍液涂刷，防治栗实蛾幼虫；②清理地下落果，集中烧毁。

（3）小蛀果斑螟防治方法：①修剪虫枝，清理果园落地果及落叶；②剪口、伤口用40%氧乐果、80%敌敌畏300~500倍液+40%福美胂100倍液或30%氧氯化铜100倍液涂刷；③树干、主枝用涂白剂涂白。

【生产价值】

板栗是木本粮食果树之一，寿命长，群众称之为"铁杆庄稼"。板栗果肉含淀粉51%~60%、蛋白质5.7%~10.7%、脂肪2%~7.4%，并含有多种维生素及矿物质，营养价值很高。栗果可炒糖、烘食和罐制，可磨成栗粉，制作各种糕点，也可作烹调材料。板栗树各部均可入药，栗果可健脾益气、消除湿热，果壳治反胃，叶可做收敛剂，树皮煎汤洗丹毒，根可治偏肾气等症。板栗树木质坚硬，木材耐湿防腐，可做乐器等，还是良好的工艺雕刻材料。原木可培养蘑菇，树皮、枝叶和总苞富含单宁，是良好的栲胶原料。叶可饲养樟蚕和柞蚕，花是蜜源，雄花序燃烧可驱蚊虫。

2.1.3.5　山楂

别名：红果、山里红。

科属：蔷薇科山楂属。

山楂为落叶灌木或小乔木。枝密生，有细刺，幼枝有柔毛。叶片三角状卵形至棱状卵形，长2~6 cm，宽0.8~2.5 cm，基部截形或宽楔形，两侧各有3~5羽状深裂片，基部1对裂片分裂较深，边缘有不规则锐锯齿。复伞房花序，花序梗、花柄都有长柔毛。花白色，有独特气味。直径约1.5 cm。山楂果深红色，近球形。花期5—6月，果期9—10月。

【生物学特性】

山楂是我国特有的果树，栽培历史悠久，在山地、平原、丘陵、沙荒地、酸性或碱性土壤上均可栽培。我国华北地区栽培比较普遍，主要分布于河北、河南、山东、辽宁等省。

【育苗技术】

山楂主要采取嫁接育苗，可采用种子育苗、根蘖育苗、扦插育苗等方式培育砧木。在进行种子育苗时，需检查采种母树的果实种核有仁率情况，有仁率低于25%的不宜采用。山楂种子需层积，时间长短依种类不同而异。播前先整地做畦，一般每亩施基肥5 000 kg，深翻20~30 cm。畦宽1~1.2 m，长10 m，垄宽60 cm，条播，行距20 cm。山楂播种量根据种核大小确定，野生山楂种核千粒重为69~74 g，种仁率54%~60%，每亩播种6~27.5 kg，即可达到1.5万~2万的出苗量，间苗后每亩留苗0.8万~1万株。幼苗有4~5片真叶时进行间苗和移苗补植；10片叶时，每亩追尿素10 kg。注意及时浇水，覆膜保墒，防白粉病。山楂易发生根蘖苗，为便于管理和促使根系发达，需将根蘖苗移植苗圃集中培育，栽植株行距为15 cm×60 cm，供夏季芽接用。供枝接用的苗，地上部留50~60 cm，仅留上部3~4个健壮芽，其余芽全部抹除。山楂嫁接苗的培育：山楂春季枝接，多采用切接、劈接、腹接和带木质芽接；夏秋季芽接则采用"T"形芽接。接后管理包括检查成活、解绑、剪砧、除萌，接芽培土保护和肥水管理。

【造林技术】

春、秋及夏季均可栽植山楂。秋栽在落叶后到土壤封冻前进行，秋末、冬初栽植时期较长，苗木贮存营养多，伤根容易愈合，立春解冻后，就能吸收水分和营养供苗木生长之需，栽植成活率高。苗木栽植深度以根颈部分比地面稍高为宜，以避免灌水后苗木下沉造成栽植过深现象。栽好后，在栽植穴周围培土埂，浇水，水渗后封土保墒。在春季多风地区，为避免苗木被风吹摇晃使根系透风，在根颈部可培30 cm高的土畦。整形修剪：一般采用疏散分层形、多主枝自然圆头形或自然开心形进行整形。

【病虫害防治】

山楂病虫害主要有山楂花腐病、白粉病、桃小食心虫、红蜘蛛等。

（1）山楂花腐病主要危害叶片、新梢及幼果，造成受害部位腐烂。防治方法：①秋季彻底清扫果园，清除病僵果，集中烧毁，深埋，减少侵染源；②地面喷药，4月底以前，果园地面，特别是树冠下地面撒石灰粉；③药剂树上防治，50%展叶和全部展叶时喷药两次防叶腐，药剂有25%粉锈宁可湿性粉剂1 000倍液，70%甲基托布津可湿性粉剂800倍液，盛花期再喷1次。

（2）山楂白粉病主要危害叶片、新梢和果实。叶片发病，病部布白粉，呈绒毯状，即分生孢子梗和分生孢子。新梢受害，除出现白粉外，生长瘦弱，节间缩短，叶片细长，卷缩扭曲，严重时干枯死亡。防治方法：①清扫果园，清扫病枝、病叶、病果，集中烧毁；②药剂防治，发芽前喷5波美度石硫合剂，花蕾期空中孢子增多，喷5波美度石硫合剂，落花后至幼果期视发病情况喷1~2次0.3波美度石硫合剂或25%粉锈宁1 000~1 500倍液。

（3）山楂桃小食心虫防治方法：树盘喷100~150倍对硫磷乳油，杀死越冬桃小食心虫幼虫，7月初和8月上中旬，树上喷1 500倍对硫磷乳油，消灭食心虫幼虫。

（4）山楂红蜘蛛防治方法：①早春刮除树上老皮、翘皮，烧毁、消灭越冬成虫；②喷洒菊酯类2 000倍液或单独喷。20%三氯杀螨乳油800倍液或单独喷。73%克螨特乳油2 000倍液以及杀卵作用较好的

50%尼索郎乳油 2 000 倍液，具体喷药时机和次数需根据发生量及防治效果确定。

【生产价值】

山楂果实营养丰富，含碳水化合物 22%、蛋白质 9.7%、脂肪 9.2%。山楂果肉还含有果酸、红色素和果胶等物质。其果实不仅可生食，还可加工成丹皮、雪花片、山楂糕、山楂酱、果汁饮料、果酒、果饴、蜜饯等。此外，山楂有散淤、消积化痰、解毒、止血、防暑、降温、提神、清胃、醒脑、增进食欲等良好的医疗功效。

2.1.3.6 山杏

别名：西伯利亚杏、苦杏仁、蒙古杏。

科属：蔷薇科李属。

【形态特征】

山杏为落叶乔木，高 1.5~5 m。树皮暗灰色，纵裂。单叶，互生，宽卵形至近圆形，长 3~6 cm，宽 2~5 cm，先端渐尖或短骤尖，基部截形，近心形，边缘有钝浅锯齿，两面近无毛。花单生，花瓣 5 枚，粉红色，宽倒卵形。果近球形，直径约 2 cm，密被柔毛，顶端尖。果肉薄，离核。果核扁球形，平滑，直径约 1.5 cm，具背棱和腹棱。花期 5 月，果期 7—8 月。

【生物学特性】

山杏适应性强，抗旱、耐寒、耐瘠薄，平原、高山、丘陵、沙荒地都能生长结果，主要分布在东北、西北和华北地区，河南省的林州、济源、辉县等地的向阳山坡有分布。

【育苗技术】

山杏一般采用播种育苗。育苗地要选择背风、土层深厚肥沃、排灌条件良好的沙壤土和壤土地区，注意不要在前茬为核果类和向日葵的土地上育山杏苗。播种前要耕翻苗圃地，施入腐熟的有机肥，一般每亩施 4 000~5 000 kg。耙平后做畦或开垄，播种时再在播种沟内施过磷酸钙，每亩施 50 kg。山杏春播和秋播均可，条播，每亩播种 30~40 kg，覆土 5 cm。秋播在土壤封冻前进行，种子不需要处理，播后适当浇水即可。春播在播前 10~14 d 将种子用 80 ℃热水浸种，随时搅拌至凉，浸种 4 d

后，捞出混沙 3~5 倍于沟内沙藏催芽，10 d 左右开始咧嘴，高垄条播。幼苗出土后要及时中耕松土，除掉杂草，保持土壤墒情。待幼苗长出 3~4 片真叶时要间苗 1 次，长出 7~8 片真叶时再次间苗并定株，每亩留苗 2.5 万株。定株后，一般 5 月下旬至 6 月初追肥 1 次，每亩施尿素 10~15 kg，20 d 后再施 1 次。每次追肥后应立即浇水，浇水后及时中耕除草，保持土壤疏松、湿润。山杏幼苗易遭多种病虫害侵袭，要做到预防为主，防治并举。

【造林技术】

山杏虽然适宜在土壤干旱瘠薄的地块上生长，但如果管理不善，容易形成小老树，所以营造山杏林，要尽量选择土壤条件较好、土层较厚、土质比较肥沃、光照充足的阳坡和半阳坡，土壤以 pH 6.5~8.5 的沙壤土和轻壤土为宜，切忌在低洼地上造林。山杏春栽或秋栽均可。春栽一般在早春 4 月中旬土壤解冻 50 cm 时，栽植密度按株行距（1.5~2）m×（3~4）m，每穴可栽 2~4 株。栽植前将主根重新修剪，露出新茬口。有条件的可用 3 号 ABT 生根粉浸根，栽时再蘸泥浆。

整形修剪：山杏一般不易抽出明显的中心干，树冠多长成自然圆头形。栽培条件比较好的，能明显抽出中心干的山杏，可整成疏散分层形。

【病虫害防治】

山杏的主要病虫害为流胶病、裂果病。

（1）流胶病是一种典型的生理性病害，主要发生于枝干和果实上。防治方法：①避免使树体造成机械损伤，万一造成了损伤，要及时给伤口涂以铅油等防腐剂加以保护；②及时消灭蛀干害虫，控制氮肥用量；③在树体休眠期用胶体杀菌剂涂抹病斑，以杀灭病原菌。

（2）裂果病是杏果生产中普遍存在的问题。防治方法：①选育抗裂品种，如选择特早熟或晚熟品种和果皮厚、果肉弹性大与可塑性小的抗裂品种；②树盘覆草，这样能避免因降雨及太阳直射所引起的土壤湿度的急剧变化，使树冠下面的小气候处于比较稳定的状态，减少根部吸收水分的速度和数量，保证果实代谢作用的协调进行，从而减少裂果的数量与程度；③适时浇水，给杏树浇水要适时适量，尤其是在杏果膨大期及果实着色期，更应保持土壤湿润适度，要防止过干或过湿而造成裂果；④喷施化学药品或生长调节剂，在果实膨大期及着色期，连续喷施两次 5 000 倍农乐牌"稀土"可以防裂。

【生产价值】

山杏果供食用，种子入药叫杏仁。山杏除含糖类、蛋白质、脂肪外，含量最丰富的是维生素 B_{17} 等成分。维生素 B_{17} 是极有效的抗癌物质，且只对癌细胞有杀伤作用，对正常的细胞和健康组织无伤害。山杏果味甘、酸，性平，有润肺定喘、生津止渴的功能，对肺癌、乳腺癌、鼻咽癌有疗效。鲜果或蜜饯杏脯早、中、晚各吃一个，有生津止渴、润燥除烦之效。鲜果一次不宜多吃，免伤脾胃。

2.1.3.7 杜仲

别名：丝棉树、丝棉木。

科属：杜仲科杜仲属。

【形态特征】

杜仲为落叶乔木，高达 20 m。小枝光滑，黄褐色或较淡，具片状髓。皮、枝及叶均含胶质。单叶互生，椭圆形或卵形，长 7~15 cm，宽 3.5~6.5 cm，先端渐尖，基部广楔形，边缘有锯齿，幼叶上面疏被柔毛、下面毛较密，老叶上面光滑，下面叶脉处疏被毛。花单性，雌雄异株，与叶同时开放，或先叶开放，生于一年生枝基部苞片的腋内，有花柄。翅果卵状长椭圆形而扁，先端下凹，内有种子 1 粒。花期 4—5 月，果期 9 月。

【生物学特性】

杜仲是中国特有的名贵树种，也是世界上适应范围最广的重要胶原植物。杜仲适应性很强，野生于海拔 700~1 500 m 的地方，抗寒能力较强，对气候和土壤条件要求不严，喜生长于阳光充足、雨量丰富的湿润环境。土壤以黏壤深厚、土层肥沃的沙壤及酸性和微酸性、中性、微碱性的沙质壤土为好。在我国华北、西北、西南及华中等地有分布。河南省已研究出以生产皮为主的华仲 1~5 号良种，以生产胶为主的中林大果 1 号、果胶 1 号和中林大号 1 号良种以及茶用良种茶仲 1 号。

【育苗技术】

应选择树龄在 15 年以上的树作为采种母树，采当年成熟的饱满种子。将种子放入 60 ℃水中浸泡，自然降温，保持 20 ℃恒温，浸泡 2~3 d。当种子膨胀、果皮软化后，取出种子，拌入草木灰和干土，拌匀播种。杜仲在秦淮以北、亚热带高山地带，2—3 月播种；秦淮以南，随采随播。条播，行距 23~26 cm，深 3 cm，每亩播种量 4~5 kg，播后盖草帘并浇透水。苗圃管理除常规措施外，特别要注意保持土壤湿润，及时间苗、补苗，高温干旱时应注意灌水。

【造林技术】

选择地势向阳、土质肥沃、排水良好的地块造林，造林前需施足基肥，深耕细耙。栽植在春天进行，在栽植地挖直径 70 cm、深 70 cm 的坑，坑内施入优质农家肥，每亩施肥量 1 000~1 500 kg，株行距 1.5 m×2 m，选择苗高 100 cm 左右的无病苗，边起苗边移栽。杜仲种植 10~15 年以上才能剥皮，剥皮于 4—6 月进行。剥皮时用锯子齐地面锯一环状口，深达木质部，向上间隔 80 cm 处再锯第二道环状口，在两环状口之间纵割一切口，用竹片刀从纵切口处轻轻剥边，使树皮与木质部脱离。剥下树皮用开水烫后，层层紧实重叠平放在麦草垫底的平地上，上盖木板，加重物压实，四周用草围紧，使其出水。7 d 左右，内皮呈暗紫褐色，取出晒干，刮去粗皮即可。

【病虫害防治】

杜仲病虫害主要有枝枯病、褐斑病、叶枯病、茶翅蝽、银杏大蚕蛾、蝼蛄、小绿叶蝉等。

（1）枝枯病多发生在杜仲的侧枝上。防治方法：①加强水肥管理，促进植株健壮生长，防止出现伤口；②将染病枯枝剪去，剪口涂抹波尔多液；③可在发病初期喷施 65%代森锌可湿性粉剂 500 倍液或 70%甲基托布津 600 倍液，每 7 d 喷 1 次，连续喷三四次可有效控制住病情。

（2）褐斑病主要危害杜仲叶片。防治方法：①加强水肥管理，注意营养平衡，不可偏施氮肥；②注意通风透光，及时剪除过密枝条；③可在发病初期喷施 75%百菌清可湿性粉剂 1 000 倍液或 50%多菌灵可湿性粉剂 500 倍液。

（3）叶枯病主要危害杜仲叶片，发病初期叶片出现浅褐色圆形斑点，随着病情的发展，病斑不断扩大，密布全叶。防治方法：①秋末及时清理枯枝落叶，集中烧毁或深埋，减少病害的污染；②发病初期每隔7~10 d喷1次65%代森锌可湿性粉剂500倍液或75%百菌清可湿性粉剂800倍液，连续喷洒两三次，可有效控制病情。

（4）茶翅蝽防治方法：可在其若虫期喷洒惠新净3 000倍液或3%高渗苯氧威乳油3 000倍液。

（5）银杏大蚕蛾防治方法：可用黑光灯诱杀成虫，用每毫升1亿孢子苏云金杆菌喷杀幼虫，对3龄以前未分散幼虫喷洒20%除虫脲悬浮剂7 000倍液。

（6）蝼蛄防治方法：可用黑光灯诱杀成虫，或利用诱饵诱杀成虫。

（7）小绿叶蝉防治方法：可用25%扑虱灵可湿性粉剂1 000倍液杀灭。

【生产价值】

杜仲以树皮入药，味甘微辛、性温，有补肝肾、壮筋骨、安胎的作用，常用于肾虚腰痛、足膝无力、筋骨痿软，以及阳痿、尿频、头晕、目眩等症。杜仲雄花可制保健茶；叶、果实、树皮含有杜仲胶，可提取硬性橡胶。

2.1.3.8 枣树

别名：红枣、白蒲枣。

科属：鼠李科枣属。

【形态特征】

枣树为落叶乔木，高10 m，具长枝和短枝，长枝呈"之"字形曲折，具托叶刺，稀无刺，刺双生或单生，双刺中之一呈弯钩状，单刺直立。叶互生，长卵状圆形至卵状披针形，长2~6 m，具细锯齿。核果，卵圆形至长圆形，暗红色，有短梗，核先端尖锐，成熟期9—10月。

【生物学特性】

枣树喜光、耐旱、耐寒、耐瘠薄、耐涝、耐轻度盐碱，适应性强，结果早，收益快，寿命长，易管理，适于干制加工。目前，在河南省适宜推广的主要优良品种有灰枣、鸡心枣、灵宝大枣、广洋大枣、扁核酸、冬枣、桐柏大枣、淇县无核枣等。枣树原产于我国，北起辽宁、内蒙古包头，南至广西，西至新疆，东至沿海各地均有栽培。由种子繁殖的枣树，具有由胚根向下生长的主根和侧根所形成的根系，比较强大，垂直根强于水平根；生产中栽培的枣树，多系分株繁殖，系萌蘖苗的根系，属生长根系类型，这种类型的根系，由水平根、垂直根、侧根和细根组成。其根系的分布范围，常比地上部大好几倍；其水平根可长达 10 m 以上，主要分布在地表以下 20~30 cm 处；水平根上很易发生根蘖，特别是在根部遭受机械损伤以后，更是容易萌发根蘖，所以枣树容易更新。

【育苗技术】

枣树可采用分株、嫁接、扦插及播种等方式繁殖，但由于优良品种种仁较少，发芽率低，故实生繁殖一般很少用，而多用分株及嫁接繁殖。枣树分蘖能力极强，在大树周围每年有很多根蘖苗，使其与母株分离即成为新植株。于枣树休眠期至萌芽前半个月，在枣树行间距树干 2.5 m 处开一条宽 30~45 cm、深 45~60 cm 的长沟，开沟断根后，即可促进根蘖的生长。当根蘖长到 30 cm 左右时，在沟外 30 cm 处，再开第二道沟。这时在第一道沟内填土施肥，以促进根蘖根系的生长。在幼苗生长过程中，如有丛生的，要及时间苗，仅留 1 株；如分枝过多应及早剪除，使主干加速生长。苗高 1 m 时，即可移植。也可用野生酸枣作为砧木，就地嫁接。酸枣接大枣，成活率高，适应性强，但有上粗下细现象。嫁接方法用枝接与芽接均可。枝接时期以枣树萌芽后到开花前进行，接穗多用枣头的二次枝，于枣树萌芽前剪取，进行沙藏，防止萌芽，以随用随取。芽接的接穗用当年生枣头，腋芽已形成时为芽接适宜期，芽接可用"丁"字形或"工"字形法，成活率高。

【造林技术】

土壤肥厚的平原地区和土层较薄的山区丘陵均可栽植枣树。枣树是喜光树种，建园应选在阳光充足的阳坡、半阳坡和平地，并尽量避开风口。平原和土壤较肥厚的土地上，可以建成密植的丰产园，栽植株行距均为 2~3 m；山地则要根据坡度不同、整地间距不同、梯田的宽度不同而异，地面宽度超过 3 m 的栽二行，较窄的梯田栽一行。鱼鳞坑整地的

栽植密度为3 m×3 m。根据立地条件选择反坡梯田、翼式大鱼鳞坑、水平阶等整地方法。枣树栽植一般在秋季或春季萌芽前进行，栽前要挖好定植坑，一般坑深60~80 cm，直径80~100 cm，每坑内施入有机肥30~50 kg，浇水栽苗。栽苗深度以苗期深度为准。

整形修剪：枣树是一种生长周期很长的果树，因此培养牢固、健壮、丰产的树体结构尤为重要，一般以疏层形或圆柱形为主。幼树修剪以截为主，促生分枝。盛果树修剪应以疏为主，辅以缩剪，冬春修剪时疏除干枯枝、病虫枝、徒长枝、交叉枝、重叠枝、遮光枝，适当回缩、更新结果枝组，保持结果枝组间距50~60 cm；夏剪以摘心为主，对当年生枣头适当摘心，同时抹除骨干枝上萌发的无用枝芽，以减少养分消耗。衰老树以回缩、更新为主，当骨干枝和结果枝组生长势变弱、结果能力下降，甚至出现死亡枝时，在大枝2/3处回缩，促生壮枝、旺枝，促进新枣头的生长。充分利用背上枝、直立枝、徒长枝培养新的结果枝组，以延长枣树的丰产年限。

【病虫害防治】

枣树主要病虫害有枣疯病、枣锈病、枣尺蠖、枣黏虫等。

（1）枣疯病，又称丛枝病，发病后，枣树正常生理紊乱，内原激素平衡失调、叶片黄化、小枝丛生，冬季不枯不落，雌雄蕊有时变成小枝或小叶，果实畸形。防治方法：①加强检疫，杜绝引进病苗；②及早铲除病株，防止蔓延；③对轻病树落叶前剪去疯枝，萌芽前进行环割，加强水肥管理，增强树势；④对轻病树可用乐乐逗1 500倍液或果保佳1 500倍喷雾，使内源激素保持生理平衡，通过生理途径防病。

（2）枣锈病只危害叶片，发病初期，叶背散生淡绿色的小斑点，逐渐变成淡灰褐色。防治方法：重病区在7月中旬及8月中旬用50%菌成800倍液和喷茬克1 500倍液混合后喷雾防治；轻病区8月中旬只喷1次。

（3）枣尺蠖，又名枣步曲，是杂食性害虫。幼虫食害嫩芽，展叶后蚕食叶片，严重时全树的叶片全被吃光。导致枣树大幅度减产甚至绝收。防治方法：①枣芽3 cm长时，用天诺毒辛1 500倍液+润周6号3 000倍液+乐乐逗200倍液喷施，防治枣尺蠖幼虫效果最好；②用天诺菌杀敌600~800倍液喷雾防治。

（4）枣黏虫，又名枣实蛾，幼虫先啃食新芽、嫩叶，后吐丝缀合叶片成饺子状，并藏在其中危害。防治方法：①惊蛰前后刮树皮烧之，消灭越冬蛹；②秋季在主枝基部绑草绳、草把诱虫化蛹，集中焚烧；③成虫羽化期进行灯光、糖醋、性诱剂诱杀成虫；④用天诺菌杀敌600~800倍液喷雾防治。

【生产价值】

枣果营养丰富，用途广泛。鲜枣含糖量为25%~35%，干枣含糖量60%~70%，另外，枣果还含有1.2%~3.3%蛋白质、0.2%~0.4%脂肪及矿物质（如铁、磷、钙等），同时含有丰富的维生素。在医药上枣可以入药，是常用的滋补剂。酸枣仁生食可作兴奋剂，炒黄可以安神、健胃、消食等，为国内外医药界所重视。枣香精是制烟的优良香料。枣的加工品蜜枣、乌枣、酥枣、枣泥、枣酒等在市场上也很受欢迎。

2.1.3.9　银杏

别名：白果、公孙树、佛指甲。

科属：银杏科银杏属。

【形态特征】

银杏为落叶乔木，高达40 m，胸径可达4 m。幼树树皮浅纵裂，大树树皮呈灰褐色，深纵裂，粗糙。一年生的长枝淡褐黄色，二年生以上变为灰色，并有细纵裂纹。短枝密被叶痕，黑灰色，短枝上亦可长出长枝。叶扇形，有长柄，淡绿色，无毛，有多数叉状并列细脉。球花雌雄异株，单性，生于短枝顶端的鳞片状叶的腋内，呈簇生状。种子具长梗，下垂，常为椭圆形、长倒卵形、卵圆形或近圆球形，有主根。花期3—4月，种子9—10月成熟。

【生物学特性】

银杏因结种迟且寿龄长，"公植树而孙得实"，所以又叫公孙树。银杏在我国平原、山丘，沙质土壤、中性土壤中，只要气候温和、阳光充足、土层深厚、水分充沛，均能正常生长。我国沈阳以南、广州以北、台湾以西、甘肃以东的20多个省（自治区、直辖市）、地区都有银杏栽植，主要产区为江苏、广西、湖北、河南、浙江等。目前，在河南省适宜推广的主要优良品种有豫银杏1号等。

【育苗技术】

银杏一般采用嫁接育苗。砧木以2~3年生苗木为宜，因2年生苗枝叶多，根系发达，营养贮存丰富，一般成活率在90%以上。生长季节从30~40年生优良品种树上采集1年生枝条作接穗，尽量随采随接。银杏为雌雄异株，采集接穗时应按不同性别分别采集和存放。每年6月下旬至8月上旬进行嫁接。嫁接时，从砧木新梢半木质化处剪断，在剪口中央用利刀切一竖口，口长2~3 cm。在接穗芽下1 cm处下削成两侧对称、削口斜面长2~3 cm的楔形，再从芽上1 cm处剪断，成为单芽两侧对称楔形接穗。将削好的接穗迅速插入砧木切口中，使双方最小一面形成层对准，并及时用塑料条绑严、扎紧，芽眼露出。嫁接时间最好应选择在阴天、温度低、相对湿度高的天气，但不能在雨天嫁接。嫁接成活后可在原苗床生长1年，翌年春按株行距30 cm×60 cm移栽定植。在2年后可实行隔行、隔株间苗，以利于培育不同规格的大苗。苗木移栽可在霜降前后进行。

【造林技术】

银杏对土壤要求不严，以土层深厚、保水力较强的壤土或沙壤土最理想。根据不同的栽植方式，株行距可不同，一般以（4~6）m×（4~6）m为宜。挖坑规格50 cm×50 cm×50 cm，做到栽后根系舒展。栽植深度至苗木根颈处，即保持苗木在苗圃中的原有深度，栽植过深易造成根皮腐烂。要施足基肥，把经过发酵的堆肥、圈肥、粪肥30~50 kg拌土后放入坑的底层，上盖表土15 cm左右，然后植苗，压实。另外，按雌雄树比20∶1的比例，栽植雄树，以利授粉。

【病虫害防治】

银杏的主要病虫害有银杏茎腐病、叶枯病、黄化病等。

（1）银杏茎腐病防治方法：①合理密播，密播有利于发挥苗木的群体效应，增强对外界不良环境的抗力；②播种前一定要注意消灭地下害虫；③防止苗木的机械损伤，当年生播种苗或一年生移植苗在松土除草或起苗栽植过程中，一定要注意不要损伤苗木的根茎，否则极易引起茎腐病的发生；④灌水喷水，在高温季节应及时灌水喷水以降低地表温度，更有利于减少病害的发生；⑤结合灌水可喷洒各种杀菌剂如托布津、多菌灵、波尔多液等，也可在 6 月中旬追施有机肥料时加入拮抗性放线菌。

（2）叶枯病防治方法：①加强管理，增强树势，控制雌株过量结果；②化学防治，发病前喷施托布津等广谱性杀菌剂或在 6 月上旬起喷施 40%多菌灵胶悬剂 500 倍液，每隔 20 d 喷 1 次，共喷 6 次。

（3）黄化病防治方法：①施多效锌，5 月下旬每株苗木施多效锌 141 g，发病率可降低 95%；②防止土壤积水，加强松土除草，改善土壤通透性能；③保护苗木不受损伤，栽植时防止窝根、伤根；④适时灌水，防止严重干旱。

【生产价值与环境保护】

银杏果肉含白果酸、白果醇、白果酚、鞣酸等有效成分，主治肺虚咳嗽、慢性气管炎、肺结核、遗精、白带等症，外用可以治疥疮、粉刺。银杏叶含黄酮甙、苦味质、维生素等有效成分，经过提炼，可制成银杏叶药剂，能治疗脑血管硬化、血清胆固醇过高等症。银杏具有很强的耐烟尘，抗吸二氧化碳、二氧化硫等毒气的能力，适宜做行道树及庭院栽植。

2.1.3.10　桑树

科属：桑科桑属。

【形态特征】

桑树为落叶乔木或灌木，高 3～10 m，胸径可达 50 cm，树皮厚，灰色，具不规则浅纵裂。叶卵形或广卵形，长 5～15 cm，宽 5～12 cm，先端急尖、渐尖或圆钝，基部圆形至浅心形，边缘锯齿粗钝。花单性，腋生或生于芽鳞腋内，与叶同时生出。聚花果卵状椭圆形，长 1～2.5 cm，成熟时红色或暗紫色。花期 4—5 月，果期 5—8 月。

【生物学特性】

桑树喜光，耐-35 ℃的低温，不耐涝，在微酸、中性、微碱性土壤中皆能生长，是亚热带及温带植物，分布范围很广。全世界有 30 多个国家栽桑养蚕，蚕茧产量以中国为最多，我国各地，除严寒地区外都有桑树生长。珠江流域的广东省，长江流域的浙江、江苏和四川等省，栽桑面积较大，被称为中国四大蚕区。

【育苗技术】

一般于 5 月中、下旬采集桑籽，桑椹呈紫黑色时为采种期，白色桑椹品种应在馅黄色时采收。采集后先将桑椹揉烂，使果肉与种子分离，然后放在水中淘洗，可得下沉的饱满种子。种子要阴干，忌日晒。桑籽粒小，属短命种子，没有明显的休眠习性，宜在 0~5 ℃下冷藏。播种一般分春播和夏播两个时期。春播一般在地温达到 20 ℃时播种，河南一般于 4 月下旬播种；夏播一般在 6 月播种，以条播为主。具 85% 以上发芽率的桑籽，每亩播种量约为 0.5 kg。为保持亲本优良性状，桑苗繁育常用嫁接、扦插、压条等办法。冬季嫁接，接穗随采随用。春季嫁接一般在 3 月上旬至 4 月上旬，惊蛰前后进行。

【造林技术】

选择地势平坦、土层深厚、有机质含量在 1%~1.5% 的沙壤土或壤土地块造林。深耕 25~30 cm，耕细耙平，每亩施有机肥 7 000 kg，再施磷肥 20~30 kg。栽植时间分秋栽和春栽。亩栽植密度为 1 000~1 200 株，株行距 1.4 m×（1.4~1.6）m。对土质好、枝条较直的品种，要适当密植；土质较差、枝条较卧伏的品种，要适当稀植。栽植方式分单行式和宽窄行式两种。单行式行距 1.4~1.6 m，株距 0.4 m；宽窄行式是一种宽行和窄行相间排列的栽植形式，宽行行距一般为 2.2 m，窄行行距一般为 0.8 m，株距 0.4 m。栽植深度以埋没苗木根颈处 4~10 cm 为宜，壤土宜浅。秋栽桑苗，要顺行缓压苗干进行埋土，将苗干全部埋在土中，后灌透冬水越冬，待翌年 4 月上中旬桑树发芽前，及时刨出苗木，进行第一次定干，留干高度 25 cm；对于春栽桑苗，不埋土，但要及时灌水，定干高度 25 cm。发芽后，当新梢长至 15 cm 左右时，要按照树形要求，选留枝干，将多余芽疏去，使养分集中，促进新条生长。为培养枝干，注意在枝条超过规定高度 5~10 cm 时进行摘心。未定形的幼龄桑园，以养树为主，适度采叶养蚕。对于成龄桑园，从提高桑园产量角度讲，要合理采叶。

【病虫害防治】

幼龄桑园在做好预测预报的基础上，重点抓好春季桑树发芽前、第一批蚕上簇后和秋蚕结束后三个除虫治病的关键时期。全年任何时候发现桑萎缩病和桑紫纹病与病株，均应随时挖除并烧毁。

【生产价值】

桑树主要作用是取叶养蚕。果实名桑椹，熟时味甜多汁，具特有的香味，有养阴润燥和补血的作用，并可解除矿物金石药的燥性和治疗阴虚有热的口渴。桑叶性寒，善散风热，又兼凉血，治外感风热的发热咳嗽、头疼目赤以及肝阳上升的头晕目眩等症。桑皮善泻肺部热邪，利小便，退水肿。

2.2 花卉种植的分类与特性

2.2.1 盆栽花卉容器及基质

狭义来说，盆栽花卉是指栽植于盆里的花卉，其特点是占据空间小，便于移动。广义来说，是指栽植于容器中的花卉。特别是组合盆栽，经人为合理搭配，能够成为视角焦点，愉悦人们的视线，改善生活环境，构造优质氛围。

对于盆栽花卉的含义，目前学术界没有固定的概念论述。2011 年，李真、魏耘在安徽科学技术出版社出版的《盆栽花卉》一书中提出，盆栽花卉是指以盆栽形式存在的花卉；盆栽一般只指鲜活有生命，含盆景、水培、草花、观叶观果观花等所有花卉。在种类繁多的花卉中，适合盆栽的花卉很多，可以说，凡是能在露地栽培的花卉，都可以盆栽。至于所栽容器的大小、种类、材质、形状，则没有具体要求。市场上通常所说的盆栽花卉多指植株较小、株丛较密、栽于容器内而观赏价值较高的花卉。目前，我国市场上常见的盆栽花卉主要有草本盆花、木本盆花、观叶植物、仙人掌类及多浆植物等几大类。

2.2.1.1 盆栽的容器

盆栽容器依据材质有瓷盆、瓦盆、紫砂盆、木盆、玻璃盆、塑料盆、加仑盆、双色盆、营养钵、穴盘等。

2.2.1.2 盆栽的基质

盆栽花卉由于受容器的限制，和田间土壤相比有很大不同。在容器土壤中，通气成为盆栽花卉的主要因素。与田间土壤相比，容器土壤较浅，一般呈短柱状，装满土壤的容器如同一个实体，特别是大型盆栽或箱式木盆栽植，随着浇水工作的进行，土壤的排水能力会成为更加需要注意的问题。

在生产过程中，对于比较贵重的花卉，培养土一般要分层种植，最下层是较大颗粒，中层是营养集中地，上层土壤是颗粒相对较细的活性土，三者结合，才能达到花卉健康生长的理想境地。植物生长所必需的水分、养分由于受容器的限制，同样体积的土壤活力减小，因此需要频繁补充水分和养分，随着浇水和施肥工作的进行，导致表土板结，透气性能恶化加剧。因而，优良的盆栽基质，首先要有良好的透气条件，同时要具有充足的持水和保肥能力。

盆土基质的选择，需要考虑多方面因素，主要因素见表 2-1。

表 2-1 选择盆栽混合基质的主要因素

经济因素	化学因素	物理因素
价格	吸收性能	通气性
有效性	营养水平	持水能力
重复利用	酸碱度	粒径大小
混合难易	消毒和毒性	容重
外观	分解难易	均匀性

总之，盆栽混合基质应该具有良好的理化性质，便于取得，价钱低廉；重量轻，质地均匀，充分腐熟，不易生虫感菌。只有了解各种混合基质的理化性质，才能做到正确的选择和合理使用。

常用盆栽基质如下：

（1）草炭土。草炭土又称泥炭土，由沼泽植物残体在空气不足和大量水分存在的条件下，经过不完全分解而成。根据草炭土分布地势、地位形成等不同，分为低位草炭土、高位草炭土和中位草炭土。低位草炭土多发育在地势低洼处，季节性积水或常年积水，水源多为含矿物质较高的地下水，含氮元素较高，呈微酸性和中性，我国多为这种草炭土。

草炭土在生产中的来源分国产和进口。进口草炭土因引进时进行了检疫环节，在使用过程中病虫害相对较少。随着花卉行业的日渐兴旺，各种花卉需求量暴增，在此契机下，草炭土需求更盛。

（2）稻壳。稻壳作为盆栽基质，有良好的排水透气性，对 pH、可溶性盐、有效营养无影响，分解速度慢，是 C/N 较高的有机质，可结合适量增加氮肥进行堆制，腐熟沤制后用于盆土配制。

（3）沙。沙是盆栽基质常用物质，用量一般不超过总体积的 25%，沙的容重较大，持水和阳离子代换量较小，排水透气性好，其粒径应控制在 0.6~3 mm，最好用河岸冲击地的沙。

（4）蛭石。蛭石是一种天然、无机、无毒的矿物质，在高温作用下会膨胀。它是一种比较少见的矿物，属于硅酸盐。它的晶体结构为单斜晶系，从它的外形看很像云母。蛭石是由一定的花岗岩水合时产生的。它一般和石棉同时产生。蛭石是水化的镁铝硅酸盐，在 800~1 100 ℃ 条件下加热生成云母状物质。蛭石在加热中水分消失，矿物膨胀相当于原来体积的 20 倍，增加了蛭石的透气孔隙和持水能力。蛭石的容重小，约 100 kg/m³，使用新蛭石时不必消毒。蛭石是播种繁殖和扦插的好基质，但长期使用，它的结构会破碎，变成浆状物，难以排水和通气。

（5）珍珠岩。珍珠岩是粉碎岩浆岩加热到 1 000 ℃ 以上时所形成的膨胀岩石，容重小，约 100 kg/m³，通气良好，无营养成分，阳离子代换量较低，pH 较高，为 7.0~7.5，珍珠岩含有钠、铝和少量的可溶性氟。在使用之前，必须经过淋洗。

（6）陶粒。陶粒是一种黏土或页岩约在 88 ℃ 时烧成的团粒状颗粒，具有粉红色的表面，从切面看，内部为蜂窝状的孔隙构造。能漂浮在水面上，无菌、无病虫，具有适宜的持水量和代换量，放入盆底做透水层，也可放于盆面做保水清洁层。因陶粒无营养，用来作基质时，实际占体积的 10%~20%。

（7）棉籽壳。种过蘑菇或木耳的棉籽壳、玉米芯、花生壳等，沤制过程和稻壳基本一致，因纤维含量多，不易沤制，沤制时按比例掺入粪尿或氮肥。作盆栽基质时，种过木耳的棉籽壳比种过蘑菇的棉籽壳花开得更艳。

（8）中药渣。中药一般都是由多种植物的不同部分配制而成的，经过熬煮，药渣相对更容易沤制，而且后续病虫害较少。需要注意的是，因为成分太复杂，酸碱度值得注意。在没有把握的情况下，配制盆土时注意适量。

（9）煤渣。煤渣容重在 0.8 g/cm³ 左右，pH 8.3，偏碱性，对于酸性植物，不宜使用。煤渣使用前要经过退火处理，最好使用隔年炉渣。比较大的花卉栽培，如大立菊、塔菊、盆景菊等，底部都可以选用煤渣作透水层。用于普通盆土配制的煤渣，使用前要进行碾碎过筛，使颗粒控制在 3~5 mm。

（10）椰糠。椰糠是将椰壳经 3~5 年堆积发酵加工而成的。颗粒大小在 0.2~2.2 mm，呈浅棕色木屑状。椰糠纤维素和维生素含量高，不轻易吸收和分解，持水量高，透气性好，中性到微酸性，保肥性能好，适合作育苗或盆栽基质。开发和利用椰糠不破坏自然环境，是替代草炭资源较理想的环保产品。因为椰糠持水性好，在进行盆土配置时一定要保持适量，过量容易沤根。

（11）牛粪。牛粪的性质温和，肥力适中，易购好沤，在花卉种植中得到普遍应用。特别是在菊花种植中，牛粪应用更为广泛。需要特别注意的是，牛粪在使用前一定要充分腐熟，否则容易遭受蛴螬危害。

（12）腐叶土。腐叶土是植物残体经微生物分解发酵后形成的营养土，通常呈微酸性，质地疏松，营养均衡。特别是秋季，不仅解决了环境问题，而且经济适用，性价比高，是构成微循环的有效途径，也是盆栽花卉的当选内容。

（13）花生壳。花生壳的主要成分是纤维素和木质素，这些成分不易分解，直接施到土壤中可能导致土壤保水性减弱。因此，使用花生壳作肥料前，需要先进行腐熟处理。可以通过将花生壳与动物粪便、作物秸秆等有机物混合堆积发酵，或者粉碎后均匀喷水堆积，加适量氮肥沤制。发酵后的花生壳可以提高土壤的通透性和保水性，同时提高土壤的肥力。花生壳中还含有植物营养素和微量元素，如钙、镁、钾、锌等，这些成分对植物生长有利。

（14）羊粪。羊粪是指羊的大便，黑色，一般大小如黄豆粒，近似椭圆形，是一种用途极广的动物粪便。羊粪经过发酵是一种很好的有机肥，它的肥力并不大，但可以改善土壤结构，活化板结的土壤，养根、透气、保肥，非常适合盆栽花卉。

盆栽植物生长的好坏主要取决于盆栽基质的理化性质。

2.2.1.3　常用盆栽基质的配制

多数花卉植物能生长在100%的沙、树皮、木屑、稻壳或草炭土中，但这需要严格的栽培实践，比如单独用草炭土会越浇越实。通常栽培基质是由两种以上的混合基质混合而成的，混合基质在物理和化学性质上比任何一种单独使用效果好。例如草炭土和珍珠岩、花生壳和牛粪、草炭土和蛭石、椰糠和珍珠岩等。

由于所栽花卉植物不同，各地容易获得的材料也不同，加上栽培管理的方法不同，对盆栽混合基质很难拟定标准化配方，但总的趋势是降低盆土容重，增加总孔隙度，增加水分和空气含量。在盆土配置时，任何基质和土壤混合，要充分体现该基质性能，其用量至少等于总质量的$1/3 \sim 1/2$，多种基质配制时，应充分考虑盆土结构、盆土肥力以及盆土理化性质。一般混合后的盆土，容重应低于 $1.0 \ g/cm^3$，通气空隙率应不小于10%。

总之，盆土栽培基质的配制不仅要考虑土壤肥力，更要兼顾土壤结构，根据不同花卉的不同生长期配制。大型盆栽基质在盆内进行排列时，下部颗粒最大，中部颗粒次之，上部颗粒最小，使花卉生长达到预期。

2.2.2　常用盆栽花卉

适于盆栽的花卉很多，本书侧重于生产实践，主要介绍生活、生产中常用的盆栽花卉。

一年生盆栽花卉：在一个生长季内完成生活史的花卉植物。从开花、结实、枯死均在一个生长季内完成。一般在春天播种，夏季开花结实，遇霜后枯死。故一年生花卉又称春播花卉。一年生花卉的原产地多为热带、亚热带地区，这些花卉喜温暖，怕冷凉，不耐寒。

二年生盆栽花卉：经过两年或两个生长季才能完成一个生活周期，即播种后第一年只形成营养器官，次年开花结实而后死亡的花卉。二年生盆栽花卉喜冷凉，耐寒性强，可耐 0 ℃以下低温，在自然界中越过冬天就通过了春化作用。不耐夏季炎热，主要是秋天播种，属于耐寒性花卉。

有些多年生花卉在中原常作一、二年生栽培。后文主要介绍在原产地多年生，在中原常作一、二年生栽培应用的花卉。

2.2.2.1 鸡冠花

别名：鸡髻花、老来红、芦花鸡冠、笔鸡冠、小头鸡冠、凤尾鸡冠。

科属：苋科青葙属。

【形态特征】

苋科的一年生草本，高 25～90 cm，稀分枝，茎光滑，有棱线或沟。叶互生，有柄，卵状至线状，变化不一，全缘，基部渐狭。穗状花序大，顶生，肉质；中下部集生小花，花被膜质，5 片，上部花退化，但密被羽状苞片；花被及苞片有白、黄、橙、红和玫瑰紫等色。胞果内含多数种子，成熟时环状裂开，种子黑色。

【类型及品种】

常见栽培的有以下几类。

一是普通鸡冠：高 40～60 cm，极少有分枝；花扁平而皱褶似鸡冠状。花色紫红、深红、粉红、淡黄或乳白，单或复色。栽培所见的品种有：①高鸡冠，高 80～120 cm，多紫红色；②矮鸡冠，高 15～30 cm，多紫红色或暗红色。

二是子母鸡冠：高 30～50 cm，多分枝而斜出，全株呈广圆锥形，紧密而整齐，主干顶生花序形大，皱褶而呈倒圆锥形，主序基部旁生多数小序，各侧枝顶端相似。花色鲜橘红色，叶色深绿，有土红晕。

三是圆绒鸡冠：高 40～60 cm，具分枝，不开展。肉质花序卵圆形，表面流苏状或绒羽状，紫红色或玫瑰红色，具光泽。

四是凤尾鸡冠：又名芦花鸡冠或扫帚鸡冠。株高 60～150 cm，全株多分枝而开展，各枝端着生疏松的火焰状大花序；表面似芦花状细穗。花色极多变化，有银白色、乳黄色、橙红色、玫瑰色至暗紫色，单或复色。

【产地及分布】

鸡冠花原产印度，各地园林常见栽培。

【习性】

鸡冠花喜炎热而空气干燥的环境，不耐寒，宜栽于阳光充足、肥沃的沙质壤土中。生长迅速，栽培容易。

【繁殖】

鸡冠花的繁殖方式为播种。

【栽培】

鸡冠花高型品种生长期较长，如播种太晚，常因秋凉寒冷而结实不佳，花期较短。3 月可播于温床，覆土宜薄，白天保持 21 ℃以上，夜间不低于 17 ℃，约 10 d 可出苗。苗有 2~3 片真叶时，移植 1 次，于 6 月初定植露地。花期前最适温度为 24~25℃。通常于 4—5 月播于露地，早花品种在 6 月中旬播种，10 月初可开花。

【园林用途】

矮型及中型鸡冠花用于花坛及盆栽观赏。高型鸡冠花适作花境及切花。子母鸡冠及凤尾鸡冠，色彩绚丽，适合于花境、花丛及花群，又可做切花，水养持久，制成干花，经久不凋。鸡冠花的花序、种子都可入药；茎叶可作蔬菜。

2.2.2.2　一串红

别名：象牙红、拉尔维亚。

【形态特征】

一串红为唇形科的多年生草本，作一年生栽培，茎基部多木质化，高可达 90 cm。茎四棱，光滑，茎节常为紫红色。叶对生，有长柄，叶片卵形，先端渐尖，缘有锯齿。顶生总状花序，被红色柔毛，花 2~6 朵轮生，苞片卵形，深红色。花期 7—10 月，果熟期 8—10 月。花冠色彩艳丽，有鲜红、白、粉、紫等色。

【产地及分布】

一串红原产于南美，我国园林广泛栽培。

【习性】

一串红不耐寒，多作一年生栽培。喜阳光充足，但也能耐半阴，忌霜害。

【繁殖】

一串红的繁殖方式为播种或扦插。

【栽培】

春播者9—10月盛花，温室越冬的老株在5—6月也有花，但不及夏秋繁多。炎夏枝叶虽生长旺盛，但花稀少。一串红花期较迟，若要采收种子，应在3月初播于温室或温床，稍能提早花期，有助于结实良好。北京地区劳动节用的一串红，于8月中、下旬播于露地（播种期尽量避开雨季），播种床内施以少量基肥，将床面整平并浇透水，水渗后播种，覆土宜薄，播后8～10 d，种子萌发，10月上中旬将一串红假植在温室内，假植10余天后，根系长大，于11月中下旬可陆续上盆。国庆节用的一串红，于2月下旬或3月上旬在温室或阳畦播种。

一串红种子易落，或常因秋凉而不能充分成熟，故常用盆栽后移置温室越冬，于第二年剪取新枝扦插，生根容易。在15 ℃以上的温床，任何时期都可扦插，播条10～20 d生根，30 d就可分栽。扦插苗开花期较实生苗快，植株高矮也易于控制。晚扦插者植株矮小，生长势虽弱，但对花期影响不大，开花仍繁茂，更便于布置。以采种为目的者，最好用实生苗。国庆节用的一串红，于7月上旬扦插，此时天气炎热，应注意遮阴，多雨时要注意防雨排涝。

【园林用途】

一串红常用红花种，颜色的鲜艳为其他草花所不及。秋高气爽之际，花朵繁密，深受人们喜爱。常用作花丛花坛的主体材料。常与浅黄色美人蕉、矮万寿菊或翠菊、矮香薷等配合布置。矮生种更宜作花坛用。一串红的白色品种除与红花品种配合，观赏效果较好外，一般白色、紫色品种的观赏价值不及红色品种。一串红在北方地区也常盆栽观赏。我国原产一串红株型较高，栽培时需要多次摘心，并结合维生素 B$_9$控高；现在新品种株型矮，花序长，非常适合做大型展览的陪衬花卉，特别适合烘托喜庆氛围。

2.2.2.3　三色堇

别名：蝴蝶花。

【形态特征】

三色堇为堇菜科的多年生草本，常作二年生栽培。株高 15~25 cm，全株光滑，茎长而多分枝，常倾卧地面。叶互生，基生叶圆心脏形，茎生叶较狭。托叶宿存，基部有羽状深裂。花大，花径约有 5 cm，腋生，下垂，有总梗及 2 小苞片；萼 5 宿存，花瓣 5 瓣，不整齐，一瓣有短而钝之距，下面花瓣有线形附属体，向后伸入距内。花色瑰丽，通常为黄、白、紫三色，或单色，还有纯白、浓黄、紫、蓝、青、古铜等色。尚有冬花及波缘花类型。花期 4—6 月，果熟期 5—7 月。

【产地及分布】

三色堇原产于南欧，各地园林常见栽培。

【习性】

三色堇性较耐寒，好凉爽环境，略耐半阴，炎热多雨的夏季常发育不良，且不能形成种子。要求肥沃湿润的沙壤土，在贫瘠地，品种显著退化。发芽力可保持 2 年。

【繁殖】

三色堇的繁殖方式为播种。

【栽培】

秋播于 8 月下旬在露地苗床或盆中，播后 10 d 可发芽，经一次移植，于 10 月下旬移入阳畦，翌年 4 月初可定植，4 月下旬开花。春播在 3 月间，稍播于冷床或加低温的温床中，但以秋播为好，花大而繁，若采收种子，更宜于秋播。

【园林用途】

三色堇花色瑰丽，株型低矮，多用于花坛、花境及镶边植物或作春季球根花卉的"衬底"栽植，也有盆栽及用于切花等。

同属常见栽培的还有角堇，株高 10~30 cm，茎较短而稍直立，花径 2.5~3.7 cm，紫色，也有复色、白色、黄色变种。角堇常与三色堇混淆，二者的习性及栽培法均相同。

角堇与三色堇：角堇看起来和三色堇很像，角堇的群体效果更为突出。三色堇的花朵直径在 4~12 cm，而角堇的花朵直径在 2~4 cm；在花色上，三色堇一般有黄、蓝、黑三种颜色，花朵中间的黑点像是一张鬼脸，而角堇的花色以浅色居多，中间黑圆圈的是三色堇，而猫胡须状的黑线则是角堇。

2.2.2.4 藿香蓟

别名：胜红蓟。

科属：菊科藿香蓟属。

【形态特征】

藿香蓟为菊科一、二年生或多年生草本。被毛；叶对生或上部叶互生；头状花序钟状，同性，呈伞房花序式或圆锥花序式排列。总苞片 2~3 列，线形。花全部管状，白色或淡蓝色，5 裂。瘦果 5 角形，顶有鳞片状冠毛 5 枚。

【习性】

藿香蓟原产于美洲热带；要求阳光充足，适应性强；可大量自播繁衍，分枝能力强，可修剪以控制高度。

【繁殖】

藿香蓟的繁殖方式为播种或扦插、压条繁殖，春播。为保持品种的优良特性，园艺品种多用扦插繁殖，容易生根。

【栽培】

藿香蓟作春播花卉栽培，宜在适度湿润和中等肥沃的土壤栽培，定植株距 15~30 cm。栽后不需过细的管理。园艺品种的母株在温室内保护越冬。通常 1 月即可采插穗扦插。

【园林用途】

藿香蓟花朵繁多，色彩淡雅，株丛有良好的覆盖效果。宜为花丛、花群或小径沿边种植，也是良好的地被植物。而心叶藿香蓟观赏效果好，可在毛毡花坛及花丛花坛、花境等边缘栽植，岩石园点缀或盆栽。

2.2.2.5 旱金莲

别名：金莲花、大红雀 。

【形态特征】

旱金莲为旱金莲科多年生稍带肉质草本，常作一、二年生栽培。茎细长，半蔓性或倾卧，长可达 1.5 m，叶互生，近圆形，具长柄，盾状着生。花腋生，左右对称，梗甚长；萼 5 枚，其中 1 枚延伸成距；花瓣 5 枚，具爪；色有乳白、浅黄、橘红、深紫及红棕等，颜色深浅不一，或具深色网纹及斑点等复色；花径 4~6 cm，花期 7—9 月。

【产地及分布】

旱金莲原产于墨西哥、智利等地，我国园林常见栽培。

【习性】

旱金莲喜凉爽，但畏寒，一般能耐 0 ℃ 的低温，宜栽于排水良好的沙质壤土，忌过湿或受涝，要求阳光充足的环境。

【繁殖】

旱金莲的繁殖方式为播种，也可扦插繁殖，成活容易。

【栽培】

旱金莲栽培方式不一。一般在 2—3 月于温室或温床播种，保持 12~15 ℃。霜后移植露地，可供 5—6 月花坛用。若供秋初观花，可在 5 月播种，但夏季培育时，需排水良好，并尽可能创造凉爽与通风环境。若 9 月播于温室，从 11 月直至翌年春夏均可赏花。盆栽应置于阳光充足、通风凉爽的环境，并及时灌水，勿使盆土过干，以免黄叶。

【园林用途】

旱金莲茎叶优美，花大色艳，形状奇特，花期较长，家庭种植常悬挂于窗台，为园林布置的良好材料。

2.2.2.6　万寿菊

别名：臭芙蓉。

【形态特征】

万寿菊为菊科一年生草本，高 60~90 cm。茎光滑而粗壮，绿色，或有棕褐色晕。叶对生，羽状全裂，裂片披针形，具明显的油腺点。头状花序顶生，具长总梗，中空；花径 5~13 cm，总苞钟状。舌状花有长爪；边缘常皱曲。栽培品种极多，花色有乳白、黄、橙至橘红乃至复色等，颜色深浅不一；花型有单瓣、重瓣、托桂、绣球等，花径从小至特大均有；植株高度有矮型（25~30 cm）、中型（40~60 cm）、高型（70~90 cm）之分。花期 7—9 月，果熟期 8—9 月。

【产地及分布】

万寿菊原产于墨西哥，各地园林常见栽培。

【习性】

万寿菊喜温暖，但稍能耐早霜，要求阳光充足，在半阴处也可生长开花。抗性强，对土壤要求不严，耐移植，生长迅速，栽培容易，病虫害较少。

【繁殖】

万寿菊的繁殖方式为播种、扦插。

【栽培】

万寿菊可于3—4月在温床中播种，真叶2~3片时，一次移植，5月下旬定植露地；一般自播种后70~80 d开花。

【园林用途】

万寿菊花大色艳，花期长，其中矮型品种最适作花坛布置或花丛、花境栽植；高型品种作带状栽植可代篱垣，花梗长，切花水养持久。万寿菊花期长，抗性好，颜色有黄色和橙色，容易配色，是租摆花坛和制作花境的理想材料，但因生长势强，不易成型，味道特别，不适于楼房居住人群养殖。万寿菊含有丰富的叶黄素，天然叶黄素可作为食品、饲料、医药的原料；万寿菊花叶可入药，花可作茶饮。

2.2.2.7　长春花

别名：日日草、山矾花。

【形态特征】

长春花为夹竹桃科多年生草本。直立基部木质化。株高30~60 cm，矮生种为25~30 cm。叶对生，长圆形，基部楔形具短柄，常浓绿色而光泽。花单生或数朵腋生，花筒细长，约2.5 cm，花冠5裂片，倒卵形，直径2.5~4 cm。品种花色有蔷薇红、纯白、白色而喉部具红黄斑等。萼片线状，具毛。花期春至深秋。

【产地及分布】

长春花原产于非洲东部，我国园林常见栽培。

【习性】

一般土壤均可栽培长春花，但盐碱土壤不宜栽培长春花，以排水良好、通风透气的沙质或富含腐殖质的土壤为好。长春花要求阳光充足，但忌干热，故夏季应充分灌水，且置略阴处开花较好。

【繁殖】

长春花的繁殖方式为播种，也可扦插繁殖，但生长势不及实生的强健。

【栽培】

通常春季播种繁殖，多作一年生栽培。为提早开花，可在早春温室播种育苗，给以 20 ℃ 环境，春暖移至露地供花坛布置。花期应适当追肥，花后剪除残花。

【园林用途】

长春花花期较长，病虫害少，多布置花坛；尤其矮型品种，株高仅 25～30 cm，全株呈球形，且花朵繁茂，栽于春夏之花坛尤为美观。北方也常盆栽作温室花卉，可四季赏花。

2.2.2.8　半枝莲

别名：龙须牡丹、松叶牡丹、洋马齿苋、太阳花。

【形态特征】

半枝莲为马齿苋科一年生草本，株高 15～20 cm。茎匍匐状或斜升，具束生长毛。叶圆棍状，肉质。花单生或数朵簇生枝端，花径 2～3 cm，单或重瓣，花色有白、粉、红、黄、橙等，颜色深浅不一或具斑纹等复色。

【产地及分布】

半枝莲原产于南美巴西等地，我国各地常见栽培。

【习性】

半枝莲好温暖而不耐寒，必须栽于阳光充足之处，因花朵在阳光中盛开，其他时间及阴天光弱时，花朵常闭合或不能充分开放。但近几年已经育出了全日性开花的品种，对日照没有要求。半枝莲耐干旱及瘠土，好沙壤土，适应性强。部分表现性状欠佳的能自播繁衍，栽培容易。重瓣品种自播能力差。

【繁殖】

半枝莲采取播种繁殖时，一般种子发芽要求 25 ℃ 左右的温度，露地直播在5月中旬后进行。为了迅速繁殖优良品种，可在早春于温室或温床扦插繁殖，加强肥水管理，使植株生长繁茂，然后摘取新梢进行扦插。

【栽培】

半支莲移植后易恢复生长，大苗也可用裸根移栽。因是异花授粉植物，播种繁殖难以保持品种的花色纯一；若布置应用要求单色组合时，可设法提早温室播种育苗，初花时再分色扦插育苗，以供需要，扦插成活甚易。种子成熟不一，且易脱落，应注意及时采收。

【园林用途】

半支莲色彩丰富而鲜艳，株矮叶茂，是良好的花坛用花，可用作毛毡花坛或花境、花丛花坛的镶边材料，也用于饰瓶、窗台栽植或盆栽，但无切花价值。

2.2.2.9 矮牵牛

别名：碧冬茄、灵芝牡丹、杂种撞羽朝颜。

【形态特征】

矮牵牛为茄科的多年生草本，通常作一年生栽培。株高20～60 cm，全株具黏毛。茎梢直立或倾卧。叶卵形，会缘，几无柄，上部对生，下部多互生。花单生叶腋或枝端；萼5深裂；花冠漏斗形，先端具波状浅裂。栽培品种极多，花形及花色多变化，有单瓣、重瓣品种，瓣缘皱褶或呈不规则锯齿状；花色有白、粉、红、紫至近黑色以及各种斑纹，花大者直径10 cm以上。蒴果。

【产地及分布】

矮牵牛原产于南美，我国各地常见栽培。

【习性】

矮牵牛性喜温暖，不耐寒，干热的夏季开花繁茂。忌雨涝，好排水良好及微酸性土壤。矮牵牛要求阳光充足，遇阴凉天气则花少而叶茂。种子甚小，发芽率60%。

【繁殖】

矮牵牛的繁殖方式为播种或扦插。

【栽培】

因矮牵牛不耐寒且易受霜害，露地春播宜稍晚。如要提早花期，可3月间在温室盆播，20 ℃左右经 7~10 d 即可发芽；出苗后维持 9~13 ℃；晚霜后移植露地。由于重瓣或大花品种常不易结实，或实生苗不易保持母本优良性状，常采用扦插繁殖。春播苗花期为 6—9 月，为使其在早春开花，冬季应置温室内栽植，室内温度保持在 15~20 ℃。

【园林用途】

矮牵牛花大而色彩丰富，适于花坛及自然式布置；大花及重瓣品种常供盆栽观赏或作切花；温室栽培，四季开花。垂吊矮牵牛更适合家庭悬挂。

2.2.3　多年生盆栽花卉

广义来说，花卉除有观赏价值的草本植物外，还包括草本或木本的地被植物、花灌木、开花乔木及盆景。多年生花卉是指植物个体寿命超过两年，能多次开花结实。多年生花卉适合盆栽的非常多。

2.2.3.1　百子莲

别名：百子兰、紫君子兰。

【形态特征】

百子莲为百合科常绿多年生草本。地下部分具短缩根状茎和绳索状肉质根。叶二列状基生，线状披针形至舌状带形，光滑，浓绿色。花自叶丛中抽出，粗壮直立，高 40~80 cm，高出叶丛；着花 10~30 朵，呈顶生伞形花序，外被两片大型苞片，花开后即落；花梗长 2.5~5 cm；花被 6 片联合呈钟状漏斗形，花被鲜蓝色；花期 7—8 月。蒴果，含多数带翅的种子。

【种类及品种】

百子莲的栽培变种很多。从花色看，有白、鲜蓝、深蓝、暗蓝、粉紫等色，以及具深蓝紫色条纹的变种。

【产地及分布】

有学者认为百子莲属只有百子莲一种，其他皆为其变种；但是，依据在非洲自生地的调查，它们在株态和花等方面有颇大的差异，可分成许多种。百子莲原产于南非，我国各地多见栽培。

【习性】

百子莲性喜温暖湿润。对土壤要求不严，但在腐殖质丰富、肥沃而排水良好的土壤上生长良好。若土质松软而瘠薄，易发生较多的分蘖。百子莲具有一定的抗寒能力，在南方温暖地区可以在露地稍加覆盖越冬；北方需在冷室或温室中栽培，越冬温度 1~8 ℃ 即可。

【繁殖】

百子莲繁殖方式以分株为主。在秋天开花后分株，春天分株当年不能开花。在温暖地区用作露地切花或花坛栽植者，可 4 年分株 1 次；以繁殖为目的者，常每年分株，这样常需 2~3 年开花；盆栽者，视情况 2~3 年分株 1 次。

【栽培】

分株缓苗后，需加强肥水管理，否则 1~2 年内不能开花。当盆内布满根系时，着花繁密。冬季百子莲进入半休眠状态，应停止浇水。在温暖地区露地栽培时，作宿根花坛栽植，宜于北面有灌木屏障，冬天日照也充分之地栽植。施足基肥，株距 30~40 cm。若行切花栽培，床宽 1 m，栽 3~4 行，步道 60 cm，因百子莲要求土壤肥沃，栽前要施基肥，每 100 m^2 施入堆肥 200 kg、油粕 4 kg、过磷酸石灰 2 kg、草木灰 2 kg。夏季干燥，可在床面铺草减少水分蒸发。秋天分株者，为防幼芽受冻，冬天可敷草防寒。在冬天较寒冷地区，床面应覆土 6~10 cm 以防寒。

【园林用途】

百子莲株型典雅大方，叶片碧绿光洁，花茎纤长而挺拔，花姿清丽，花色素雅，可布置花坛和花境，或作岩石园点缀植物，适合盆栽观赏，也可做切花，花葶插花也别具风情。

2.2.3.2　旱伞草

别名：伞草。

【形态特征】

旱伞草为多年生草本，高 60~120 cm，茎秆直立丛生，三棱形，无分枝。叶退化为鞘状，棕色，包裹茎秆基部。总苞叶状，约 20 枚，伞状着生秆顶，带状披针形，长 10~20 cm，宽 0.4~1 cm，平行脉。小花序穗状，扁平，多数聚成大型复伞形花序。花期 6—7 月。旱伞草原产于非洲。常见变种有矮旱伞草，植株低矮，高仅 20~25 cm，总苞伞状，径约 10 cm；银线旱伞草，茎秆和叶有白色线条，个别呈全白色，也容易返回绿色。

【习性】

旱伞草类广泛分布于森林和草原地区河湖边缘的沼泽地中，喜温暖、阴湿及通风良好的环境，对土质不甚选择，但以保水力强的腐殖质丰富的壤土为适宜，不耐寒。在我国华东、华北地区常作温室盆栽，冬季室温不宜过高，保持 5~10 ℃ 为宜。

【繁殖】

旱伞草的繁殖方式为分株、扦插或播种。分株在 4—5 月换盆时进行，银线旱伞草等具斑纹者，必须分株繁殖；扦插法四季均可进行，从茎秆顶端以下 3~5 cm 处剪下，并剪除部分总苞片，然后将茎秆部分插入沙中，使总苞片平铺紧贴沙土上，经常保持插床湿润和空气湿润，在温度 20~25 ℃ 条件下，20~30 d 即能在总苞片间发出许多小型伞状苞叶丛和根。播种繁殖可在春季于温室内盆播，容易发芽。

【栽培】

旱伞草生长强健，栽培容易，冬季于温室栽培，春季出房后放阴棚下养护。生育期间经常保持湿润，或栽于浅水中。每半个月可追肥 1 次，生长即会繁茂。冬季室温不可低于 5 ℃，应适当控制水分。气温过低、盆土干燥、缺肥或盆中茎秆过密，植株易变黄枯萎。大伞草植株高大，可用口径 60~100 cm、深约 30 cm 的水盘栽植，宜栽于水盘的一侧，比栽于中央的生长好。肥料宜用油粕、草木灰等。尤宜适量施入磷肥和钾肥，其植株色泽鲜艳。

【园林用途】

旱伞草株丛繁茂，苞叶伞状，富南国风味，是室内常见的观叶植物，也为插花常用材料。水盘中插几枝，有棕榈、蒲葵的效果。旱伞草可配置水池中、溪岸边，或与山石搭配，极富自然情趣。

2.2.3.3 花烛

别名：安祖花。

【形态特征】

花烛为天南星科常绿宿根花卉。叶常绿，革质，全缘。佛焰苞卵圆形、椭圆形或披针形，革质，开展或弯曲；肉穗花序圆柱形乃至球形。原产于美洲热带，约有500种。其佛焰苞美丽和叶片美丽的品种作观赏栽培。花烛园艺变种很多，佛焰苞有紫色带白斑、白色、红色、黄色、白底粉点、绿带红斑、鲜红色、红带白斑等变种。

【习性】

花烛属植物原产于热带。全年需在高温多湿的环境栽培。夏季生长适温20~25 ℃；冬季越冬温度不可低于15 ℃。保持环境湿度最为重要，又不喜灌水过多，多行叶面喷水，尤其现叶种更为必要，要求排水良好。全年宜于适当蔽阴的弱光下栽培，冬季需给予弱光，根系则发育良好，生长健壮。自然授粉不良，欲播种繁殖或杂交育种，需行人工授粉。

【繁殖及栽培】

花烛主要用分株、高枝压条和播种法繁殖。国外生产上大量繁殖采用组织培养法。

花烛类栽培成败的关键在于保持较高的空气湿度。同时，为保证排水通畅，盆底应多置碎瓦片、粗石砾等排水物。每2~3个月可追施饼肥1次。叶面施肥可提早发育，使叶片色泽鲜艳。

【园林用途】

花烛属花卉是国际花卉市场上新兴切花和盆花，全年可以开花，切花水养达半月以上。花烛属花卉苞美、叶秀、观赏期长，适宜于厅堂、室内和会展布置，特别适合切花，红掌、彩掌等越来越受到大众喜爱。

2.2.3.4 仙客来

别名：兔子花、萝卜海棠、一品冠。

【形态特征】

仙客来为报春花科块茎花卉。块茎扁圆形，肉质，外被木栓质。顶部抽生叶片，叶丛生，心脏状卵形，边缘具大小不等的圆齿牙，表面深绿色具白色斑纹；叶柄肉质，褐红色；叶背暗红色。花大型，单生而下垂，花梗长 15~25 cm，肉质，自叶腋处抽出；萼片 5 裂，花瓣 5 枚，基部联合成短筒，开花时花瓣向上反卷而扭曲，形如兔耳，故名兔子花。花色有白、粉、绯红、玫红、紫红、大红等色，基部常有深红色斑；有些品种有香气；花期冬春。受精后花梗下弯，蒴果球形，种子褐色。

【种类及品种】

仙客来同属植物约有 20 种，各国盛行栽培，播种繁殖普及。仙客来的育种在英国、德国和荷兰发展迅速，尤其德国育出的园艺品种品质甚为优异。花朵直径由小变大，花色十分丰富。

仙客来主要变种有：①大花仙客来，花大，白色、红色或紫色；②暗红仙客来，花大，暗红色。

【习性】

本种原产于地中海沿岸东南部，从以色列和约旦至希腊一带沿海岸的低山森林地带。性喜凉爽、湿润及阳光充足的环境。秋冬春三季为生长期。生长适温 18~20 ℃，冬季适温不宜低于 10 ℃，10 ℃以下花易凋谢，花色暗淡，气温达到 30 ℃时植株进入休眠。在我国夏季炎热地区，届时仙客来皆处于休眠或半休眠状态。而在四季如春的昆明地区，夏季凉爽湿润，却可不休眠继续生长。气温超过 35 ℃，植株容易受害而腐烂和死亡。生长期相对湿度以 70%~75% 为宜，盆土要经常保持适度湿润，不可过分干燥，即使只经 1~2 d 过分干燥，使根毛受到损伤，植株发生萎蔫，生长即受挫折，恢复缓慢。叶片要特别注意保持洁净，以利光合作用的进行。仙客来要求在疏松、肥沃、排水良好而富含腐殖质的沙质壤土栽培。

仙客来属于日照中性植物，日照长度的变化对花芽分化和开花没有决定性的作用。影响花芽分化的主要环境因子是温度，其适温为 15~18 ℃。常自花授粉，有昆虫传粉，也可自然异花授粉。常年自花授粉，出现生命力降低的品种退化现象。如植株矮化、花与叶变小、生长缓慢等。花后 3~4 个月果实成熟。在干燥凉爽的条件下贮藏种子，发芽力可保持 3 年。仙客来对二氧化硫抗性较强。

【繁殖及栽培】

仙客来块茎不能自然分生子球，一般采用播种繁殖。播种时期以9—10月为佳。

仙客来结实不良的优良品种可用分割块茎法繁殖，在8月下旬块茎即将萌动时，将块茎自顶部纵切分成几块。每块应带有芽眼，切口涂以草木灰，稍微晾干后，即可分植于花盆内。

仙客来虽为多年生球根花卉，但在园艺生产上常作1、2年生栽培。1~2年生球根生长旺盛，开花数朵到十几朵；3年生以上球根，虽然开花增多，但是花朵小，生活力逐渐衰退，越夏困难，块茎容易腐烂或休眠后发芽不良乃至全不发芽，故多弃之不再栽培。

若栽植老块茎，8月下旬到9月上旬将休眠的块茎栽植盆内，盆土同前述定植用土，添加少量骨粉，栽植时块茎应露出土面1/3~1/2。初上盆要控制浇水，保持盆土湿润即可，此时水分过多，块茎容易腐烂。待新叶抽出后可逐渐增加浇水量。

仙客来甚易自花授粉。在花期中上午10~11时，用手轻轻弹动花梗，花粉即可落到柱头上而授粉结实。为避免常年自花授粉带来的品种生活力下降现象，应作人工辅助授粉。

【园林用途】

仙客来花形别致，娇艳夺目，株态翩翩，烂漫多姿，是冬春季节优美的名贵盆花。在世界花卉市场上，也为重要的大量生产的盆花种类。仙客来开花期长，可达5个月，开花期又逢元旦、春节等传统节日。生产价值很高。常用于室内布置，摆放花架、案头；点缀会议室和餐厅均宜。用为切花，插瓶持久。

2.2.3.5　天竺葵

别名：洋绣球、入腊红、石蜡红。

【形态特征】

天竺葵为牻牛儿苗科亚灌木，茎肉质，株高30~60 cm；叶互生，圆形乃至肾形，径7.5~12.5 cm，通常叶缘内有蹄纹。通体被细毛和腺毛，具鱼腥气味。伞形花序顶生，总梗很长，花在蕾期下垂，花瓣近等长，下3瓣稍大。花色有红、淡红、粉、白、肉红等色。有单瓣和重瓣品种，还有彩叶变种，叶面具黄色、紫色、白色的斑纹。花期为 5—6 月，但除盛夏休眠外，其他季节只要环境条件适宜，皆可不断开花。注意枝条更新。

【习性】

天竺葵属植物大多原产于南非，喜冷爽，怕高温，亦不耐寒；要求阳光充足；不耐水湿，而稍耐干燥，喜排水良好的肥沃壤土。

春秋季节天气凉爽，最适于天竺葵类生长，冬季在室内白天温度保持 15 ℃左右，夜间温度不低于 5 ℃，保持充足的光照，即可开花不绝。夏季炎热，植株处于休眠或半休眠状态。天竺葵要置半阴处，注意控制浇水，对氯有抗性。

【繁殖栽培】

天竺葵以扦插为主，为培育新品种，可采用播种法。扦插时期以春秋为适宜，9—10 月扦插，可在冬春开花。天竺葵类植物茎嫩而多汁，扦插时易腐烂，茎粗者尤甚。因此，在切取插穗后，切口宜干燥一天后再行扦插。或预先在选取插穗的母株上进行摘心，待侧枝抽出后，自基部分枝处切取，切口小，愈合较快，成活率高。土温 10～12 ℃，2 周左右生根。生根后及时移至 7～10 cm 盆中，最后定植于 15 cm 盆内使之开花。播种繁殖时，宜在 3—6 月时采种，因为该时段温室环境比较干燥，利于种子充分成熟。一般花后约 50 d 种子成熟，成熟随采随播，也可在秋季或春季播种。用土宜轻松沙质培养土，在温度 13 ℃以下，7～10 d 发芽。播种后半年至 1 年即可开花。

用维生素 B$_9$ 等矮化剂处理，可使植株矮壮、花大色艳。近些年来，国外选育出矮型天竺葵，花梗短，株高仅 20 cm。

用组织培养法进行离体培养，为天竺葵类植物的良种繁育和选育新品种提供了新的途径。

【园林用途】

天竺葵属植物是重要的盆栽花卉，栽培极为普遍，有观花和观叶两类品种，是劳动节花坛布置常用的花卉。因繁殖方便、好养护，天竺葵也是居家栽培的优选花卉。香叶天竺葵、菊叶天竺葵和芳香天竺葵等可提取香精，供化妆品、香皂工业用。

2.2.3.6　八仙花

别名：绣球、阴绣球。

【形态特征】

八仙花为虎耳草科落叶灌木，高 1~4 m。叶对生，椭圆形至阔卵形，长 6~18 m，叶柄粗壮。伞房花序顶生，具总梗，全为不孕花。不孕花具 4 枚花瓣状的大萼片。花初开绿色后转为白色，最后变成蓝色或粉红色。

【种类及品种】

同属植物约 80 种，分布于北半球温带，我国约有 45 种，主产于我国西部和西南部，有些是美丽的观赏植物。

【习性】

八仙花性喜温暖湿润及半阴的环境，适宜肥沃、富含腐殖质、排水良好的稍黏质土壤。八仙花为酸性植物，不耐碱，适宜的土壤酸碱度为 pH 4.0~4.5。我国北方土壤和水均呈碱性反应，故八仙花的缺铁现象极为普遍，叶黄化，生长衰弱。八仙花的花色与土壤酸碱度相关。粉色的八仙花，若土壤呈酸性反应时花色变蓝，这是由于植株根系较多地吸收溶于土壤水分的铝和铁的缘故。

【繁殖】

八仙花采取扦插、压条、分株皆可繁殖，一般以扦插为主。硬枝扦插可在 3 月上旬前植株尚未发芽时进行，切取枝梢 2~3 节，于温室盆插，亦可在花后结合修剪嫩枝扦插。压条用老枝或嫩枝均可，压入土中部分不必刻伤。如春季进行压条，则于 7—8 月与母体切离，翌年春季分栽。分株通常于春天发芽前进行。

【栽培】

如在背风向阳处地栽，注意花后修剪时间，修剪过晚则当年不能形成花芽。生长期间温度在 25 ℃以下，每 10 d 施以豆饼、人粪尿或鸡粪沤制的稀释液肥 1 次，以促其生长和花芽分化。气温 25 ℃以上不再追肥。在北方碱性土地区，宜适量经常施以硫酸亚铁水溶液或硫酸亚铁与其他有机肥料一起沤制的矾肥水，以中和碱性。盆土常用壤土、腐叶土或者堆肥土等量配合，并混入适量的河沙。腐叶土以腐熟松针土为好，可提高土壤酸度。春暖后应移于室外阴棚下培养。8月以后增加光照，促进花芽形成。9月以后逐渐减少灌水，促使枝条充实，为进入休眠做准备。10月底摘除叶片移入低温温室，控制浇水，维持半干状态，室温保持 3~5 ℃，令其充分休眠，休眠期 70~80 d。

【园林用途】

八仙花为耐阴花卉，其盆栽是室内装饰的优良材料，可用以布置展室、厅堂、会场等。八仙花可以阳光直射，注意不能干旱，在水分充足的情况下，增大空气湿度有助于越夏，相比于半阴环境，花开得大而多。中原地区大部分盆栽，背风向阳小气候处可以露地越冬，注意花后及时重剪，来年能开好花。

2.2.3.7　文殊兰

别名：十八学士、白花石蒜。

【形态特征】

文殊兰为石蒜科球根花卉，具鳞茎。其为常绿球根花卉，株高可达 1 m。鳞茎长圆柱形，直径 10~15 cm，高 30~60 cm。叶多数密生，在鳞茎顶端莲座状排列，条状披针形，长 60~100 cm，宽 10~14 cm，边缘波状。花萼从叶腋抽出，着花 10~20 朵；花被片线形，宽不到 1 cm，花被筒细长；花白色，具芳香；花期甚长，7—9 月。果实球形，直径约 5 cm。原产于我国广东、福建和台湾。

【习性】

文殊兰属植物多分布于热带、亚热带的海岸地区。性喜温暖湿润，耐盐碱土壤，夏忌烈日曝晒，一般生长适温 15~20 ℃，冬季休眠温度约 10 ℃为宜。一般文殊兰类花卉在我国华北和华东地区常作温室盆栽。性喜肥，生长期间要经常施肥，喜腐殖质丰富的土壤。

【繁殖及栽培】

文殊兰常用播种和分株繁殖。文殊兰类花卉主要采用分株繁殖，于早春或晚秋结合换盆进行。将母株四周发生的吸芽分离，勿伤根系，另行栽植。栽时不宜过浅，以不见鳞茎为度。栽后充分灌水，置蔽阴处。其根肉质而发达，植株生长迅速，生长期应经常保持盆土湿润，追施液肥。花前追施磷肥，以使开花美而大。花后及时剪除花葶，以免影响鳞茎发育。夏天移至阴棚下，冬季在冷室越冬。休眠期停止施肥，控制浇水。

【园林用途】

文殊兰叶丛优美，花色洁白或艳丽，多芳香清馥，宜用作厅堂、会场布置，也可用于花坛、花境。文殊兰的根和叶可入药。

2.2.3.8　竹芋

科属：竹芋科竹芋属。

【形态特征】

竹芋为竹芋科常绿宿根草本。根茎粗大，肉质、白色，末端纺锤形，长 5～7 cm，具宽三角状鳞片。地上茎细而多分枝，高 60～180 cm，丛生。叶具长柄，卵状矩圆形至卵状披针形，端尖，长 15～30 cm，宽 10～12 cm，表面有光泽，绿色或带青色，背面色淡。总状花序顶生，长 10 cm，花白色，长 1～2 cm。

其园艺变种有斑叶竹芋，叶绿色，在主脉两侧有不规则的黄白色斑纹，该斑纹不固定，依叶片而不同，有的叶斑多，有的叶斑少，有的甚至全为绿色。

【习性】

竹芋原产于美洲热带，性喜半阴和高温多湿的环境；3—9 月为生长期，生长适温 15～25 ℃；越冬温度 10～15 ℃，不可低于 7 ℃；冬宜阳光充足，夏需半阴环境。

【繁殖及栽培】

竹芋主要采用分株法繁殖，多在春季 4—5 月结合换盆进行，可 2～3 芽分为 1 株。盆土以腐叶土、泥炭和河沙的混合土壤为宜，生长期应经常追肥，夏季高温期不施肥。生长期除正常浇水外，还应经常喷水，以增加空气湿度。冬季盆土宜适当干燥，过湿则基部叶片易变黄而枯焦，甚至沤根。竹芋类除夏天宜置半阴下栽培外，其他季节都应放于温室的光照较充分处。即使是夏天，也不宜遮阴过度，以免徒长。叶细，叶柄伸长，株形破坏，很不美观。生长期室内摆放时间过长时，注意通风。

【园林用途】

竹芋为重要的小型观叶植物，叶形优美，叶色多变，周年可供观赏，是室内装饰的理想材料。

2.2.3.9　朱蕉

别名：千年木。

【形态特征】

朱蕉为竹芋科常绿灌木，亚灌木状，株高 90～300 cm，茎单干，有的分枝。叶斜上伸展，披针形，端尖，绿色或有具各色斑纹，长 30～50 cm，宽 7～10 cm，叶柄长 10～16 cm，有深沟。叶中肋明显，侧脉密生。花长 1.0～1.5 cm，带有黄色、白色、紫色或红色，圆锥花序长约 30 cm。

【习性】

朱蕉性喜高温多湿，冬季稍耐低温，不低于 10 ℃即可，夏宜半阴处。

【繁殖栽培】

朱蕉可用播种、扦插、压条繁殖。春季播种于疏松土壤中，发芽容易。节间常发生不定芽，芽长 3～5 cm 时即可切取扦插；茎梢也可切取扦插。

培养土以腐叶土、黏质壤土及沙配合，须排水良好。夏季充分灌水，生长期间需常追肥。通常在春季换盆。

【园林用途】

朱蕉属花卉，四季常青，叶形、叶色变化丰富，是优美的温室观叶植物，适于室内装饰用。

2.2.3.10　彩叶芋

别名：五彩芋、两色芋。

【形态特征】

彩叶芋为天南星科，五彩芋属多年生常绿草本植物。彩叶芋的基生叶盾状箭形或心形，色泽美丽，变种极多；叶柄光滑，长 15～25 cm，为叶片长的 3～7 倍；叶片表面满布各色透明或不透明斑点，背面粉绿色，戟状卵形至卵状三角形。佛焰苞绿色，上部绿白色，呈壳状；肉穗花序。另外有小叶彩叶芋，叶小，卵圆心形，叶脉深绿色，叶面具乳白色不规则斑纹。

地下具膨大块茎，扁球形，有毒，误食后喉舌麻痹。

【产地】

彩叶芋原产于南美亚马孙河流域。

【习性】

彩叶芋喜高温、高湿和半阴环境，不耐低温和霜雪，要求土壤疏松、肥沃和排水良好。彩叶芋适温 20~30 ℃，6—10 月生长期的适温为 21~27 ℃；10 月至翌年 6 月休眠期的适温为 18~24 ℃。夜间不低于 10 ℃，休眠期保持 10 ℃，不喜强光。

【繁殖方式】

彩叶芋可用分株或分球法进行繁殖。全年均能分株，但以冬季休眠后，春季叶片萌发前分球为佳。

【栽培】

栽培彩叶芋需保持土壤湿润，忌干燥或排水不良。在栽培处以 50%~60% 遮光率最适宜，忌强烈日光直射。4—8 月为生育盛期。

【园林应用】

彩叶芋叶片色泽美丽，变种极多，适于温室栽培观赏，夏季是彩叶芋的主要观赏期，叶子的斑斓色彩充满着凉意。入秋叶渐零乱，冬季叶枯黄，进入休眠期，到春末夏初又开始萌芽生长。彩叶芋叶子十分翠绿，叶子中间会有红色、粉色、白色呈现在翠绿之上，加上脉络清晰别致，给人更加艳丽夺目、高贵典雅的感觉。彩叶芋经常作室内盆栽植物，通常都是放置在桌上或者是窗台，显得更为雅致，亦可切花用于插花。

2.2.4　地栽花卉

适用于地栽的花卉也很多，本书侧重于介绍常用的多年生露地花卉。

露地花卉是指在自然条件下，无须附加保护设施就能完成其全部生长过程的花卉。多年生露地花卉是个体寿命超过 2 年，在露地条件下能多次开花结实的花卉。

2.2.4.1　金鸡菊

【形态特征】

菊科，一年生或多年生草本，稀灌木状。叶片多对生、稀互生，全缘、浅裂或切裂。花单生或为疏圆锥花序；总苞 2 列、每列 8 枚、基部合生。舌状花 1 列、宽舌状，黄色、棕色或粉色，少结实；管状花黄色至褐色。

【种类及品种】

（1）大花金鸡菊，宿根草本。高 30~60 cm，稍被毛，有分枝。叶对生，基生叶及下部茎生叶披针形、全缘；上部叶或全部茎生叶 3~5 深裂，裂片披针形至线形，顶裂片尤长。头状花径 4~6.3 cm，具长梗，内外列总苞近等长；舌状花通常 8 枚，黄色，长 1~2.5 cm，端 3 裂；管状花也为黄色；花期 6—9 月。园艺品种中有重瓣者。该品种原产于北美。

（2）大金鸡菊，耐寒性宿根草本。高 30~60 cm，无毛或疏生长毛。叶多簇生基部或少数对生，茎上叶甚少，长圆状匙形至披针形，全缘，基部有 1~2 个小裂片。头状花具长梗，直径 5~6 cm，外列总苞常较内列短；舌状花 8 枚，宽舌状，黄色，端 2~3 裂；管状花也为黄色；花期 6—8 月。有大花、重瓣、半重瓣等多数园艺品种。该品种原产于北美，现各国有栽培或逸为野生。

（3）轮叶金鸡菊，宿根草本，高 30~90 cm，无毛，少分枝；叶轮生，无柄，掌状 3 深裂，各裂片又细裂；管状花黄色至黄绿色，花期 6—7 月。该品种原产于北美。

【习性及繁殖栽培】

金鸡菊类栽培容易，常能自播繁衍。生产中多用播种或分株繁殖，夏季也可进行扦插繁殖。

【园林用途】

金鸡菊类常用于花坛及花境栽植，也可作切花应用。因为易于自播繁衍，常成片逸生为地被。

2.2.4.2　滨菊

【形态特征】

滨菊为菊科滨菊属多年生草本植物。其花茎直立，且通常不会分枝；中下部分的花茎和叶片呈长椭圆形或线状长椭圆形；花梗细长且直立，头状花序顶生；筒状花黄色，舌状花白色；花轴很短，呈扁平的盘状或球形，花期5—6月。

【习性】

滨菊性喜阳光，耐寒，夏季时耐热性也强。喜欢湿润但排水良好的沙质壤土。生命力强，能自播繁殖。滨菊大多生长在山坡、草地或河边；冬季时落叶。

【产地】

滨菊原产于欧洲。

【园林应用】

滨菊有观赏价值，是典型的草坪花卉，多用于庭院绿化或布置花境，常作花坛或丛植于路旁。

2.2.4.3 金光菊

【形态特征】

金光菊为菊科，宿根草本。株高 60～250 cm，有分枝，无毛或稍被短粗毛。叶片较宽，基生叶羽状，5～7 裂，有时又 2～3 中裂；茎生叶 3～5 裂，边缘具稀锯齿。头状花序一至数个着生于长梗上；总苞片稀疏、叶状；舌状花 6～10 个，倒披针形而下垂，长 2.5～3.8 cm，金黄色；管状花黄绿色；花期7—9月。

【产地】

金光菊原产于加拿大及美国，各国园林广为栽培，多为庭园栽培或逸生。

【习性】

金光菊类适应性及耐寒性均强，不择土壤，极易栽培，尤以排水好的沙壤土及向阳处生长更佳。

【繁殖】

金光菊多在春、秋分株繁殖及播种繁殖。若秋播，翌年即可开花，种子发芽力可保持两年，发芽的适温为 10～15 ℃，自播能力也极强。花坛用花，可用养钵育苗，于花前定植即可。

【栽培】

金光菊类花朵繁盛，株型较大，花前应追以液肥，并保持土壤湿润，尤利开花；若适当控制水分，可使植株低矮，减少倒伏，有利于观赏。

【园林用途】

金光菊类植株高，花大而美丽，适于花境、花坛或自然式栽植，又作切花。

2.2.4.4 松果菊

【形态特征】

松果菊为菊科，宿根草本花卉。株高 60~120 cm，全株具糙毛。叶卵形至卵状披针形，边缘具疏浅锯齿；基生叶基部下延，柄长约 30 cm；茎生叶，叶柄基部略抱茎，茎及叶上均具糙毛。头状花序单生枝顶；总苞 5 层，苞片披针形，革质，端尖刺状；舌状花一轮，淡粉色、洋红色至紫红色。瓣端 2~3 裂，稍下垂；中心管状花具光泽，呈深褐色，盛开时橙黄色；花径约 10 cm；花期 6—10 月。

【产地】

松果菊原产于北美。

【习性】

松果菊性强健而耐寒，在我国中原地区能露地越冬，喜光照及深厚肥沃富含腐殖质土壤，可自播繁衍。

【繁殖及栽培】

松果菊于春、秋播种繁殖，播种苗经 1~2 次移植后即可定植，株距约 40 cm。春、秋可分株繁殖。夏季天旱时，应适当灌溉，并施以液肥，可延长花期。冬季若覆盖厩肥，来年生长旺盛。

【园林用途】

松果菊生长健壮而高大，花期长，宜作花境、花坛中的材料，或丛植。花梗挺拔，水养持久，又是切花的良好材料。

2.2.4.5 射干

【形态特征】

射干为鸢尾科宿根草本。株高 50~100 cm，地下茎短而坚硬。叶剑形，扁平而扇状互生，被白粉。二歧状伞房花序顶生；花橙色至橘黄色，外轮花瓣 3 枚，长倒卵形，有红色斑点；内轮花瓣 3 枚，稍小；花径 5～8 cm；雄蕊 3 枚；花丝红色；花柱棒状，顶端 3 浅裂；花谢后，花被片旋转形；花期 7—8 月。

【产地】

射干原产于中国、日本及朝鲜，广布于我国各地。

【习性】

射干性强健，喜干燥气候，耐寒性强，对土壤要求虽不严，但以沙质壤土最好，要求排水良好及日照充足之地。多野生于山坡、林缘乃至石缝间。

【繁殖及栽培】

射干繁殖多用分株法，3—4 月将根茎掘出，切截根茎，每段需带芽 1～2 个，切口稍干后栽种，约 10 d 出苗。种子繁殖可春播或秋播，春播在 3 月初进行，秋播在 10 月。定植前可施些堆肥、饼肥等作基肥，生长旺盛期及花期前后略施追肥并加以灌溉，有利于开花及结实。

【园林用途】

射干生长健壮，适应性强，园林中可行基础栽植，以及作花坛、花境等配置。达摩射干的园艺品种较多，是切花的优良花材，当先端花蕾在次日开放时，为剪切的适期。射干又是切叶的好材料，根茎可入药。

2.2.4.6　山桃草

【形态特征】

山桃草为柳叶菜科月见草属的多年生草本植物。山桃草茎直立，多分枝；叶互生，无柄；叶片披针形或匙形，先端渐尖，叶缘具波状齿，外卷；花萼片为披针形，淡粉红色；花瓣白色或粉红色；花期 5—9 月，果期 8—9 月。

【产地】

山桃草原产于美国，现各地多有栽培。

【习性】

山桃草耐干旱、忌涝，耐半阴、耐寒，喜阳光充足、凉爽及半湿润环境。山桃草适生于疏松、肥沃、排水良好的沙质壤土。

【繁殖】

山桃草的繁殖方法为播种或分株。

【园林应用】

山桃草具较高观赏性，适合群栽，供花坛、花境、地被、盆栽、草坪点缀，适用于园林绿地，多成片群植，可用作庭院绿化，也可作插花材料。

2.2.4.7　钓钟柳

【形态特征】

钓钟柳为玄参科多年生草本，高 40~60 cm。茎直立而丛生，多分枝，梢部被腺质软毛。叶无柄，交互对生，卵状披针形至披针形，边缘有疏浅齿。圆锥花序长而狭，偏侧生，稍有软腺毛，小花通常 3~4 朵腋生于总梗上；紫红色、淡紫色、粉红色至白色，花冠筒内有白色条纹，不育雄蕊具长毛；花期 7—10 月。

【习性】

钓钟柳属植物性强健，对土质要求不严，但以排水良好、含石灰质的沙质壤土为佳。钓钟柳喜光照，但夏季炎热、干燥则生长不良，在我国华北地区多数种类均可露地越冬。

【繁殖及栽培】

钓钟柳通常于春、秋分株繁殖；也可播种，种子发芽力可保持两年，春播则翌年夏季开花，做切花栽培者多用播种繁殖。对于结实率低的种类，也用扦插法，8—9 月，切取茎梢 5 cm 左右，插于沙中，20~30 d 即可生根。

钓钟柳属植物性喜湿润，生长期注意给水以利生长；但在我国华东地区，花后常因雨水过多，土壤过湿而死亡，应注意排水。盆栽时宜用富含腐殖质的土壤，并进行摘心促使分枝及着花繁茂，以提高观赏价值。

【园林用途】

依种类不同，钓钟柳可庭园栽植，或作花境、花坛布置，切花栽培及盆栽观赏。

2.2.4.8　蜀葵

别名：熟季花、端午锦。

【形态特征】

蜀葵为多年生草本。茎直立、高可达 3 m，全株被毛。叶大、互生，叶片粗糙而皱，圆心脏形，5~7浅裂；托叶2~3枚、离生。花大、单生叶腋或聚成顶生总状花序，花径8~12 cm；小苞片6~9枚，阔披针形，基部联合，附着萼筒外面；萼片5枚，卵状披针形。花瓣5枚或更多，短圆形或扇形，边缘波状而皱或齿状浅裂；花色有红、紫、褐、粉、黄、白等色，单瓣、半重瓣至重瓣；雄蕊多数，花丝联合成筒状并包围花柱；花柱线形，突出于雄蕊之上，花期6—8月。日本蜀葵株型偏矮，高60~100 cm，花色更为丰富，多重瓣，质感柔和。

【习性】

蜀葵性耐寒，喜向阳及排水良好的肥沃土壤，在我国华北地区可露地越冬。

【繁殖及栽培】

蜀葵通常用播种繁殖，也可进行分株和扦插。种子成熟即可播种，也可秋播。种子约一周后发芽，当真叶2~3枚时移植1次，次年就可开花。播种苗在2~3年后生长衰退，故也可作2年生栽培。分株宜在花后进行。扦插仅用于特殊优良的品种，利用基部发生的萌蘖，插穗长8 cm，扦插于盆内，盆土以沙质壤土为好，插后置于阴处以待生根。生长期可施液肥。盆栽时于早春取播种苗上盆，留独本开花。花后距根颈处15 cm剪断，又能萌发新芽。植株易衰老，栽培4年左右就应更新。

【园林用途】

蜀葵花色丰富，花大而重瓣性强，园林中常于建筑物前列植或丛植，作花境的背景效果也好。此外，尚可用于篱边绿化及盆栽观赏。花瓣中的紫色素易溶于酒精及热水中，可用作食品及饮料的着色剂。茎皮纤维可代麻用，全草入药有清热凉血之效。

2.2.4.9 芍药

别名：将离、没骨花。

【形态特征】

芍药为毛茛科芍药属宿根草本植物，具肉质根。茎丛生，高60~120 cm。二回三出羽状复叶，小叶通常三深裂，椭圆形、狭卵形至披针形，绿色，近无毛。花1朵至数朵着生于茎上部顶端、有长花梗及叶状苞，苞片三出；花紫红色、粉红色、黄色或白色，尚有淡绿色品种；花径 13~18 cm；单瓣或重瓣，萼片 5 枚，宿存；种子多数，球形，黑色。花期 4—5 月，依地区及品种不同而稍有差异。果熟期 8—9 月。

【类型及品种】

芍药品种甚多，花色丰富，花型多变，园艺上有依色系、花期、植株高度、花型及瓣形等多种分类方法。芍药有单瓣类、千层类、楼子类、台阁类等。花期有早、中、晚。

【习性】

芍药在我国自然分布地区广泛，性极耐寒，北方均可露地越冬。冬季地上部分枯死，在地下茎的根颈处形成 1~3 个混合芽，为翌年生长、开花打下基础。

土质以壤土及沙质壤土为宜，利于肉质根的生长；排水必须良好，否则易引起根部腐烂；盐碱地及低洼处不宜栽种芍药。喜向阳，稍有遮阴开花尚好。芍药单瓣品种结实率较高，半重瓣至重瓣品种结实率低或不结实。

【繁殖】

芍药以分株繁殖为主，也可播种。

【栽培】

芍药根系粗大，栽植前应将土地深耕，并充分施以基肥，如腐熟堆肥、厩肥、油粕及骨粉等。栽植深度以芽上覆土 3~4 cm 为宜。芍药喜肥，除栽植时施基肥外，每年可追肥 3~4 次，以混合肥料为好。芍药可施芽前肥、花前肥、花芽分化肥，秋季也可施用腐熟的人粪尿。

芍药喜土壤适度湿润，在花坛中栽植时，如不过于干燥，可不进行灌溉，但在开花前需保持湿润，可使花大而色艳。一般地栽也应维持土壤湿润。此外，早春出芽前后结合施肥浇 1 次透水；初冬浇防冻水有利于越冬及保墒。

芍药除顶端着生花蕾外，其下叶腋处常有 3~4 个侧蕾，通常在花前疏去侧蕾，以使养分集中于顶蕾。

【园林应用】

芍药适应性强，管理较粗放，能露地越冬，是我国传统名花之一。各地园林普遍栽培，花期较牡丹稍长，常和牡丹搭配作专类园观赏，或用于花境、花坛及自然式栽植。在中国园林中常与山石相配，更具特色。

　　芍药作切花栽培也较普遍，切花宜在含苞待放时切取，若置于5℃条件下，可保持30 d左右仍能正常开放。在室温18~28℃条件下水养，依品种不同，可持续4~7 d。

第 3 章　环境保护
与生态修复

环境保护与生态修复是维护地球生态平衡和可持续发展的重要举措。它涵盖了减少污染、保护自然资源、恢复受损生态系统等多个方面，旨在通过科学的方法和手段，防止环境进一步恶化，促进自然环境的自我恢复和再生，从而为人类和动植物创造一个更加健康、和谐的生存空间。

3.1　环境保护的基本概念

环境保护是指人类为解决现实或潜在的环境问题、协调人类与环境的关系、保护人类的生存环境、保障经济社会的可持续发展而采取的各种行动的总称。

3.1.1　环境保护的定义

环境保护涵盖了对自然环境和人类活动影响的全面管理。其核心目标是通过综合运用工程技术、行政管理、法律约束、经济激励以及宣传教育等多种手段，最大限度地减少或消除人类活动对环境的负面影响，从而保护生态系统的完整性和稳定性，保障人类生存所需的自然资源，促进经济社会与环境的和谐共生和可持续发展。这些方法和手段的实施，不仅需要政府部门的政策引导与监管，还需要社会各界的广泛参与和共同努力，以构建一个绿色、低碳、循环发展的新型社会。

3.1.2　环境保护的范围

环境保护的范围确实深广且多元，它不仅包括对自然环境的守护，也涉及对地球生物多样性的维护，以及对人类生存环境的优化。

在自然环境的保护层面，我们致力于守护那些赋予我们生命与活力的资源。我们珍视巍峨的山脉、清澈的绿水、湛蓝的蓝天、广袤的大海以及繁茂的丛林，这些自然资源不仅为我们提供了生存所需，更是我们精神寄托的源泉。为了确保这些宝贵资源免遭过度开发和破坏的威胁，我们需要制定严格的保护措施，限制不合理的开发行为，同时加强环境监管，确保各项环保政策得到有效执行。

在地球生物的保护上，我们着力于物种的保全、植物的养护和动物的回归。生物多样性是地球生命体系的重要组成部分，它关系到整个生态系统的稳定与繁荣。为了维护生物多样性和生态平衡，我们需要加强生物多样性的保护和恢复工作，如建立自然保护区、实施生态修复工程等。同时，我们还需要加强对濒危物种的保护，防止它们因人类活动而灭绝。

此外，人类生存环境的改善也是环境保护不可或缺的一环。我们不仅要关注自然环境的保护，还要营造一个更加宜居、健康、舒适的人类环境。这包括提高空气质量、治理水污染、减少噪声污染等方面的工作。通过加强城市绿化、推广清洁能源、提高垃圾处理效率等措施，我们可以为人们创造一个更加美好的生活环境，满足人们衣、食、住、行、玩等多方面的需求。

3.1.3　环境保护的手段

环境保护的手段包括行政手段、法律手段、经济手段、科学技术手段和民间自发环保组织等多种方式。这些手段相互配合、协同作用，共同促进了环境保护工作的有效进行，为地球生态筑起了一道坚实的保护屏障。

行政手段以其权威性和系统性，在环境保护中发挥着关键作用。政府通过制定和执行严格的环保政策、法规和标准，确保环境保护工作有法可依、有章可循。这些行政措施为环境保护提供了明确的方向和指引，确保了各项环保工作的顺利实施。

法律手段是环境保护不可或缺的一环。立法机关制定环境保护法律，明确环境保护的责任和义务，为环境保护提供法律保障。司法机关则依法对违法者进行制裁，形成对环境破坏行为的强大威慑力。这种法律手段的实施，使得环境保护具有了法律的严肃性和权威性。

经济手段是环境保护与经济发展相结合的重要体现。通过实施环保税、排污权交易等措施，政府利用市场机制的调节作用，将环境保护与经济发展紧密结合。这种手段不仅鼓励了企业采取环保措施，减少了污染排放，还促进了绿色产业的发展，实现了环境保护与经济发展的双赢。

科学技术手段在环境保护中发挥着重要的支撑作用。通过发展环保科技，推广清洁生产、循环经济等先进技术，我们不仅可以提高资源的利用效率，减少污染排放，还能实现环境质量的持续提高。科技手段的运用使得环境保护工作更加高效、精准和可持续。

民间自发环保组织以其广泛的群众基础，成为环境保护的重要力量。这些组织通过宣传教育、监督举报等形式，提高了公众对环保的认识和参与度，推动了环保工作的深入开展。同时，民间环保组织还能为政府提供重要的环保信息和建议，促进政府决策的科学性和民主性。

3.1.4　环境保护的重要性

环境保护的重要性不言而喻。需要从个人、社会和国家等多个层面出发，共同推动环境保护事业的发展，为我们的生存和发展创造一个更加美好的未来。

第一，环境保护对于维护人类的生存环境具有根本性的意义。我们的生命活动依赖于自然环境，包括清洁的空气、水源和土壤。环境保护能够有效减少污染物的排放，保护生态系统的完整性，从而保障人类的基本生存条件。同时，良好的环境也是人类健康的重要保障，减少因环境污染导致的疾病和健康问题，提高生活质量。

第二，环境保护与可持续发展紧密相连。可持续发展强调在满足当代人需求的同时，不损害后代人满足其需求的能力。而环境保护正是实现这一目标的基石。只有保护好环境，才能确保资源的持续供应，为经济社会的发展提供坚实的基础。同时，环境保护还能促进绿色产业的发展，推动经济结构的优化升级，实现经济社会的长期稳定发展。

第三，环境保护还是国际社会的共同责任。环境问题具有全球性和跨界性，任何一个国家都无法独自应对。因此，各国需要加强合作，共同应对全球环境问题。这种合作不仅有助于解决当前的环境问题，还能促进国际社会的和谐与稳定，推动构建人类命运共同体。

第四，环境保护也是对我们后代的责任。作为当代人，我们有责任为后代留下一个清洁、美丽、和谐的地球。通过加强环境保护，可以为后代创造一个更好的生存环境，让他们能够享受到更加健康、美好的生活。

3.2 生态修复技术与应用

生态修复技术与应用是一个复杂而重要的领域，其目的是恢复受损生态系统的结构和功能，提高生态系统的稳定性和自我修复能力。

3.2.1 生态修复技术的分类

生态修复技术作为生态系统受损后恢复其结构与功能的重要手段，涵盖了多个方面，主要包括土壤改造技术、植被的恢复与重建技术、防治土地退化技术、小流域综合整治技术以及土地复垦技术等五类。这些技术均基于科学原理，针对不同的生态系统受损情况，采取相应的措施进行精准修复。

3.2.1.1 土壤改造技术

土壤改造技术是针对沙地、盐碱地、荒漠化土地等缺乏生产力的土壤，通过一系列的科学方法和技术手段，旨在恢复其生态功能或提高生产力的重要技术。这些技术包括水灌、种植等多种方式，它们共同构成了土壤改造的综合体系。

水灌是土壤改造中不可或缺的一环。通过合理的水灌，可以有效地调节土壤的水分状况，促进土壤中微生物的滋生和繁衍。微生物作为土壤生态系统的重要组成部分，能够参与有机质的分解和转化，改善土壤结构，增强土壤的肥力和保水能力，从而恢复土壤的良性生态功能。

种植是土壤改造中的另一项重要措施。在选择种植的植物时，需要充分考虑土壤的特性和环境条件，选择适宜的草种或树种进行种植。这些植物能够通过根系固定土壤，减少水土流失，同时能够吸收土壤中的盐分和有害物质，降低土壤的盐碱度。此外，植物的生长还能够增加土壤的有机质含量，改善土壤的物理和化学性质，提高土壤的生产力。

除水灌和种植外，土壤改造技术还包括土壤改良剂的使用、耕作方式的改进等多种手段。土壤改良剂能够直接改善土壤的物理和化学性质，提高土壤的肥力和保水能力。耕作方式的改进则能够减少土壤侵蚀和压实，保持土壤的疏松和通气性，有利于植物的生长和发育。

3.2.1.2　植被的恢复与重建技术

　　植被的恢复与重建技术旨在通过科学的方法，种植适生的植物种类，从而恢复或重建地表植被覆盖，进一步提升生态系统的生物多样性和整体健康。这一过程不仅对于生态系统的恢复至关重要，而且对维护地球生态平衡、保护生物多样性以及应对气候变化等全球性问题具有重要意义。

　　在植被恢复与重建的过程中，首要考虑的是植物的适应性。选择适应当地气候、土壤和水文条件的植物种类，能够确保植被的存活率，提高植被覆盖的稳定性和可持续性。因此，进行详细的生态调查和土壤分析，了解当地的自然环境和生态条件，是植被恢复与重建工作的重要前提。

　　除了植物的适应性，生态位也是植被恢复与重建过程中需要考虑的关键因素。生态位是指一个物种在生态系统中所占据的地位和所起的作用。在植被恢复与重建中，需要合理安排不同植物种类的种植位置和数量，形成合理的生态位结构，以避免种间竞争和资源浪费，确保植被群落的稳定和谐。

　　此外，群落结构也是植被恢复与重建过程中需要关注的重要方面。群落结构是指植被群落中不同物种的组成、数量和空间分布。通过合理规划和设计，形成多层次、多物种的植被群落结构，能够增加生态系统的复杂性和稳定性，提高生态系统的抗干扰能力和自我修复能力。

　　在植被恢复与重建技术的实施过程中，还需要注意以下几点：

　　（1）合理利用土地资源。根据土地类型和生态条件，选择合适的植被恢复方式，如自然恢复、人工种植等，确保土地资源的合理利用。

　　（2）加强生态监测和评估。在植被恢复与重建过程中，需要加强对生态环境的监测和评估，及时发现和解决生态问题，确保植被恢复与重建的效果和质量。

（3）推广科学种植技术。采用科学的种植技术和管理方法，提高植被的存活率和生长速度，加快植被恢复与重建的进程。

（4）加强国际合作与交流。植被恢复与重建是全球性的环境问题，需要各国加强合作与交流，共同应对挑战，推动全球生态环境的改善。

3.2.1.3　防治土地退化技术

针对坡耕地退化等土地退化问题，需要采取一系列综合性的措施，结合工程技术和生物手段，以有效地控制和减少水土流失，防止土地进一步退化。

1. 工程措施

通过合理的梯田建设、鱼鳞坑设置以及沟道治理等工程措施，可以有效地减少水土流失，保护生态环境和农业生产。

（1）梯田建设。

①选址与规划：在坡度较大的耕地上进行梯田建设时，首先要进行细致的选址和规划。需要综合考虑地形地貌、土壤特性、气候条件以及农作物种植需求，确保梯田的坡度和走向既有利于水土保持，又适合农业生产。

②建设过程：梯田的建设包括开挖、筑埂、平整等多个步骤。开挖时，应根据地形和土壤特性合理确定梯级高度和宽度。筑埂时，应选用稳固的土壤和石块，确保埂体坚固耐用。平整时，应确保田面平整，有利于灌溉和排水。

③维护与管理：梯田建成后，还需要进行定期的维护和管理，包括清除杂草、加固埂体、修补破损部分等，以确保梯田的稳定性和可持续性。

（2）鱼鳞坑设置。

①设计与施工：鱼鳞坑的设计应充分考虑地形、坡度和土壤特性。施工时，应先在坡面上按照一定间距和形状开挖坑穴，然后在坑穴内填充适宜的土壤或石块。鱼鳞坑的排列应呈交错状，以增加地表的粗糙度。

②功能与作用：鱼鳞坑的主要功能是降低水流速度，使雨水在地表形成更多的滞留和渗透。同时，它还能拦截和储存泥沙，减轻下游的泥沙淤积问题。此外，鱼鳞坑还能增加土壤的透气性和保水性，有利于植

物的生长和发育。

③后期维护：为确保鱼鳞坑的长期效果，需要进行定期的维护和管理，包括清除坑内的杂草和石块、修补破损部分等。

（3）沟道治理。

①诊断与评估：对于已经形成的沟道，首先需要进行详细的诊断和评估。了解沟道的形成原因、发展趋势及潜在危害，为治理提供科学依据。

②治理措施：根据诊断结果，采取相应的治理措施，包括沟头防护（如修建挡土墙、种植防护林等）、沟岸加固（如修建护坡、加固岸坡等）、沟底清淤（如清理沟底淤积物、改善沟道排水条件等）。这些措施旨在防止沟道进一步侵蚀和扩大，减少水土流失。

③监测与评估：治理完成后，需要进行定期的监测与评估。观察沟道的变化情况，评估治理效果，并根据实际情况进行必要的调整和优化。

2. 生物措施

生物措施在生态修复与保护中发挥着至关重要的作用。通过植被恢复、生物篱笆、生物多样性保护、微生物修复和生态工程等多种手段的综合运用，可以有效地防治土地退化、保护生态环境、促进可持续发展。

（1）植被恢复。

植被恢复是生物措施中的基础与核心。在坡面上种植草种、灌木或乔木等植被，不仅可以显著提高地表的覆盖度，还能够有效地增强土壤的保持能力。植被的根系通过物理和化学作用固结土壤，减少土壤因外力作用而导致的松动和流失。此外，植被的枯枝落叶等有机物质经过分解后，能够增加土壤的有机质含量，改善土壤的物理、化学和生物特性，进一步促进土壤肥力的提升。

（2）生物篱笆。

生物篱笆是一种利用具有较强生长能力的灌木或草本植物形成的生态屏障。在坡面上种植这些植物，能够形成一道道天然的"防护墙"，有效地阻挡雨水直接冲刷坡面，减少水土流失。同时，生物篱笆还能够拦截和过滤雨水中的泥沙和有害物质，减轻对下游水体的污染。此外，生物篱笆还能够为野生动物提供栖息地，增强生物多样性。

（3）生物多样性保护。

生物多样性保护是生物措施中的重要一环。坡面上的生物多样性包括植被、野生动物和微生物等多个方面。保护和恢复这些生物群落，有助于形成稳定的生态系统。稳定的生态系统能够增强自我修复能力，有效地防治土地退化。为了实现生物多样性的保护，需要采取一系列措施，如设立自然保护区、开展生态修复工程、加强执法监管等。

（4）微生物修复。

微生物修复是生物措施中不可忽视的一部分。微生物在土壤中的数量庞大、种类繁多，它们在土壤肥力的维持、有机物质的分解、污染物的降解等方面发挥着重要作用。通过引入或培养特定的微生物种群，可以加速土壤的修复过程，提高土壤质量。此外，微生物还能够与其他生物群落形成共生关系，共同维护生态系统的稳定。

（5）生态工程。

生态工程是运用生态学原理和方法，通过设计、建造和管理人工生态系统来恢复和保护自然环境的措施。在生态修复中，生态工程可以与生物措施相结合，共同实现生态系统的修复和保护。例如：在坡面上建设植被护坡工程，利用植被和土壤工程的结合来增强坡面的稳定性；在河流和湖泊中建设湿地生态工程，通过湿地植物的净化作用来减少水体污染。

在实施防治土地退化技术时，需要综合考虑当地的自然环境和经济条件，选择适合的措施和方案。同时，需要加强监测和评估工作，及时发现和解决实施过程中出现的问题，确保防治土地退化技术的有效性和可持续性。

3.2.1.4　小流域综合整治技术

小流域综合整治技术是一种针对小流域生态环境问题的综合性解决方案。该技术以小流域为单元，通过集成水土保持、水资源管理、生态修复等多种措施，旨在提高小流域的生态环境质量，提高流域的可持续发展能力。

在水土保持方面，小流域综合整治技术注重实施退耕还林、封山育林等措施。这些措施能够有效地增加植被覆盖，减少裸露地表面积，从而增强土壤的抗侵蚀能力，防止水土流失。同时，植被的增加还能提高土壤肥力，改善土壤结构，为生态系统的恢复提供良好条件。

在水资源管理方面，小流域综合整治技术强调推广节水灌溉、雨水集蓄等先进技术。这些技术能够显著提高水资源的利用效率，减少水资源浪费。通过建设拦沙坝、淤地坝等工程设施，可以有效地拦截泥沙，减少水土流失对下游河道的冲击。此外，雨水集蓄技术还能够充分利用雨水资源，为干旱地区提供稳定的水源。

在生态修复方面，小流域综合整治技术注重生态系统的自然恢复能力。通过恢复植被、建设生态防护林等措施，可以有效地提高小流域的生态环境质量，提高生态系统的稳定性和抗干扰能力。同时，加强生态监测和评估工作，可及时发现和解决生态环境问题，确保小流域生态环境的持续改善。

在实施小流域综合整治技术时，需要注重以下几点：

（1）科学规划。

①深入调研：在小流域整治前，需进行深入的实地调研，全面了解小流域的自然环境、社会经济状况、水资源状况及存在的环境问题。

②数据分析：基于调研数据，进行系统的分析，识别出小流域存在的主要问题及原因，如水土流失、水资源短缺、水体污染等。

③目标设定：根据调研和分析结果，制定具体的整治目标，包括短期目标、中期目标和长期目标，确保目标的可衡量性和可达成性。

④方案制订：制订科学合理的整治方案，明确整治措施、实施步骤和预期效果，确保方案的可行性和针对性。

（2）综合施策。

①水土保持：采取植被恢复、梯田建设、沟道治理等措施，增强土壤保持能力，减少水土流失。

②水资源管理：建立科学的水资源管理制度，优化水资源配置，提高水资源利用效率，确保水资源的可持续利用。

③生态修复：针对水体污染、生态系统退化等问题，采取生态修复措

施，如湿地保护、生态补水、生物治理等，恢复和提升生态系统功能。

④综合监管：加强小流域的监管力度，建立多部门联动的监管机制，确保各项整治措施的有效实施。

（3）公众参与。

①宣传教育：通过宣传教育活动，提高当地群众对小流域整治工作的认识和理解，增强他们的环保意识和参与意愿。

②意见征询：在整治方案制订过程中，广泛征询当地群众的意见和建议，确保整治方案符合群众的需求和利益。

③共建共享：鼓励当地群众积极参与小流域整治工作，如参与植树造林、水源保护等活动，形成共建共享的良好氛围。

④监督评估：建立群众监督机制，鼓励群众对整治工作进行监督和评估，确保整治工作的有效性和可持续性。

（4）科技创新。

①技术研发：加强科技创新和技术研发，针对小流域整治中的技术难题进行攻关，推动新技术、新材料的研发和应用。

②技术推广：积极推广先进适用的技术和设备，提高小流域整治的技术水平和效率。

③人才培养：加强人才培养和引进力度，培养一支高素质的小流域整治和管理人才队伍。

④信息化建设：利用现代信息技术手段，建立小流域整治信息管理系统和监测预警系统，提高整治工作的信息化水平和智能化水平。

3.2.1.5　土地复垦技术

土地复垦技术是一种针对废弃矿山、工业用地等受损土地进行综合治理和恢复的技术手段。该技术旨在通过科学的方法和步骤，恢复这些受损土地的生态功能和生产力，实现土地的可持续利用。

在土地复垦过程中，首先需要进行全面的调查和评估，了解受损土地的具体情况，包括废弃物的种类、数量、分布，以及土壤的物理、化学和生物特性等。基于这些信息，制订科学合理的复垦方案，明确复垦的目标、步骤和措施。

复垦过程的步骤具体如下：

（1）清除废弃物。这包括清除矿山废石、工业废渣、建筑垃圾等，确保土地表面干净、无障碍物。清除废弃物时，需要采取安全、环保的措施，避免对周边环境造成二次污染。

（2）土地平整工作。通过机械或人工方式，对土地进行平整处理，消除高低不平、坑洼不平的地形，为后续的土壤改良和植被恢复创造有利条件。

（3）进行土壤改良。这包括改善土壤的物理结构、化学性质和生物活性等方面。具体措施包括添加有机肥料、矿质肥料、生物菌剂等，提高土壤的肥力和保水能力；通过翻耕、深松等方式，改善土壤通气性和根系生长环境；引入有益微生物和植物，促进土壤生物多样性的恢复。

（4）种植适生的植物种类，恢复植被覆盖。选择适应当地气候、土壤和水文条件的植物种类，通过合理的种植方式和密度安排，形成稳定、多样的植被群落。植被的恢复不仅能够改善土壤环境，还能够提高生态系统的稳定性和自我修复能力。

在土地复垦过程中，还需要注重监测和评估工作。定期对复垦土地进行生态监测和评估，了解生态系统的恢复情况和土壤质量的变化趋势，及时发现问题并采取相应的措施进行整改和优化。

3.2.2　生态修复技术的应用

生态修复技术的应用范围广泛，涵盖了从城市到乡村、从山区到平原、从水域到陆地的各个生态系统。

3.2.2.1　海岸带生态修复

海岸带生态修复是保护和恢复海洋与陆地交汇处生态系统健康与功能的重要工程。以秦皇岛滨海景观带为例，该项目通过创新的生态修复方法，利用雨水的滞蓄过程，成功恢复了海滩的潮间带湿地系统，为海岸带生态环境的改善和可持续发展提供了宝贵的经验。

秦皇岛滨海景观带在过去由于城市建设和人类活动的影响，海滩潮间带湿地系统遭受了严重破坏。为了恢复这一重要生态系统，项目团队采取了一系列创新的措施。首先，他们拆除了原有的水泥防浪堤，这种硬质结构不仅破坏了海滩的自然形态，还阻隔了潮间带湿地的自然循环。取而代之的是环境友好的抛石护堤，抛石护堤不仅能够有效地抵御海浪侵蚀，还能为海洋生物提供栖息地，促进生态系统的自然恢复。

此外，还发明了一种箱式基础，用于在软质海滩上建设栈道和服务设施。这种箱式基础不仅稳定性好，而且能够减少对海滩的破坏，同时能够为游客提供安全便捷的观光体验。通过这些措施的实施，昔日被破坏的海滩重现生机，潮间带湿地系统得到了有效恢复，生物多样性得到了提升。

秦皇岛滨海景观带的生态修复项目不仅取得了显著的生态效益，还成为旅游观光点，吸引了大量游客前来观光旅游。这不仅为当地带来了经济效益，还提高了公众对海洋生态环境保护的意识和参与度。

3.2.2.2　盐碱地生态修复

盐碱地生态修复是一项针对土壤盐碱化问题的综合性治理工程，旨在恢复土壤健康、提高植被覆盖率，从而重建生态系统的完整性和稳定性。以天津桥园为例，该项目成功运用了填-挖方技术，并结合其他科学手段，有效地实施了盐碱地生态修复，将其转变为一个功能完备、生态宜居的城市公园。

1．项目背景

天津桥园所在的区域原是一片盐碱地，土壤盐分含量高，植被稀少，生态环境脆弱。为了改善这一状况，提升城市绿化水平，当地政府启动了盐碱地生态修复项目。

2．技术实施

填-挖方技术营造微地形：项目首先运用填-挖方技术，通过挖掘和填充土壤，营造出一系列微地形。这些微地形不仅增加了景观的多样性，更重要的是，它们能够作为海绵体收集酸性雨水。雨水在微地形中汇集后，通过自然渗透作用，与碱性土壤发生中和反应，从而降低土壤盐分。

土壤改造：在土壤改造方面，项目采用了物理、化学和生物等多种手段，通过深耕、翻晒等措施，改善土壤结构，增加土壤通气性和透水性。同时，施用有机肥料和改良剂，降低土壤盐分，提高土壤肥力。此外，还引入了耐盐碱的植物种类，通过植物的吸收和分解作用，进一步降低土壤盐分。

植被恢复：在植被恢复方面，项目选择了适宜的草种和树种进行种植。这些植物具有较强的耐盐碱能力，能够在盐碱地中生长繁衍。通过合理的种植布局和养护管理，植被覆盖率逐渐提高，形成了多样化的植物群落。这些植物不仅美化了环境，还为生态系统提供了重要的生态服务功能。

3．成效分析

经过一系列修复措施的实施，天津桥园盐碱地的生态环境得到了显著改善。土壤盐分明显降低，植被覆盖率大幅提高，形成了能自我繁衍的生态系统。同时，项目还促进了城市绿化水平的提升，为市民提供了一个休闲、娱乐、健身的好去处。如今的天津桥园已经成为一个美丽的城市公园，吸引了众多市民前来游玩和观赏。

4．结论与展望

天津桥园盐碱地生态修复项目的成功实施，为盐碱地治理提供了有益的借鉴和参考。未来，在盐碱地生态修复工作中，应继续加强科技创新和技术研发，探索更加高效、环保的治理方法。同时，应注重生态修复与经济发展相结合，推动盐碱地资源的合理利用和可持续发展。

3.2.2.3 红树林生态修复

红树林生态修复是一项复杂的生态系统工程，旨在恢复和保护红树林这一独特的湿地生态系统。以下以三亚红树林生态公园为例，对红树林生态修复项目进行详细的描述和科学规划。

1．项目背景与目标

三亚红树林生态公园位于海南岛，其原始红树林生态系统因自然和人为因素遭受破坏。该项目旨在通过科学规划和实施，恢复红树林湿地系统，建立适宜红树林生长的生境，并在此基础上，构建慢行游憩系统，实现生态保护与休闲游憩功能的有机结合。

2．红树林生态修复策略

在生态系统评估方面：对红树林生态系统的现状进行全面评估，包括土壤、水质、生物多样性等指标，以确定修复的重点和难点。

在生境恢复方面：根据评估结果，采取适当的措施恢复红树林生境，包括清理垃圾、改善水质、恢复土壤肥力等，为红树林的生长提供有利条件。

在红树种植方面：选择适应当地环境的红树品种，进行大规模种植。通过科学种植技术，提高红树林的成活率和生长速度。

在生物多样性保护方面：在红树林生态系统中，保护和恢复生物多样性至关重要。通过引入或恢复当地特有的动植物种群，提高生态系统的稳定性和韧性。

3. 慢行游憩系统构建

（1）在规划设计方面，在红树林生态修复的基础上，精心规划并设计慢行游憩系统。首要任务是确保游憩设施与红树林自然环境的和谐统一，以减少对生态系统的潜在干扰。规划过程中，充分考虑红树林的生态特性和保护需求，制定科学合理的空间布局和功能分区。

①生态优先：在规划设计中，始终坚持生态优先的原则，确保游憩系统的建设不会对红树林生态系统造成破坏。

②功能分区：根据游客的活动需求，合理划分游憩区域，如步行区、观景区、休闲区等，以满足不同游客的需求。

③景观协调：在景观设计中，注重与红树林自然环境的协调，采用自然材质和生态设计手法，打造与自然环境相融合的景观效果。

（2）在游憩设施建设方面，建设包括步道、观景台、休息区等在内的游憩设施，为游客提供安全、舒适的休闲环境。

①步道建设：步道采用环保材质，确保游客在步行过程中能够舒适地欣赏红树林美景，同时减少对环境的影响。

②观景台设计：观景台设置在红树林景观的最佳观赏点，为游客提供宽广的视野和舒适的观赏环境。

③休息区规划：在游憩区内设置合理的休息区，为游客提供休息、餐饮、卫生等服务设施，以满足游客的基本需求。

（3）在环境教育方面，通过设立环境教育标识、举办科普活动等方式，提高游客的环保意识，促进生态保护与休闲游憩的和谐发展。

①设立环境教育标识：在游憩区内设置清晰的环境教育标识，向游客传达红树林生态系统的重要性以及保护环境的必要性。

②举办科普活动：定期组织科普讲座、生态导览等活动，邀请专家为游客讲解红树林生态系统的知识和保护方法，提高游客的环保意识和

科学素养。

③引导游客行为：在游憩区内设置行为准则提示牌，引导游客文明游览，减少对红树林生态系统的破坏和干扰。

通过以上 3 个方面的综合构建，打造一个既满足游客休闲游憩需求，又促进生态保护与可持续发展的慢行游憩系统。

4. 项目管理与监测

（1）在项目管理方面，为确保项目的顺利实施和达成既定目标，成立一个专业、高效的项目管理团队。

①项目规划与执行：项目管理团队制订详细的项目实施计划，包括时间节点、任务分配、资源调配等，确保项目按照既定目标和计划有序进行。

②监督与检查：团队定期对项目进度、质量、安全等方面进行监督与检查，确保各项任务按期完成并符合标准。

③风险管理：项目管理团队进行风险评估，制订风险应对计划，确保项目在面临各种不确定因素时能够稳健推进。

④沟通与协调：团队建立有效的沟通机制，确保项目各参与方之间的信息畅通，协调各方资源，共同推进项目实施。

（2）在监测评估方面，为确保红树林生态系统的修复工作取得实效，建立长期、全面的监测评估机制。

①监测指标设定：根据红树林生态系统的特点，设定合理的监测指标，如植被覆盖率、生物多样性、土壤质量等，以全面评估生态系统的恢复情况。

②定期监测与评估：建立定期监测制度，对红树林生态系统进行长期、连续的观测和记录。同时，组织专家对监测数据进行分析和评估，了解生态系统的恢复状况和趋势。

③反馈与调整：根据监测评估结果，项目管理团队及时调整修复策略和措施，确保项目的有效性和可持续性。对于存在的问题和不足，团队及时采取措施进行改进和优化。

④成果展示与宣传：通过定期发布监测报告、举办成果展示活动等方式，向公众展示红树林生态系统的修复成果，提高公众的环保意识和

参与度。同时，与相关部门和机构分享项目经验和做法，促进红树林生态系统的保护和修复工作在全国范围内的推广和应用。

　　5．总结与展望

　　三亚红树林生态公园的红树林生态修复项目是一项具有重要意义的生态保护工程。通过科学规划和实施，该项目成功恢复了红树林湿地系统，建立了慢行游憩系统，实现了生态保护与休闲游憩功能的有机结合。未来，应继续加强项目管理和监测评估工作，确保项目的长期稳定性和可持续性发展。同时，积极推广红树林生态修复的成功经验和技术方法，为其他地区的生态保护与修复工作提供借鉴和参考。

3.2.3　生态修复技术的评估

　　在生态修复过程中需要对修复效果进行评估以确保修复工作的有效性和可持续性。评估主要包括以下几个方面。

3.2.3.1　生态系统结构评估

　　生态系统结构评估是一个复杂而系统的过程，它旨在通过调查和分析一系列关键指标，如物种组成、种群数量、生物栖息地等，来深入了解生态修复前后生态系统结构的变化情况。

　　1．评估目的

　　生态系统结构评估的主要目的是了解生态修复措施对生态系统结构的影响，评估修复效果，并为未来的生态修复和管理提供科学依据。

　　2．评估指标

　　（1）物种组成：评估生态系统中物种的多样性、丰富度和特有性。通过对比修复前后的物种组成变化，可以了解生态系统的稳定性和恢复力。

　　（2）种群数量：分析关键物种和指示物种的种群数量变化，了解它们在生态系统中的地位和作用。种群数量的变化可以反映生态系统的健康状况和修复效果。

　　（3）生物栖息地：评估生态系统中各种生物栖息地的类型、面积、质量及其变化情况。生物栖息地是生物生存和繁衍的基础，其质量直接影响生态系统的稳定性和生物多样性。

3．评估方法

（1）实地调查：通过野外观察、样方调查、遥感监测等手段，获取生态系统结构的相关数据。实地调查是生态系统结构评估的基础，能够提供最直接、最真实的信息。

（2）数据分析：对收集到的数据进行统计分析，计算物种多样性指数、种群数量变化率、生物栖息地质量指数等指标。通过数据分析，可以量化评估生态系统结构的变化情况。

（3）对比分析：将修复前后的数据进行对比分析，了解生态系统结构的变化趋势和修复效果。对比分析是评估生态修复效果的关键步骤，能够帮助我们明确修复措施的有效性和可持续性。

4．评估结果

在物种组成方面：修复后生态系统的物种多样性、丰富度和特有性是否有所提高，是否恢复了原有的物种组成。

在种群数量方面：关键物种和指示物种的种群数量是否有所恢复或增加，它们在生态系统中的地位和作用是否得到加强。

在生物栖息地方面：各种生物栖息地的类型、面积、质量是否得到改善，是否能够满足生物的生存和繁衍需求。

5．建议与展望

建议：一是针对生态系统结构存在的问题，制定有针对性的生态修复和管理措施，加强生态系统的保护和恢复。二是加强监测和评估工作，定期评估生态系统的结构变化情况，及时调整修复和管理策略。三是加强科学研究和技术创新，提高生态修复的科学性和有效性，推动生态系统的可持续发展。

未来，应继续关注生态系统的结构变化情况，不断完善评估体系和方法，为生态系统的保护和恢复做出更大的贡献。

3.2.3.2　生态系统功能评估

生态系统功能评估是一个系统性的工作，它通过对生态系统中能量、物质和信息的流动与循环过程进行观察和测量，来全面评估生态修复对生态系统功能的影响。这一评估不仅关注生态系统内部的能量转换、物质循环和信息传递过程，还考虑这些过程在时间和空间尺度上的动态变化，以及它们如何影响生态系统的稳定性和恢复力。通过综合分析这些关键过程，能够更好地理解生态修复措施对生态系统功能的改善程度，为后续的生态修复和管理工作提供科学依据。

3.2.3.3　生态恢复度评估

生态恢复度评估是评估生态系统在经过修复措施后恢复效果的重要步骤。这一过程通过对比修复前后的生态系统状态和特征，如生物多样性、植被覆盖率、土壤质量等关键指标，来全面、科学地评估生态修复的效果和恢复程度。生物多样性的增加意味着生态系统稳定性和复杂性的提高；植被覆盖率的提升则反映了土壤保持和水源涵养能力的增强；而土壤质量的提升则直接关系到生态系统的生产力和健康状态。因此，生态恢复度评估不仅为评估生态修复效果提供了科学依据，也为后续生态修复和管理策略的制定提供了重要参考。

3.2.3.4　社会经济影响评估

社会经济影响评估是生态修复工作不可或缺的一环，它深入关注就业机会的创造、经济效益的提升以及区域发展的推动等多个方面，从而全面评估生态修复工作对社会经济的具体影响和贡献。在这一评估过程中，我们不仅要关注生态修复项目直接带来的经济效益，如新增就业岗位、提高当地产业产值等，还要分析其对区域经济发展模式、产业结构优化升级以及社会福祉改善等方面的长远影响。通过科学、系统的评估，我们能够更准确地把握生态修复工作的社会经济价值，为制定更加科学合理的修复策略和政策提供有力支持。

3.2.4　生态修复技术的管理

生态修复技术的管理是影响修复效果的核心环节。管理水平的高低直接关系生态修复工作的顺利进行以及修复效果的可持续性。在生态修复过程中，必须制订详尽且科学的管理计划和措施，确保每个步骤都经过精心策划和严密执行。管理不仅涵盖了对修复进展的实时监测和修复效果的定期评估，还包括了对修复成果的长期维护。因此，建立健全管理体系和机制，形成一套完整的管理流程，是确保生态修复工作长期效果的关键所在。通过精细化的管理，能够及时发现并解决修复过程中出现的问题，确保生态修复工作的顺利进行，并达到预期的修复目标。

3.3　林木花卉在环境保护中的作用

　　林木花卉在环境保护中发挥着多方面的作用。为了充分发挥其潜力，需要加强对林木花卉种植与培育技术的研究和推广，同时加强公众对环境保护的认识和参与度，共同推动生态文明建设。

3.3.1　空气净化和质量提升

　　空气净化和质量提升是环境保护和可持续发展的重要目标。林木花卉作为生态系统中不可或缺的一部分，发挥着至关重要的作用。它们通过光合作用，将二氧化碳转化为氧气，成为地球上氧气的重要来源之一。这一生物学过程不仅显著提高了空气中氧气的含量，满足了人类和生物对氧气的需求，还促进了空气的净化，减少了空气中的有害物质。

　　在空气净化方面，多种林木花卉展现出了出色的能力。例如，夹竹桃作为一种常见的观赏植物，对硫、氯、汞等有毒物质具有极强的吸收能力，被誉为"抗污冠军"。它通过叶片表面的气孔和内部的代谢过程，将空气中的有害物质吸收并转化为无害物质，从而有效地降低了这些物质在大气中的浓度。

　　此外，花草树木的叶子和根系中的微生物也起到了关键的作用。它们能够分解空气中的有害污染物，如挥发性有机化学物质（VOCs）。这些有害物质如果未经处理，可能在大气中转化为臭氧，对人类和生态环境造成危害。然而，通过花草树木及其根系微生物的分解作用，这些有害物质被转化为无害物质，从而降低了它们对空气质量的负面影响。

3.3.2　土壤改良和水土保持

　　土壤改良和水土保持是林业与生态环境治理中的关键环节。林木花卉的根系在土壤中形成复杂的网络结构，它们能够有效地固定土壤颗粒，从而防止水土流失。这些根系不仅能够增强土壤的抗冲刷能力，还能提高土壤的紧实度和稳定性，进一步保障土壤结构的完整性。

在降雨过程中，茂密的树冠起到了重要的缓冲作用。树冠能够截留部分雨水，减少雨滴对地面的直接冲击，从而显著减轻土壤侵蚀的程度。此外，树冠下的枯枝落叶层也能有效地减少雨滴的能量，进一步降低土壤侵蚀的风险。

树木的落叶和枯枝在分解过程中，能够释放大量的有机质和营养元素，这些物质被土壤微生物分解并转化为土壤养分，从而增加土壤的有机质含量。有机质含量的提高不仅能增强土壤的肥力，还能改善土壤的物理性质，如提高土壤的孔隙度和保水能力，使土壤更加松软、透气和保水。

对于盐碱土等低产土壤，通过合理的树种选择和种植技术，可以显著改善土壤的理化性质。一些耐盐碱的树种，如胡杨、怪柳等，不仅能够在盐碱环境下生存，还能通过其根系的活动促进土壤中盐分的淋洗和排出。同时，这些树种的落叶和枯枝也能为土壤提供养分，促进土壤肥力的提升。此外，通过种植绿肥作物、施加有机肥等措施，也能进一步改良盐碱土的理化性质，提高土壤的生产力。

3.3.3 生物多样性保护

生物多样性保护是生态保护的核心内容之一，而林木花卉作为自然生态系统中不可或缺的组成部分，为各种生物提供了宝贵的栖息地，显著促进了生物多样性的保护和恢复。从微小的微生物到庞大的哺乳动物，各类生物都与树木和花卉建立了紧密的生态联系，共同构建了一个复杂而脆弱的生态网络。

这种丰富的生物多样性对于生态系统的稳定性和健康至关重要。不同物种之间的相互依存和制约关系，形成了生态系统的自我调节机制，使得整个系统能够在一定程度上抵御外界干扰和破坏。同时，生物多样性的增加也提升了生态系统的服务功能，如空气净化、水源涵养、土壤保持等，为人类社会的可持续发展提供了坚实的生态基础。

在保护生物多样性的过程中，林木花卉的保护显得尤为重要。通过保护和恢复森林、草原、湿地等自然生态系统，为各类生物提供充足的栖息空间和食物来源，是维护生物多样性的关键措施之一。此外，加强科学研究，深入了解生物与环境的相互关系，制定科学合理的保护策略和管理措施，也是保护生物多样性的重要途径。

3.3.4　气候调节和碳汇功能

林木花卉作为自然界的绿色宝藏，不仅为生态环境增添了色彩，更在气候调节和碳汇功能方面发挥着举足轻重的作用。林木花卉能够吸收和储存大量的碳，成为地球上不可或缺的碳汇。通过光合作用，它们将大气中的二氧化碳转化为有机物质，并储存在植物体内及其根部的土壤中，有效地减少了大气中的温室气体含量，对于减缓全球气候变化、维护地球生态平衡具有极其重要的意义。

此外，树木在气候调节方面也扮演着关键角色。它们通过蒸腾作用释放水分，能够调节气温和湿度，为生物圈提供舒适的生存环境。在炎热的夏季，树木的树冠能够遮挡阳光，减少地表的太阳辐射，降低周围环境的温度。同时，树木的蒸腾作用还能够增加空气湿度，提高环境的舒适度。这种气候调节功能对于缓解城市热岛效应、改善人们的居住环境具有重要意义。

3.3.5　美化环境和提升生活质量

美化环境和提升生活质量是一个相辅相成的过程，而花卉在其中扮演着至关重要的角色。花卉以其绚丽多彩的花朵成为城市和乡村中不可或缺的美丽元素，它们点缀在街头巷尾、公园绿地和私人庭院中，为生活区域增添了一抹抹浪漫和愉悦的色彩。

花卉的美丽不仅仅体现在其外观上，它们还能给人们带来丰富的心理体验。科学研究表明，与自然环境接触，特别是与花卉的亲密接触，能够有效地缓解人们的压力，减轻焦虑和抑郁情绪，从而提高人们的心理健康水平。这种正面的心理效应进一步促进了人们整体生活质量的提升。

种植和培育林木花卉，不仅是对自然环境的贡献，更是对人们生活方式的一种改善。这些绿色植物能够净化空气、调节气候、保持水土，为人们创造一个更加宜居的生活环境。同时，参与花卉的种植和养护活动，也能让人们在忙碌的生活中找到一份宁静和乐趣，增强与自然的联系，丰富精神生活。

因此，种植和培育林木花卉不仅具有美化环境的作用，更是提升人们生活质量的重要途径。我们应该更加重视花卉的种植和养护工作，让它们在城市的每一个角落都绽放出美丽的光彩，为人们带来更多的幸福感和满足感。

3.4　案例分析

本节以浙江杭州西湖区双浦镇全域土地综合整治与生态修复为例，介绍成功的生态修复项目。

3.4.1　项目背景

浙江杭州西湖区双浦镇，曾是工业发展的热土，其辉煌历史见证了工业化的蓬勃进程。然而，随着工业的迅速扩张，这片土地也承受了沉重的环境压力，土地污染、生态破坏等问题逐渐浮出水面，成为制约区域持续发展的桎梏。为应对这一挑战，当地政府积极响应绿色发展的号召，启动了全域土地综合整治与生态修复项目。该项目不仅致力于恢复受损的生态系统，提升土地质量，更着眼于长远的可持续发展，通过科学规划、综合治理，为双浦镇的未来描绘了一幅绿色生态、宜居宜业的美好蓝图。

3.4.2　项目目标

第一，恢复和改善受损的生态系统，提高生物多样性。
第二，提升土地质量，增加土地生产力。
第三，打造宜居、宜业、宜游的生态环境，提高居民生活质量。

3.4.3 项目内容

在污染土壤修复方面：采取综合而科学的方法，运用物理、化学、生物等多种技术手段，对污染土壤进行精准而有效的修复。物理方法包括土壤翻耕、淋洗、电动修复等，旨在通过物理过程去除或转移污染物。化学方法则运用化学稳定剂、氧化剂、还原剂等，如采用化学稳定剂来固化土壤中的重金属，降低其生物可利用性。生物修复技术则借助自然或人工培育的微生物、植物等生物体，如利用特定微生物降解土壤中的有机污染物，通过生物降解和转化作用来降低污染物的毒性或去除污染物。这些方法各具特色，在实际应用中需根据污染物的性质、污染程度以及土壤特性等因素，综合考量、科学选择，以实现土壤修复的最佳效果。

在植被恢复与重建方面：遵循科学原则，首先深入分析土壤的物理、化学和生物特性，结合当地的气候条件及生态需求，精心选择适应当地生态环境的植物种类进行种植。这样的做法旨在确保植物能够在恢复区域稳定生长，进而有效提高土地覆盖率，减少水土流失。同时，植被的根系能够改善土壤结构，增强土壤透气性、保水性和保肥能力，进而提升土壤肥力，为整个生态系统的恢复与重建奠定坚实的基础。这一过程不仅促进了土壤健康的恢复，也促进了生物多样性的增加，为生态环境的持续改善创造了有利条件。

在水环境治理方面：采取综合措施对区域内的河流、湖泊等水体进行全面治理。通过清除水体内的垃圾、淤泥和其他污染物，致力于恢复水体的清澈与生态功能。此外，为了进一步增强水体的自然净化能力，我们着手建立生态护岸、湿地等自然生态系统，利用这些生态工程的自然过滤与净化作用，提升水质，确保水体健康，从而实现水环境的持续改善与生态恢复。

在景观建设方面：始终坚持以生态修复为基础，并在此之上精心打造具有鲜明地方特色的生态公园和绿地。这些景观项目不仅致力于恢复和增强自然生态系统的稳定性和多样性，而且通过巧妙的设计，将地方文化、历史元素与现代审美相结合，形成独具特色的景观风貌。景观建设的目标不仅仅是美化环境，更重要的是提高居民的生活质量，为他们提供休闲、娱乐和亲近自然的场所。同时，这些充满生机的绿色空间也将成为城市或乡村的新名片，极大地增强区域的吸引力和竞争力。

3.4.4 项目实施效果

第一，生态系统得到有效恢复。通过项目的精心实施，双浦镇的生态系统已经展现出显著的恢复成效。首先，生物多样性得到了明显提高，这体现在动植物种群数量的增加和种类的丰富化上，表明生态系统内的食物链和生态平衡正在逐步稳定。其次，植被覆盖率大幅提升，不仅为当地提供了丰富的绿色资源，还增强了生态系统的固碳能力和气候调节功能。同时，土壤质量也得到了明显提高，土壤结构更加合理，肥力得到增强，为植物的生长提供了更好的土壤环境。最后，水体生态功能得到恢复，水质得到净化，水生态系统更加健康，为水生生物提供了更好的生存条件。这一系列的变化都充分证明，双浦镇的生态系统已经步入了健康、稳定的恢复轨道。

第二，土地质量得到提升。经过一系列科学的修复措施，受损土地的物理、化学和生物特性得到显著改善，土地肥力得以恢复，从而提升了土地的生产力。这不仅为农业生产提供了坚实的基础，保障了农作物的稳定产量和优良品质，同时为农民带来了实实在在的收益。农民的收入随着土地生产力的提升而增加，进一步提高了他们的生活水平，促进了农村经济的可持续发展。

第三，居民生活质量提高。随着项目的实施，双浦镇的生态环境得到了全面而显著的改善。清洁的水源、繁茂的植被、宜人的气候，以及更加完善的公共设施，共同营造了一个宜居、宜业、宜游的优质生活环境。居民们可以尽情享受这一美好变化带来的益处，无论是日常休闲，还是工作创业，都变得更加舒适和便捷。同时，他们对生态环境的满意度和幸福感也随之大幅提升，这进一步促进了社区的和谐与繁荣。

3.4.5 项目经验总结

一是科学规划。在项目实施前，科学规划是确保生态修复工作顺利进行的首要步骤。首先要进行深入的现场调查，全面了解区域生态系统的受损程度、受损原因以及潜在的自然恢复能力。然后通过收集和分析数据，结合生态学、环境科学等专业知识，能够准确识别出生态系统的主要问题和修复需求。基于这些调查结果，制订详细的修复方案，明确修复的目标、内容、方法和步骤。这个方案将遵循生态修复的科学原则，确保修复工作的针对性、可行性和可持续性，为实现生态系统的健康恢复奠定坚实基础。

二是综合治理。生态修复确实是一个复杂的系统工程，它要求我们从整体出发，对土壤、水体、植被等多个生态要素进行全方位、多角度的考量。在项目实施过程中，必须采取综合治理的方式，这意味着要摒弃单一修复手段的局限性，而是要根据具体情况，综合运用物理、化学、生物等多种技术手段。物理修复手段如土地平整、地形改造等，能够直接改善生态环境的基本条件；化学修复手段如添加改良剂、调整pH等，可以针对特定污染物质进行有效治理。而生物修复手段如植被恢复、微生物修复等，则能够激发生态系统的自我修复能力，实现生态平衡的良性循环。通过这种综合治理的方式，我们能够更加科学、高效地完成生态修复任务，为生态系统的健康可持续发展提供有力保障。

三是公众参与。生态修复工作不仅是一项技术性的工程，更是一项关乎广大居民福祉的民生工程。因此，在项目的规划、实施和评估过程中，必须高度重视公众的参与。通过举办公众听证会、座谈会等形式，广泛征求居民的意见和建议，使他们的声音能够得到有效的传递和反馈。同时，加强与居民的沟通和交流，向他们普及生态修复的知识和重要性，增强他们的环保意识和参与意愿。这样不仅能够确保生态修复工作更加符合居民的实际需求，还能够提升居民的参与感和归属感，形成全社会共同关注、共同参与的良好氛围。

四是长期监测。生态修复并非一蹴而就的短期任务，而是一个长期且复杂的过程，它要求对修复效果进行持续、细致的监测和评估。在项目实施后，必须建立起一套完善的长期监测机制，以确保修复效果的稳定性与可持续性。这包括定期对修复区域进行生态指标测量、数据收集与分析，以及通过专家评估或公众反馈来获取修复效果的直接信息。通过这样的长期监测，能够及时发现问题、调整修复方案和方法，确保生态修复工作始终沿着科学的轨道前进，最终实现生态系统的健康、稳定和可持续发展。

3.4.6 结论

浙江杭州西湖区双浦镇全域土地综合整治与生态修复项目是一个成功的案例。通过项目实施，受损的生态系统得到有效恢复，土地质量得到提升，居民生活质量得到提高。该项目的成功实施为其他地区的生态修复工作提供了有益的借鉴和参考。

第 4 章　林木花卉种植与气候变化的应对

林木花卉种植与气候变化的应对紧密相连。在应对气候变化的过程中，种植适应性强、具有碳汇功能的林木花卉成为关键措施之一。通过选择具有抗逆性的品种、优化种植布局、采用科学的种植技术，林木花卉种植不仅能美化环境、提供生态服务，还能有效地缓解温室效应，促进生物多样性的保护。同时，合理的林业管理也能提升土壤质量，增强生态系统对气候变化的适应能力。

4.1 气候变化对生态系统的影响

气候变化对生态系统的影响深远且复杂，涉及多个方面的生态过程和生物多样性。

4.1.1 物种灭绝

物种灭绝是生态系统中一个严峻的问题，气候变化更是加剧了这一趋势。随着全球变暖的加剧，许多动植物因无法适应新的环境条件而面临灭绝的风险。特别是那些对温度敏感的物种，如极地动物北极熊和企鹅，以及热带雨林中的众多珍稀物种，都因气候变化而失去了原有的栖息地。这些物种的消失不仅是生物多样性的巨大损失，更对生态系统的稳定性和平衡性造成了难以挽回的破坏。因此，我们必须正视气候变化对物种生存的威胁，并采取有效措施减缓其影响，保护生态系统的完整性和可持续性。

4.1.2 生物地理分布变化

随着全球气温的升高以及降水模式的显著改变，许多生物种群不得不进行适应性迁移，以寻找更为适宜的生存空间。一些物种可能会向北或向南迁移，以应对温度的变化；而另一些则可能因降水量的增减而选择在海拔更高或更低的地区繁衍。这种生物地理分布的变化不仅直接影响了物种的种群数量和分布范围，还可能导致食物链和食物网的重组，进而改变物种间的相互作用模式。这些变化最终将影响到整个生态系统的结构和功能，甚至可能引发一些未知的生态风险。因此，对生物地理分布变化进行深入的研究，对于理解气候变化对生态系统的具体影响，以及制定有效的生态保护策略，具有至关重要的意义。

4.1.3　食物链破坏

气候变化对食物链产生了深远而复杂的影响。一方面，它通过直接作用导致某些物种的数量减少或消失，这些物种的消失不仅使它们自身的生存受到威胁，也使其作为食物链中的一环所依赖或捕食的其他物种面临食物来源的减少，从而引发整个生态系统的连锁反应。另一方面，气候变化还通过间接途径影响食物链，如极端气候事件频繁发生导致植物生长受阻，减产甚至死亡，进而影响以这些植物为食的草食动物，以及以草食动物为食的肉食动物的生存和繁衍。这种食物链的破坏将引发一系列的生态问题，如某些物种的种群数量锐减，甚至可能导致物种灭绝，对整个生态系统的平衡和稳定构成严重威胁。

4.1.4　海平面上升

海平面上升是气候变化带来的显著后果之一，它对全球的海岸线和海洋生态系统产生了深远影响。随着冰川融化和海水热膨胀的加剧，海平面不断上升，这不仅加剧了沿海地区的洪水风险，导致低洼地区频繁遭受洪涝灾害的侵袭，还严重威胁着沿海湿地的生态平衡。湿地作为重要的生态屏障，其破坏将直接影响到众多野生动植物的生存。同时，海平面上升也对珊瑚礁等海洋生态系统构成了巨大压力，这些脆弱的生态系统面临着被淹没和破坏的风险。此外，海洋酸化也是气候变化对海洋生态系统的另一个重要影响。由于吸收了大量由人类活动产生的二氧化碳，海洋的酸碱度正在逐渐降低，这对珊瑚礁等生物的生长和繁衍造成了严重威胁，可能导致珊瑚礁退化和海洋生物多样性的减少。这些影响相互交织，形成了一个复杂的生态问题，需要全球共同努力来应对。

4.1.5　水资源短缺

随着气候变化导致降水模式的不稳定和水资源的逐渐减少，干旱频发和降雨极端事件的增加对水生态系统造成了不容忽视的负面影响。湖泊和河流的水位显著下降，湿地面积日益缩减，这些变化不仅威胁着水生生物的生存与繁衍，更可能对整个生态系统的平衡与稳定造成长期影响。此外，水资源短缺还可能对农业灌溉、工业生产以及城市供水等人类活动产生严重影响，从而威胁到社会的可持续发展和人们的日常生活。因此，我们需要积极应对气候变化，采取有效措施保护和管理水资源，确保水生态系统的健康与稳定。

4.1.6　碳循环改变

气候变化对生态系统的碳循环产生了深刻且复杂的影响。随着气温的持续升高和降水模式的显著改变，生态系统的碳储存和释放过程遭受了严重干扰。这些变化不仅改变了植物的光合作用和呼吸作用，进而影响了植物对二氧化碳的固定和释放，还可能导致土壤碳储存的减少和微生物活性的变化。这些效应累积起来，可能导致大气中二氧化碳浓度的进一步增加，进而加剧了温室效应，形成了一个恶性循环，加剧了气候变化的速度和强度。因此，理解和应对气候变化对碳循环的影响，对于维护生态系统的碳平衡和减缓全球气候变化具有至关重要的意义。

4.2　林木花卉在缓解气候变化中的作用

林木花卉在缓解气候变化中扮演着举足轻重的角色，其作用主要体现在以下几个方面。

4.2.1　吸收与储存二氧化碳

吸收与储存二氧化碳是林木花卉在维护地球生态平衡中扮演的重要角色。这些植物通过光合作用，能够高效地将大气中的二氧化碳转化为有机物质，如葡萄糖和纤维素，进而储存在植物体内。这一过程不仅显著降低了大气中的二氧化碳浓度，有效地缓解了温室效应，还有助于减缓全球变暖的速度。树木和其他植物在生长周期内会不断地进行光合作用，从而持续不断地吸收并储存大量的二氧化碳，为地球环境的稳定与改善做出了巨大贡献。

4.2.2 调节气温

林木花卉在生长过程中，不仅为生态环境增添了美丽的色彩，还通过其独特的生理机制对气温产生显著的调节作用。白天，浓密的林冠如同天然的遮阳伞，有效地阻挡了太阳辐射直接照射地面，显著减少了地面的热量吸收，从而使地表温度得到降低。与此同时，树叶和枝干通过蒸腾作用，将水分转化为水蒸气释放到空气中，这一过程不仅促进了水分的循环，更在蒸发时吸收了大量的热量，使得周围的空气得以冷却，进一步降低了气温。这种通过遮挡阳光和蒸腾作用来调节气温的机制，对于缩小昼夜温差、稳定气候起到了至关重要的作用。

4.2.3 增加湿度

通过蒸腾作用，林木花卉在生长过程中会不断地将水分以气态形式释放到空气中，显著增加了空气的湿度。这一过程在干燥的气候条件下尤为重要，因为它能有效地缓解环境的干燥程度，为生物提供了更为适宜的生存条件。同时，这种水汽的释放也为降雨的形成提供了必要的水汽条件，增加了降雨的可能性。森林作为生态系统的重要组成部分，其蒸腾作用释放的大量水汽能够显著提升林内的空气湿度，使之远高于林外区域，这对于局部乃至更广区域的气候调节具有深远的影响，促进了生态系统的健康与稳定。

4.2.4 保护土壤与水源

林木花卉的根系如同大地的守护者，深入土壤，牢牢地固定着每一寸土地。它们通过根系网络，将土壤颗粒紧密连接在一起，有效地增强了土壤的凝聚力和稳定性，从而防止了水土流失的发生。与此同时，茂密的林冠层仿佛一把巨大的保护伞，能够截留雨水，减缓降水对地面的直接冲击，减少了地表径流和冲刷作用，保护了土壤层免受破坏。这种根系和林冠层共同构成的防护体系，对于维护水源地的生态安全具有不可或缺的作用。它不仅保障了水资源的稳定和可持续利用，还促进了生态系统的健康发展和生物多样性的保护。

4.2.5　净化空气与降低噪声

林木花卉不仅以其独特的美学价值为环境增色添彩，更在生态功能方面扮演着举足轻重的角色。它们通过光合作用等生物过程，能够吸收并转化空气中的有害物质，如二氧化硫、氟化氢等，这些物质在植物体内经过一系列复杂的生物化学转化，最终转化为无害或低害物质，从而起到了净化空气的重要作用。与此同时，茂密的树木和花卉还能作为天然的隔音屏障，通过其密集的枝叶结构有效吸收和隔挡噪声，减少声波的传播和反射，显著降低噪声污染对环境和周边居民生活的负面影响，为人们创造出一个更加宁静舒适的生活环境。

4.2.6　提供生物栖息地

林木花卉作为生态系统的重要组成部分，为各类生物提供了多样化的栖息地和丰富的食物来源。它们不仅是许多动物的庇护所，也是众多昆虫、鸟类和其他生物的繁殖地，从而极大地促进了生物多样性的丰富性。这种生物多样性的增加对于维持生态系统的稳定至关重要，因为它增强了生态系统的复杂性和韧性。同时，生物多样性的增加还有助于提高生态系统的自我修复能力，使其在面对自然灾害或人为干扰时能够更快地恢复平衡。此外，随着生物多样性的提高，生态系统对气候变化的适应能力也将得到增强，这对于我们应对全球气候变化挑战具有重要意义。

4.3　适应性种植策略与技术

适应性种植策略与技术涉及多个方面，需要综合考虑土壤、水分、病虫害、栽培管理等因素。通过科学合理的措施提高作物的适应性，可以降低生产风险，提高产量和品质，实现农业可持续发展。

4.3.1 土壤准备与品种选择

4.3.1.1 土壤准备

土壤准备是确保作物健康生长和提高适应性的关键环节。它涉及一系列科学而系统的步骤，首先是对土壤进行详尽的调查，以深入了解其酸碱度、有机质含量、水肥特性等关键指标，从而为后续的土壤管理提供科学依据。接着，通过深翻耕作，可以有效改善土壤的物理结构，增加土壤的通气性和保水性，为作物根系的发育创造良好环境。最后，在施肥环节，根据土壤调查的结果，科学合理地施用有机肥和化肥，为作物提供充足的营养物质，保障其正常生长和发育。这一系列土壤准备措施的实施，不仅能够提高作物的产量和品质，还能够促进土壤生态系统的健康和稳定。

4.3.1.2 品种选择

品种选择是农业种植中至关重要的一环。合理的品种选择不仅直接关联到作物的生长状况与最终产量，更是对适应性和可持续性的双重考量。在选择品种时，必须充分考量当地的气候条件、土壤类型和水分供应情况，确保所选品种能够在这些特定的自然条件下茁壮成长，从而最大化产量。此外，具备较强抗病虫害能力的品种同样不容忽视，它们能够在减少农药使用的同时，降低生产成本，对于维护农业生态系统的健康稳定同样具有重要意义。

4.3.2 水分管理技术

水分管理技术是提高作物生长质量和产量的关键环节。水分作为作物生长和发育的基石，其科学合理的管理对于增强作物适应性至关重要。这要求我们深入了解不同作物的生长周期和具体的水分需求，从而制订出精细化的灌溉计划。在作物生长的关键阶段，必须确保水分供应的充足与稳定，以支持其正常的生理代谢和生长发育。同时，为了实现水资源的可持续利用和降低灌溉成本，还应积极采用节水灌溉技术，如滴灌、渗灌等。这些技术通过精准控制水分的输送和分布，不仅能够有

效地减少水分的浪费，还能为作物提供更加适宜的生长环境，实现作物
产量和品质的双重提升。

4.3.3　病虫害防治技术

病虫害防治技术是确保作物健康生长、提高产量和质量的关键环
节。为了有效应对病虫害的威胁，需要采取科学、合理的防治措施。这
涵盖了生物防治、物理防治和化学防治等多种手段，每种手段都有其独
特的适用场景和优势。生物防治通过引入天敌、寄生菌等自然因素，构
建生态平衡，实现病虫害的自然控制，既环保又可持续；物理防治则借
助覆盖、隔离等物理手段，阻断病虫害的传播途径，防止其侵入作物生
长环境；化学防治在必要时，应选择低毒、高效、环保的化学农药，科
学使用，以最小的剂量达到最佳的防治效果，同时减少对环境和人体的
潜在风险。在实际应用中，应根据病虫害的种类、发生程度和作物生长
阶段，综合运用这些防治技术，以达到最佳的防治效果。

4.3.4　栽培管理技术

栽培管理技术对于提高作物的适应性具有至关重要的作用。科学合
理的栽培管理涉及多个方面，包括适时施肥、及时除草和合理疏密等措
施。适时施肥能够根据作物的生长阶段和营养需求，精准地提供所需营
养元素，确保作物健康生长；及时除草则能够减少杂草对作物生长的竞
争，优化土壤环境和资源利用效率；而合理疏密则能够调节作物之间的
空间布局，提高光照和通风条件，促进作物光合作用和生长发育。此
外，针对不同作物的生长习性和栽培环境，还可以采用地膜覆盖、温室
栽培等技术手段，创造适宜的生长条件，进一步增强作物的适应性，确
保作物在各种环境下都能获得良好的产量和品质。

4.3.5　作物适应性培育

作物适应性培育是提高作物应对多变环境能力的根本途径。这一过
程涉及多个层面的科学实践。首先，通过先进的育种技术，我们能够培

育出适应性更强、产量更高、品质更优的新品种，这些品种能在不同的气候、土壤条件下稳定生长；其次，借助生物技术手段，能够对作物的基因进行精准改良，增强其抗逆性和适应性，使作物在面对病虫害、干旱、盐碱等逆境时依然能够苗壮成长；最后，通过农业生态工程的实施，可以改善作物的生长环境，优化土壤结构、水分管理和生物多样性，从而提高作物的生态适应能力。这些综合措施的实施，不仅能够从根本上提高作物的适应性，降低农业生产风险，还能够实现作物产量和品质的双提升，为农业的可持续发展奠定坚实基础。

4.4 碳汇机制与林木花卉种植

碳汇机制与林木花卉种植之间存在紧密的联系。通过科学合理的种植策略和技术手段，可以充分发挥林木花卉在碳汇机制中的作用，为减缓全球气候变暖做出贡献。

4.4.1 碳汇机制概述

碳汇机制是应对全球气候变化的关键策略之一，它通过一系列自然或人为的方式，如植树造林、植被恢复等，有效地将大气中的二氧化碳吸收并固定在植被或土壤中，从而降低温室气体在大气中的浓度。这个过程涵盖了森林碳汇、草地碳汇、海洋碳汇等多种形式，它们各自在碳循环中扮演着重要的角色。其中，森林碳汇因其巨大的碳储存能力和显著的生态效益而备受瞩目。森林不仅能够通过光合作用吸收大量的二氧化碳，并将其储存在植物组织和土壤中，还能通过提高土壤质量、维护生物多样性等方式，进一步促进生态系统的稳定和健康。因此，积极推广和实施森林碳汇项目，对于减缓气候变化、保护生态环境具有重要意义。

4.4.2 林木花卉种植与碳汇机制的关系

4.4.2.1 吸收二氧化碳

林木花卉作为自然界的绿色使者，其独特的光合作用机制赋予了它们强大的生态功能。在光合作用过程中，林木花卉能够高效地吸收大气中的二氧化碳，并利用阳光的能量将其转化为有机物质，如葡萄糖，并储存于植物体内。这一过程不仅为植物提供了生长所需的能量和营养，同时是碳汇机制的核心环节，对于调节大气中的碳含量、减缓全球气候变暖具有不可或缺的作用。因此，保护和发展林木花卉，不仅能够美化环境，还能在应对全球气候变化中发挥重要作用。

4.4.2.2　土壤碳储存

土壤碳储存是维持生态系统健康的重要一环。林木花卉作为生物多样性的重要组成部分，其根系在土壤中生长时，通过吸收和释放碳元素，显著增加了土壤的有机质含量。这些有机物质不仅为土壤微生物提供了丰富的营养来源，促进了土壤微生物的活动，还增强了土壤的碳储存能力。此外，林木花卉的植被覆盖能够有效地减少土壤侵蚀和养分流失，保护了土壤的完整性和肥力，从而进一步提高了土壤的碳储存潜力。这种由林木花卉根系和植被覆盖共同作用的土壤碳储存机制，对于减缓全球气候变化、维持生态平衡具有重要意义。

4.4.2.3　生态系统稳定性

生态系统稳定性是生态系统保持其功能完整性和持续性的关键。林木花卉种植在维护生态系统稳定性方面发挥着重要作用，它们不仅能够为各种生物提供栖息地和食物来源，还能减少自然灾害的发生频率和强度。通过吸收和储存大量的二氧化碳，林木花卉成为生态系统中重要的碳汇，有助于缓解全球气候变暖。一个健康的生态系统，其林木花卉茂盛，生物多样性丰富，能够更有效地进行碳汇活动，从而进一步提高碳汇效率，减少温室气体排放，为地球环境的可持续发展提供有力支持。

4.4.3　林木花卉种植中的碳汇策略

4.4.3.1　树种选择

在林木花卉种植中，树种和花卉品种的选择至关重要。为了确保生态系统的健康发展和提高碳汇效率，我们应优先选择具有高碳汇能力的树种和花卉品种。这些品种通常具备快速生长、高生物量等特性，能够更有效地进行光合作用，从而吸收和储存大量的二氧化碳。通过精心选择这些品种，可以促进生态系统的碳汇功能，为减缓全球气候变暖做出积极贡献。同时，这样的选择还有助于丰富生物多样性，提高生态系统的稳定性和韧性。

4.4.3.2 造林密度

造林密度是森林管理中一项至关重要的因素，它对于提高碳汇效率具有显著影响。合理的造林密度能够确保林木之间既不过于拥挤，也不过于稀疏，从而优化林木的生长环境。过高的造林密度会导致林木之间的竞争加剧，争夺光照、水分和养分等资源，进而影响其生长速度和碳汇能力；相反，过低的造林密度则可能造成土地资源的浪费，降低单位面积内的碳汇效率。因此，在确定造林密度时，需要综合考虑树种特性、立地条件、经营目的等多种因素，以科学合理地确定最佳的造林密度，从而最大化地提高碳汇效率。

4.4.3.3 植被恢复

植被恢复是修复退化或受损生态系统、提升碳汇能力的关键步骤。在受损的生态环境中，通过补种适宜的林木花卉、实施抚育管理等措施，能够显著加速植被的重建与生长。这一过程不仅能够快速恢复生态系统的结构和功能，还能有效增加植被覆盖面积，提高生态系统的碳汇能力。随着植被的恢复，生态系统中的植物将大量吸收和储存大气中的二氧化碳，从而减少温室气体浓度，降低全球变暖的速率。因此，植被恢复是维护地球生态平衡、应对气候变化的重要策略之一。

4.4.4 林木花卉种植与碳汇机制的协同发展

4.4.4.1 政策引导

政策引导在推动林木花卉种植活动中扮演着至关重要的角色。政府应出台一系列有针对性的政策，以鼓励和支持这一绿色产业的发展。具体而言，政府可以提供财政补贴，降低种植者在购买苗木、肥料、农药等生产资料上的成本，从而减轻其经济负担；同时，实施税收优惠政策，如减免相关税收或提供税收返还，将进一步激发种植者的积极性。这些政策的实施不仅能够促进林木花卉种植业的蓬勃发展，还有助于提升生态系统的稳定性，为社会的可持续发展贡献力量。

4.4.4.2　技术支持

在推动林木花卉种植和碳汇机制的发展中，技术支持扮演着至关重要的角色。为了提升种植效率并优化碳汇效果，我们必须加强科技研发，不断推陈出新，积极推广先进的林木花卉种植技术和碳汇监测技术。这些技术不仅能够帮助我们更精准地掌握植物的生长规律和需求，实现科学种植和精细管理，还能够为碳汇机制提供更为准确、全面的数据支持，使我们能够更加准确地评估碳汇效果和贡献，为环境保护和可持续发展提供有力的科技支撑。

4.4.4.3　公众参与

在推动碳汇机制和林木花卉种植的发展过程中，公众的参与和支持是不可或缺的力量。为了提高公众对这两项环保事业的认识和参与度，我们需要采取一系列措施。首先，通过宣传教育，向公众普及碳汇机制和林木花卉种植的重要性、原理及其实践意义，增强公众对环保事业的认识和关注。其次，鼓励公众参与志愿服务活动，如参与植树造林、花卉种植等实践活动，亲身感受环保工作的艰辛和成果，从而激发他们对环保事业的热情和支持。这样的参与方式不仅有助于提升公众的环保意识，还能为碳汇机制和林木花卉种植的发展提供有力的人力支持和社会基础。

第 5 章　林木花卉种植
与水资源保护

林木花卉种植在水资源保护中发挥着重要作用。通过植被覆盖,林木花卉能够减少地表径流,增加土壤水分的渗透和存储,从而有效地缓解水土流失问题。同时,它们还能通过蒸腾作用调节空气湿度,促进水循环。此外,植被的根系能改善土壤结构,增加土壤含水量,进一步保护地下水资源。因此,合理种植林木花卉是保护水资源、维护生态平衡的重要措施。

5.1　水资源保护与生态系统健康

水资源保护与生态系统健康是相互依存、相互促进的关系。通过加强水资源保护,可以维护生态系统的健康;而健康的生态系统又能为水资源保护提供有力的支撑和保障。因此,我们应该采取综合措施,促进水资源保护与生态系统健康的协同发展。

5.1.1　水资源保护对生态系统健康的重要性

5.1.1.1　水资源是生态系统的基础

水资源作为生态系统的基础,承载着维系生物多样性的重任。水是生命之源,几乎所有的生命形式都需要通过水来维持其生存和繁衍。从微观的细胞代谢到宏观的生态系统循环,水都在其中发挥着不可替代的作用。水资源的数量和质量直接影响到生态系统的稳定性和健康,当水资源短缺或受到污染时,生态系统将面临崩溃的风险。因此,保护水资源、维护水生态平衡,对于维护整个生态系统的健康至关重要。

5.1.1.2　水资源保护与维护生物多样性

水资源保护对于维护生物多样性具有极其重要的意义。湿地、河流、湖泊等水域生态环境是众多生物种类赖以生存的家园,它们为各种生物提供了丰富的食物来源和栖息地。保护水资源意味着保护这些水域生态环境的完整性和稳定性,从而有助于维护生物多样性。通过实施有效的水资源保护措施,能够减少污染、防止过度开发和破坏,为生物提供一个安全、健康的生存环境,防止物种灭绝和生态失衡的发生,进而维护整个生态系统的健康和稳定。

5.1.2　水资源保护策略对生态系统健康的影响

5.1.2.1　水质保护

　　水质保护是确保水资源可持续利用的关键环节。防止水污染作为其核心任务,需要采取一系列科学有效的措施。首先,实施严格的排放标准,对工业废水和生活污水的排放进行严格监管,确保排放水质符合国家和地方的相关标准。其次,加强工业废水和生活污水的处理,通过采用先进的污水处理技术和设备,有效去除废水中的有害物质,降低其对水体的污染程度。这些措施的实施,能够显著降低水体中的有害物质含量,保护水生态系统的健康,为水资源的可持续利用提供有力保障。

5.1.2.2　水量保护

　　为了实现这一目标,需要合理开发和利用水资源,既要满足当前需求,又要考虑未来发展的需要。避免过度开采和浪费是首要任务,这要求我们在水资源利用过程中采取科学的管理措施,确保水资源的合理利用和节约。同时,通过建设水利工程、实施节水灌溉等有效措施,可以进一步提高水资源的利用效率,减少水资源的消耗和浪费。这些措施不仅能够缓解水资源短缺的问题,还能够减轻对生态系统的压力,维护生态平衡,实现水资源的可持续利用。

5.1.2.3　水生态保护

　　水生态保护是维护地球生态平衡和可持续发展的重要基石。要保护水生态系统中的湿地、河流、湖泊等自然水体,首先需要深入了解并尊重这些水体的自然规律和生态功能。通过实施科学的环境管理和保护措施,如限制污染排放、加强水污染治理、恢复水生植被等,可以有效地恢复和重建水生态系统的结构和功能。这不仅有助于提升水体的自我净化和修复能力,还能显著增强整个生态系统的稳定性和抵抗力,为生物多样性提供更为丰富的栖息地和食物来源,确保生态系统的健康和可持续发展。

5.1.3　生态系统健康对水资源保护的反馈作用

5.1.3.1　提供水资源涵养功能

　　生态系统在维护水资源涵养功能方面发挥着不可或缺的作用。一个健康的生态系统,特别是森林和湿地等自然植被,能够有效地涵养水源,通过其茂密的植被和复杂的土壤结构,吸收并储存雨水,从而增加土壤的水分含量,减少地表径流,降低水土流失的风险。这种涵养作用还能在干旱季节为生态系统提供稳定的水分来源,有助于维持生物多样性的稳定和生态平衡的保持。同时,通过涵养水源,这些生态系统还能在洪水季节发挥重要的调蓄作用,减轻洪水灾害对人类社会和环境的威胁。因此,保护和维护生态系统的健康,对于保障水资源的可持续利用和生态系统的稳定具有重要意义。

5.1.3.2　净化水质

通过植物、微生物等生物群落的协同作用,生态系统能够去除水体中的有害物质,有效改善水质。其中,生物降解、吸附和沉淀等过程是净化水体的主要机制。例如:湿地植物通过其根系和叶片,能够吸收并积累水体中的重金属和有毒物质,减少这些污染物对水体生态系统的危害。这种自然净化过程不仅有助于保护水资源的清洁与安全,也为维护生态平衡和生物多样性提供了重要支持。

5.1.3.3　维护水资源循环

维护水资源循环对于保障水资源的可持续利用至关重要。一个健康的生态系统通过其内部复杂的生物和物理过程,能够维持水资源的自然循环和补给。例如:植物通过蒸腾作用释放水蒸气,参与形成云层,进而引发降水,这一过程将水资源从地面输送到大气中,再通过降水回到地面,形成水资源的循环。同时,湿地、河流等生态系统也扮演着重要的水资源储存和净化角色,它们能够调节水量、改善水质,为水资源的可持续利用提供坚实的基础。因此,保护生态系统的健康与稳定,对于维护水资源循环、保障水资源的可持续利用具有重要意义。

5.1.4　综合措施促进水资源保护与生态系统健康

5.1.4.1　制定科学的规划和政策

为了实现水资源的可持续利用和生态系统的健康,政府必须发挥关键作用,制定科学的水资源保护规划和政策。这些规划和政策应明确水资源保护和生态系统健康的具体目标和任务,确保各项措施的有效实施。

同时,加强监管和执法力度也是至关重要的,通过建立健全的监测体系和严格的执法机制,确保各项规划和政策得以有效执行,防止和打击非法开采、污染水资源等行为,保护水资源的纯净性和生态系统的完整性。这样,才能确保水资源的可持续利用,为子孙后代留下一个清洁、健康的水环境。

5.1.4.2 加强科技支撑

为实现这一目标,我们需不断加强水资源保护和生态系统健康领域的科学研究,深入探索水资源的可持续利用途径和生态系统的稳定机制。同时,应积极推广先进的治理技术和方法,如智能监测技术、生态修复技术等,以提高管理效率和治理效果。这些科技支撑不仅能够为水资源保护和生态系统健康提供科学依据,还能促进相关领域的技术创新和产业升级,为实现水资源的可持续利用和生态系统的健康发展提供强大动力。

5.1.4.3 加强公众参与和教育

为了更有效地保护水资源和维护生态系统的健康,我们必须加强公众参与和教育。这涉及广泛而深入的宣传和教育活动,旨在提高公众对水资源保护和生态系统健康重要性的认识。通过普及科学知识,让公众了解水资源的有限性和生态系统的脆弱性,从而激发他们的保护意识。同时,鼓励公众积极参与到水资源保护和生态系统维护的行动中来,如参与植树造林、减少用水浪费、支持环保政策等。这样的公众参与不仅有助于形成全社会共同关注、共同行动的良好氛围,还能为水资源保护和生态系统健康提供坚实的社会基础。

5.2 林木花卉种植对水文循环的影响

林木花卉种植对水文循环的影响是复杂而多方面的,它通过影响降雨量、土壤保持、水源保护、蒸散作用以及地表径流与地下水补给等环节,促进水循环的稳定进行。这种影响不仅有利于生态环境的改善,还有助于人类社会的可持续发展。

5.2.1　降雨量

降雨量不仅受气候和地理因素影响,还深受植被覆盖特别是林木花卉种植的影响。林木花卉种植对降雨量的影响是多方面的。首先,植物通过蒸腾作用,将地下水分转化为水蒸气并释放到大气中,这些水蒸气随后上升参与云层的形成和发展,进而在适宜的条件下凝结成雨滴,降落到地面,对降雨量和降雨分布产生直接影响。其次,林木花卉的林冠层对降雨具有显著的截留作用。当雨水降落到树冠时,一部分雨水被叶、枝、茎等拦截,无法直接渗透至地面,这部分截留的雨水通过蒸发作用再次进入大气,增加了大气中的水汽含量,从而影响了降雨的模式和强度。因此,林木花卉种植不仅通过蒸腾作用影响降雨的生成,还通过林冠层的截留作用对降雨模式产生调节作用,这构成了植被与降雨之间相互作用的复杂网络。

5.2.2　土壤保持

土壤保持是生态环境保护中不可或缺的一环,而林木花卉种植在这一过程中扮演了至关重要的角色。树木和植被的根系不仅深入土壤,形成庞大的网络结构,牢牢固定土壤颗粒,有效地防止了水土流失和土地沙漠化;同时,这些根系还起到了海绵般的作用,通过吸收和储存雨水,显著减缓了地表径流的速度,避免了因暴雨导致的洪水和土地侵蚀。更为重要的是,植物通过光合作用将大气中的二氧化碳转化成有机物,这些有机物通过植物残体、落叶等形式回归土壤,不仅为土壤提供了丰富的养分,还促进了土壤微生物的活跃,使土壤更加肥沃,为植物的生长提供了良好的环境,从而形成了一个良性的生态循环。

5.2.3　水源保护

林木花卉种植在保护水源方面扮演着举足轻重的角色。首先,植物和树木通过其庞大的叶片和枝干系统,能够大量吸收和过滤雨水中的杂质,有效地降低水体中的污染物质含量,从而起到净化水质的作用。其次,树木的根系深入土壤,形成密集的网状结构,这些根系不仅能够固定土壤,防止水土流失,更能将地表水分逐渐输送到地下水层,为地下水提供持续的补给,维持地下水位的稳定。这种自然的水循环过程,不仅确保了人类能够获得清洁的饮用水源,同时促进了整个水循环系统的平衡与稳定,对于维护生态环境的健康至关重要。

5.2.4 蒸散作用

蒸散作为水文循环的关键环节,不仅决定了水分从地表和植物表面蒸发进入大气的速率,也深刻影响着整个生态系统的水分平衡。林木花卉的种植显著增加了植被覆盖度,进而增强了地表的蒸散能力。这种增强的蒸散作用,使得更多的水汽被释放至大气中,这些水汽在适宜的条件下会形成云团,进而参与降雨过程,从而影响降雨分布和强度。此外,蒸散作用在降低地表温度、调节土壤湿度方面发挥着重要作用,这有助于创造一个更加宜人的微气候环境,进一步促进了水循环的稳定和高效进行,为生态系统的可持续发展提供了有力保障。

5.2.5 地表径流与地下水补给

林木花卉种植对地表径流和地下水补给具有显著而积极的影响。首先,植被的增加显著降低了地表径流的量。当降水发生时,林木花卉的枝叶和凋落物能够像天然的屏障一样截留部分降水,进而降低水流的速度,有效地减缓了汇水过程。这种减缓作用为水分提供了更多的时间和机会下渗到土壤中,而非直接形成地表径流流失。通过这种方式,林木花卉种植不仅减少了洪涝灾害的风险,还促进了土壤水分的储存。同时,更多的水分下渗到土壤中,也增加了地下水的补给量,有助于维持地下水位的稳定,对于保障水资源的安全和可持续利用具有重要意义。

5.3 水源涵养林的建设与管理

水源涵养林的建设与管理需要从规划与设计、建设措施、管理与维护、宣传与教育等多个方面入手,采取科学合理的措施,提高水源涵养林的建设和管理水平,为维护生态平衡、保障水资源安全做出贡献。

5.3.1 规划与设计

5.3.1.1 区域选择

水源涵养林的建设应高度重视地理位置的选择,优先着眼于河川上游、湖泊、水库等关键水源地。这些区域不仅直接关系到水源地的水质与水量,更是保障区域生态安全和人类用水需求的关键所在。通过在这些区域科学规划和种植水源涵养林,可以有效地减少水土流失,增强土壤保水能力,进而提升水源地的水质和水量稳定性。此举对于维护生态平衡、促进水资源的可持续利用以及保障人类生活用水安全都具有极其重要的意义。

5.3.1.2 生态评估

生态评估是项目规划初期不可或缺的一环,旨在确保建设活动与自然环境的和谐共生。在建设前,必须对选定区域进行全面细致的生态评估。这一评估过程包括深入调查当地的植被覆盖情况,分析其多样性、生态功能及潜在威胁;同时,对土壤质量、类型及肥力进行评估,以明确其对植物生长和生态系统稳定性的影响。此外,还需详细研究当地的气候特征,如温度、降水、风向等,以预测未来气候变化对生态环境可能带来的风险。通过综合考量这些生态要素,能够制订出既符合经济发展需求,又保障生态安全和生物多样性的建设方案,实现人与自然的和谐共生。

5.3.1.3 树种选择

树种选择直接关系到生态系统的稳定性和可持续性。在树种的选择上,必须充分考量区域特点和生态需求,确保所选树种能够与当地环境相契合。优先选择那些生长迅速、适应性强的树种,它们能够在短时间内形成有效的生态屏障,提高植被覆盖率。同时,涵养水源效果好的树种也是不可或缺的,它们能够有效地保持土壤水分,减轻水土流失,对维护生态平衡具有重要意义。通过科学合理地选择树种,能够构建一个健康、稳定的生态系统,为居民提供优美的生活环境。

5.3.2 建设措施

5.3.2.1 造林种草

造林种草是一项至关重要的生态工程,它不仅能够显著增加地表的植被覆盖,有效地减少因风雨侵蚀带来的水土流失,还能显著提升土壤的蓄水能力,进而改善土壤结构,促进生态系统的良性循环。在实施造林过程中,必须科学规划,注重树种的选择与搭配,以及不同树种之间的混交比例。合理的树种搭配和混交比例能够增强林分的多样性,提高林分的稳定性和抵抗力,进而增强生态效益,如提高空气质量、调节气候、保护生物多样性等。通过这样的科学造林,能够更好地实现生态修复和环境保护的目标。

5.3.2.2 封山育林

封山育林是一种有效的生态恢复手段,特别适用于植被遭受严重破坏、水土流失问题突出的地区。在实施这一措施时,首先需要对这些区域进行封闭管理,禁止或限制人类活动,以减少对生态系统的进一步干扰。随后,通过自然恢复机制,如种子的自然散播、幼苗的自然生长等,逐步恢复植被。同时,结合人工促进手段,如补植、抚育管理等,加速植被恢复进程,提高植被的质量和数量。封山育林不仅有助于恢复生态系统的稳定性和多样性,还能有效地增强水源涵养能力,改善区域水文循环,减少水土流失,为当地生态环境的改善和可持续发展奠定坚实基础。

5.3.2.3 沟坡造林

在沟坡地带实施造林工程,必须充分考虑该地区的自然条件和生态特征,因地制宜地制订造林方案。首先,应全面评估沟坡的坡度、土壤质地、水源状况等关键要素,以选取与之相匹配的树种。其次,选择具有良好水土保持能力和生态适应性的树种进行种植,如根系发达、生长迅速的树种,它们能够有效固定土壤,减少水土流失。同时,这些树种还应具备一定的水源涵养能力,以保护并改善沟坡地带的生态环境。通过科学规划和合理布局,沟坡造林不仅能够有效地防止水土流失,还能为当地水源提供保护,促进生态平衡的维持和生态环境的改善。

5.3.2.4 蓄水保林耕作

在坡耕地上,为了有效地减少水土流失、增强土壤肥力和提高农作物产量,可采取蓄水保林的耕作措施。这一策略的关键在于因地制宜,采用诸如等高种植、带状间作等先进的耕作方法。等高种植是依据坡面的自然坡度,沿着等高线方向进行耕作和种植,这种方式有助于减缓地表径流,防止水流冲刷坡面,进而减少水土流失。带状间作则是在坡面上交错种植不同作物,形成带状结构,既能保持土壤湿度,又能提高土地利用率,增加作物多样性,进一步改善土壤结构,提高土壤肥力。通过这些科学的耕作措施,能够在保护生态环境的同时,实现农业生产的可持续发展。

5.3.3　管理与维护

5.3.3.1　林业执法

加强林业执法力度,是维护生态平衡和可持续发展的重要保障。在这一过程中,必须严厉打击乱砍滥伐、非法侵占林地等违法行为,以确保水源涵养林的安全和完整。这些违法行为不仅严重破坏生态环境,影响水源涵养功能,还可能对当地生态系统造成不可逆的损害。因此,必须加大执法力度,强化执法监管,对违法行为进行严肃查处,并依法追究相关责任人的法律责任。同时,加强林业法律法规的宣传教育,提高公众的林业保护意识,形成全社会共同参与林业保护的良好氛围。这样,才能有效地保护水源涵养林,维护生态平衡,为子孙后代留下一个宜居宜业的美丽家园。

5.3.3.2　护林员管理

建立健全护林员管理制度是确保森林资源得到有效保护的关键措施。首先,需要制定详细且实用的管理规章制度,明确护林员的职责、权利和义务,以及考核和奖惩机制。其次,加强护林员的培训至关重要,通过定期举办专业技能培训班、实地操作演练等方式,提升护林员对森林资源保护的认识和专业技能,使他们能够熟练掌握森林防火、病虫害防治、野生动植物保护等方面的知识和技能。同时,还应注重培养护林员的工作责任心和使命感,通过宣传教育和激励措施,激发他们的工作热情和积极性。这样,不仅能够提高护林员的整体素质,还能够确保森林资源得到更加全面、有效的保护。

5.3.3.3　监测与评估

监测与评估是水源涵养林管理的重要环节,该环节需要定期、系统地收集和分析林分的生长数据、水源涵养效果以及其他相关指标。通过科学的监测方法,能够准确了解水源涵养林的生长状况,包括树木的成活率、生长速度、健康状态等,以及林分对水源的涵养效果,如土壤水分的保持、径流调节等。这些数据可为制定和调整水源涵养林的管理策略提供科学依据,有助于更好地保护水源、维护生态平衡,并实现水源涵养林的可持续发展。

5.3.3.4　病虫害防治

在加强病虫害防治工作中,需要采取一系列科学、系统的防治措施。首先,应优先考虑生物防治手段,利用天敌昆虫、微生物等自然敌人来抑制病虫害的繁殖,这种方式对环境友好且可持续。其次,物理防治方法也是重要的一环,如设置物理屏障、调整种植密度等,以减少病虫害的传播途径。当然,在必要情况下,也需要采用化学防治手段,但应严格遵循安全、高效、低毒的原则,选用合适的农药,并严格按照使用说明进行操作,以避免对环境和人体健康造成不良影响。通过综合运用生物防治、物理防治和化学防治等多种手段,能够有效地减少病虫害对林分的危害,保障林木的健康生长。

5.3.4　宣传与教育

5.3.4.1　宣传水源涵养林的重要性

为了全面提升公众对水源涵养林重要性的认识,需要通过多元化的渠道进行广泛宣传。水源涵养林在维护生态平衡、保障水资源安全等方面扮演着至关重要的角色。它们不仅能够调节气候、保持水土、净化空气,还是众多生物的栖息地,对于维护生物多样性至关重要。同时,水源涵养林作为重要的生态屏障,能够有效地减少自然灾害的发生,保障水资源的可持续利用。因此,应当充分利用新闻媒体、社交网络、教育讲座等渠道,向公众普及水源涵养林的功能和价值,提高公众的环保意识,并鼓励大家积极参与到水源涵养林的保护和建设工作中来,共同守护我们的绿水青山。

5.3.4.2　开展教育活动

为了提升公众对水源涵养林重要性的认识和了解,需要积极开展一

系列相关教育活动。这些活动应包括但不限于举办专题科普讲座,邀请
生态学专家或林业领域的权威人士,为公众深入浅出地讲解水源涵养林
的生态功能、保护意义以及科学管理方法。同时,组织实地考察活动也是
必不可少的环节,通过实地参观水源涵养林,让公众亲身感受其生态价值
和美丽景观,从而更加深刻地认识到保护水源涵养林的紧迫性和必要性。
这些教育活动旨在提高公众对水源涵养林的科学认知,激发公众的环保
意识,共同参与到水源涵养林的保护和建设中来。

5.4　节水灌溉技术与水资源利用效率

　　节水灌溉技术是提高水资源利用效率的重要途径之一。通过采用节
水灌溉技术,可以减少水资源的浪费和损失,提高灌溉效率,改善土壤结
构,促进作物生长和发育,从而实现水资源的可持续利用和农业生产的持
续发展。

5.4.1　节水灌溉技术的重要性

　　节水灌溉技术的重要性不容忽视,它采用科学、合理的灌溉方式,旨
在最大限度地减少水资源的浪费,并显著提升灌溉效率。在保障农业生
产持续发展的同时,节水灌溉技术对于水资源的可持续利用具有深远的
影响。通过精确控制灌溉水量和频率,该技术不仅有效地降低了农田灌溉
过程中的水资源消耗,还促进了土壤结构的优化,增强了土壤的保水保肥能
力。此外,节水灌溉技术还有助于提高作物产量和品质,为农业生产带来更
大的经济效益和社会效益。因此,广泛推广和应用节水灌溉技术,对于保障
我国农业生产的可持续发展和水资源的可持续利用具有重要意义。

5.4.2　节水灌溉技术的主要类型

5.4.2.1　渠道防渗技术

　　渠道防渗技术对于水资源的有效利用具有显著意义。在实际应用

中,首先,需要关注渠道的结构设计,通过优化其断面形状、尺寸以及衬砌方式,来减少水流过程中的阻力与湍流,从而降低水资源的物理损耗。其次,采用高性能的防渗材料是关键步骤,这些材料不仅能够有效地阻止水分子的渗透,还能提高渠道的耐久性和抗老化能力。通过这两种方式,渠道防渗技术可以大幅减少水在渠道输送过程中的渗漏损失,从而提高水资源的利用效率。这不仅有助于保障农业生产的稳定供水,还能在工业生产、城市生活等领域发挥重要作用,对实现水资源的可持续利用具有重要意义。

5.4.2.2 管道输水技术

管道输水技术是一种高效、环保的灌溉方式,它通过精心设计的管道系统,将水直接输送到田间,从而显著减少了水在输送过程中的蒸发和渗漏损失。这种技术不仅提高了水资源的利用效率,而且保证了农田灌溉的及时性和均匀性。通过精确控制水流速度和流量,管道输水技术可以确保水分均匀分布到每块田地,有效地避免了因灌溉不均导致的作物生长差异。此外,管道输水技术还减少了传统灌溉方式中水渠建设、维护和管理所需的人力和物力投入,降低了灌溉成本。因此,管道输水技术是实现节水灌溉、提高农业生产效益和保障水资源可持续利用的重要技术手段。

5.4.2.3 喷灌技术

喷灌技术是一种高效的节水灌溉方式,它通过专门的喷灌设备将水加压后喷洒到空中,形成细小的水滴,这些水滴能够均匀且轻柔地降落在作物上,为作物提供所需的水分。这种灌溉方式不仅实现了水资源的节约利用,同时提高了灌溉的均匀性和效率。喷灌技术尤其适用于大面积、地形起伏较大的农田,它能够克服地形带来的灌溉难题,确保作物在生长过程中获得充足且均匀的水分供应。此外,喷灌技术还能够调节农田小气候,改善作物生长环境,为作物生长提供更为有利的条件。

5.4.2.4 滴灌技术

滴灌技术是一种先进的灌溉方式,它通过精密的管道系统将水直接输送到作物根部,以微小的流量进行精确灌溉。这一技术最大限度地减少了水的蒸发和渗漏损失,显著提高了灌溉水的利用效率,从而实现了高效节水。滴灌技术不仅能够在节约水资源的同时,满足作物生长的需求,还能通过精准控制水分供应,改善土壤环境,提高作物的产量和品质。此外,滴灌技术还具有操作简便、灵活性强等优点,适用于各种地形和作物的种植方式,对于推动农业可持续发展具有重要意义。

5.4.3　节水灌溉技术提高水资源利用效率的途径

5.4.3.1　精确控制灌溉量

节水灌溉技术展现出了其卓越的精确控制能力,它不仅能够根据作物生长的具体需求以及土壤水分状况,进行精准的计算和评估,而且能够合理安排灌溉时间和灌溉量。这一技术的应用有效避免了过量灌溉导致的水资源浪费,同时确保了作物能够在最适宜的条件下生长,从而提高了灌溉效率和作物产量。这种科学、合理的灌溉方式不仅促进了农业生产的可持续发展,也为水资源的节约和保护做出了重要贡献。

5.4.3.2　提高水的利用效率

通过节水灌溉技术的引入和应用,显著提高了水的利用效率。这种技术能将水源直接、精确地输送到作物根部,大幅减少了水分在传输过程中的蒸发和土壤渗漏所造成的损失。此外,滴灌技术更是将肥料和农药与水混合后一同输送到作物根部,确保养分和防治物质能够直接作用于作物,从而显著提高了肥料和农药的利用率。这种综合效益不仅有助于节约水资源,也减少了化肥和农药的使用量,为农业生产提供了更加高效、环保的解决方案。

5.4.3.3　改善土壤结构

节水灌溉技术在改善土壤结构方面发挥着至关重要的作用。它不仅能够持续保持土壤湿润,为作物生长提供适宜的水分环境,促进作物根系的健康发育,而且通过精细控制灌溉量和灌溉频率,有效减少了土壤中的盐分积累,缓解了土壤盐碱化问题。此外,合理的灌溉方式还有助于减少土壤板结现象,使得土壤保持疏松、透气的状态,从而提高了土壤的通气性和保水能力。这些改善土壤结构的措施,共同促进了土壤质量的提高,为作物生长创造了更加有利的条件。

5.4.3.4　促进作物生长

节水灌溉技术以其精准调控的能力,为作物生长提供了至关重要的水分和养分供应。它不仅能够根据作物不同生长阶段的需求,精确控制灌溉量和灌溉时间,确保作物在关键生长期得到充足而不过量的水分,从而有效地促进作物的生长和发育。这种科学的管理方式不仅提高了作物的抗旱能力和生长势,还有助于优化作物生长环境,进一步提升作物产量和品质。因此,节水灌溉技术对于促进作物生长、实现农业可持续发展具有重要意义。

5.4.4　节水灌溉技术的推广与应用

为了充分发挥节水灌溉技术在水资源利用效率方面的作用,迫切需要加强其推广与应用。首先,政府应当加大在节水灌溉技术方面的投入和支持力度,积极引进国内外先进技术,并加强自主研发,推动技术创新。同时,通过设立示范点、举办技术交流会等方式,加强节水灌溉技术的示范推广,使更多农民了解到这一技术的优势和效果。其次,政府还应提供广泛的培训和指导服务,确保农民能够深入理解节水灌溉技术的原理,掌握其操作方法和注意事项,从而在农业生产中熟练运用该技术,提高水资源的利用效率,实现农业可持续发展。

第 6 章　生物多样性与
林木花卉种植

生物多样性与林木花卉种植之间存在着密切的互动关系。林木花卉种植不仅为各类生物提供了栖息地,促进了物种的繁衍与生长,同时对生物多样性产生了显著影响。通过合理的种植规划和选择适应性强的树种与花卉,可以有效保护和增强生物多样性,维护生态系统的平衡和稳定。同时,生物多样性的丰富程度也反映了林木花卉种植的合理性和成效。

6.1　生物多样性的重要性

生物多样性的重要性体现在维持生态平衡、提供生态系统服务、保持基因库、文化意义以及对社会经济发展的推动作用等多个方面。因此,保护和维护生物多样性对于人类的长期发展和生存都至关重要。

6.1.1　维持生态平衡

生物多样性作为生态平衡的基石,其在生态系统中发挥着不可替代的作用。在复杂而精细的生态网络中,不同生物之间以及生物与环境之间构建了一种微妙的相互依存关系。这种关系不仅确保了生态系统内部的稳定性,也促进了其可持续发展。当生物多样性保持在一个较高的水平时,食物链和食物网的结构将更为复杂,各种生物之间的相互依赖和制约关系也更为紧密。这种紧密的联系有助于生态系统在面对外界冲击时展现出更强的韧性和恢复力,从而更有效地维护生态平衡的稳定。

6.1.2　提供生态系统服务

生物多样性对于人类而言,不仅是大自然的瑰宝,更是提供了丰富多样的生态系统服务。首先,它直接支持了人类的基本生活需求,为我们提供了丰富的食物来源,保障了人类的食物安全;同时,生物多样性还滋养了水源,保证了人类饮用水的质量和数量。其次,生物多样性在维护地球环境方面发挥着不可或缺的作用,它通过水源涵养、空气净化、土壤保持等生态过程,维系着生态系统的健康和稳定;此外,生物多样性还对气候调节产生重要影响,有助于减缓气候变化的速度和程度。这些生态系统服务对于保障人类生存、促进可持续发展具有至关重要的意义。

6.1.3　保持基因库

生物多样性不仅是地球上所有生物基因库的源泉,更是推动科学进步和社会发展的强大动力。它所蕴含的丰富生物种类和生态系统,为科学研究提供了无法估量的基因资源。这些基因资源在多个领域都展现出巨大的应用潜力。在农业领域,通过挖掘和利用这些基因资源,科学家们能够培育出具有更高产量、更强抗逆性和更优品质的作物新品种,进而提升农业生产的效率和质量。在医学领域,基因资源的开发为新药研发提供了丰富的物质基础,有望为治疗各种疾病提供新的解决方案。此外,在工业领域,基因资源的利用同样促进了技术创新和产业升级,推动了工业领域的可持续发展。因此,保护生物多样性、维护基因库多样性,对于促进人类社会的全面进步和发展具有重要意义。

6.1.4　文化意义

文化意义在生物多样性中扮演着不可忽视的角色。在丰富多彩的人类文化中,生物多样性承载了深远而独特的象征与意义。许多文化中,动植物不仅是自然界的一部分,更是被赋予了神圣的地位,它们承载着人们的信仰、情感与期望,成为文化中不可或缺的元素。生物多样性的丰富性,无疑凸显了地球生命的多样性和独特性,为人类社会提供了宝贵的机会去深入探索自然的奥秘,进一步了解生命的本质。同时,生物多样性也成为旅游业的重要资源,吸引了来自世界各地的游客前来欣赏和体验自然的美丽与奇妙,从而促进了文化交流与经济发展。

6.1.5　对社会经济发展的推动作用

生物多样性对社会经济发展的推动作用不言而喻。首先,它作为人类赖以生存的基础,提供了丰富的食物、药品和原材料资源。从农田到餐桌,从药箱到医疗,许多关键的农作物和药物都源自自然界的生物多样性。其次,生物多样性对于维持生态系统的稳定和功能具有不可替代的作用。健康的生态系统能够提供多种生态服务,如水源涵养、土壤保持、气候调节等,这些服务对于农业生产的稳定、水资源的有效管理以及应对气候变化等都具有至关重要的意义。最后,生物多样性还极大地丰富了旅游资源和文化内涵,为旅游业和文化保护等领域的发展提供了源源不断的动力。因此,保护生物多样性不仅是维护自然生态平衡的需要,更是推动社会经济可持续发展的必然选择。

6.2 林木花卉种植对生物多样性的影响

林木花卉种植对生物多样性的影响具有双面性。通过合理的规划和管理措施,可以充分发挥其正面的生态效益,同时减少负面影响,实现生物多样性的保护和可持续发展。

6.2.1 正面的生态效益

6.2.1.1 提供栖息地

林木和花卉的种植在生态系统中扮演着至关重要的角色,它们为众多动植物提供了不可或缺的生存条件。大型乔木不仅为鸟类和昆虫提供了丰富的食物来源,还为其提供了栖息处和繁殖场所。与此同时,灌木丛作为另一种重要的生态元素,为小型哺乳动物、鸟类和其他地面生物提供了安全的栖息环境,保护它们免受捕食者的威胁。这种栖息地的多样性为不同物种提供了适宜的生存空间,有助于促进物种的繁衍与生长,从而进一步丰富了生物多样性,使生态系统更加健康、稳定。

6.2.1.2 提供食物资源

树木和花卉作为自然界的重要组成部分,为各类动物提供了丰富多样的食物资源。从果实、种子到花蜜、花粉,再到树叶和树皮,它们都是动物们不可或缺的食源。这些食物资源不仅满足了动物们的日常能量需求,还为其提供了必要的营养物质,对于动物的生存和繁衍具有至关重要的作用。通过提供这些食物资源,树木和花卉间接地促进了生物多样性的增加,因为动物的繁衍和生长需要稳定的食物来源,而这些食物来源正是由树木和花卉提供的。这种相互促进的关系使得生态系统中的生物链更加完整,生物多样性也得以维持和增强。

6.2.1.3 促进生态网络的形成

林木和花卉的种植是构建和维持复杂生态网络的关键环节。这些植物不仅为生态系统提供了丰富的生物量,还通过其生长、繁衍和凋落等过程,促进了土壤、水源和气候等生态因子的循环和更新。这样的过程使得生态网络中的物质和能量流动更加畅通,从而加强了物种之间的相互作用和依存关系。这种复杂的生态网络不仅为生物提供了多样化的生存环境和食物来源,还有效地调节了生态系统的稳定性和生物多样性,确保了生态系统的健康和可持续发展。

6.2.1.4 保护基因多样性

林木和花卉的种植与保护工作是维护生物多样性不可或缺的一环,它们对于保持和恢复濒危植物物种的基因多样性起着至关重要的作用。基因多样性是生物多样性的重要组成部分,它决定了物种适应环境变化、抵抗病虫害以及成功繁殖的能力。通过种植和保护林木与花卉,不仅能够为濒危物种提供适宜的生存环境,还能够保护和传承它们独特的基因信息,这些基因信息对于物种的长期生存和繁衍至关重要。因此,加强林木和花卉的保护工作,对于维护生物多样性和生态系统的稳定具有重要意义。

6.2.2 可能的负面影响

6.2.2.1 单一树种种植导致的生态系统单一性

如果大面积种植单一的林木或花卉,这种种植模式往往会导致生态系统的单一性显著增强,进而对生物多样性产生负面影响。这是因为单一树种或花卉的种植限制了生态系统的多样性,使得动植物的种群密度降低,且减少了不同物种之间复杂的相互作用和依存关系。在自然的生态系统中,物种间的相互依存和制约是维持生态平衡的关键,而单一树种的种植则打破了这种平衡,导致生态系统变得更加脆弱,容易受到外界干扰和冲击,从而影响整个生态系统的健康和稳定。

6.2.2.2 病虫害的集中爆发

在生态系统中,如果过分依赖单一树种或花卉的种植,往往容易引发病虫害的集中爆发。这是因为当生态系统中的物种多样性降低时,病虫害的抵抗力也随之减弱。这种抵抗力的降低使得疾病传播和害虫滋生变得更加容易,因为它们不再受到其他物种的天然抑制。一旦病虫害爆发,它们会迅速蔓延,对受影响的植物造成严重的损害,进而破坏生态平衡,对生物多样性产生负面影响。因此,保持植物种类的多样性对于预防和控制病虫害的集中爆发具有重要意义。

6.2.2.3　生态入侵

生态入侵是一个严重的生态问题,部分引入的外来林木或花卉往往可能具备生态入侵性。这些外来物种由于其独特的生物学特性和适应性,一旦在本地环境中成功定植,便可能通过强大的竞争、排挤等机制,迅速占据优势地位。它们会抢夺本地物种的生存资源,破坏原有的生态平衡,影响本地物种的生存和繁衍能力,进而导致生物多样性的降低。因此,在引入外来物种时,必须严格评估其生态风险,确保生态系统的稳定和生物多样性的保护。

6.2.3　合理规划与管理的重要性

合理规划与管理在保护生物多样性中发挥着至关重要的作用。为了确保林木花卉种植不会对生物多样性造成负面影响,我们首先需要精心选择并合理搭配树种和花卉,以促进生物多样性的保护与可持续发展。这需要基于生态系统的自然规律和保护目标,科学规划种植方案,确保植物种类的多样性和生态平衡。同时,还需要加强对外来物种的严格监管,以防止它们对本地生态系统造成破坏,防止生态入侵的发生。通过这一系列措施,能够更好地维护生态平衡,保护生物多样性,实现可持续发展。

6.3　保护生物多样性的种植策略

保护生物多样性的种植策略是一个多层次、系统性的过程,旨在维护生物多样性、保障生态系统的健康,并促进农业的可持续发展。

6.3.1 种植规划与设计

6.3.1.1 生态系统服务评估

在制定种植策略前,对目标区域的生态系统服务进行详尽的评估至关重要。这一过程不仅需对区域生物多样性的现状进行细致调查,了解不同物种的分布、数量及健康状况,还需深入剖析这些物种之间的相互作用和依赖关系。同时,评估必须关注当前生物多样性所面临的威胁,如环境污染、生态位竞争、外来物种入侵等,以及这些威胁对生态系统稳定性的影响。此外,还需挖掘并评估该区域生物多样性的潜力,包括物种适应环境变化的能力、生态系统自我修复的能力等,从而预测生态系统在未来可能提供的服务及其价值。通过这一科学、系统的评估,能够更加全面地了解目标区域的生态系统状况,为制定科学合理的种植策略提供坚实的数据支撑和理论依据。

6.3.1.2 生物多样性目标设定

设定明确且科学的保护目标,是基于详尽的评估结果,结合生态系统的实际状况,以及物种的分布、数量及生存状态,来设定具体的生物多样性保护目标。这些目标包括保护濒危物种、恢复受损的生态群落、维护生态平衡以及提高生态系统的整体健康水平。在设定目标时,需注重科学性和系统性,确保目标既符合生态学原理,又能够在实际操作中得以落实。同时,还要考虑目标之间的逻辑关系,确保它们相互支持、相互促进,形成一个完整的生物多样性保护体系。

6.3.1.3 种植规划

在制订种植规划时,首先以生物多样性保护为核心目标,确保农业活动与生态环境和谐共存,需精心选择适应当地气候、土壤和生态系统要求的作物种类,优先考虑具有生态友好性和抗病虫害能力的品种。同时,根据作物生长习性和土壤条件,科学确定种植密度,以确保作物健康生长,避免过度密集导致的资源竞争和病虫害滋生。在布局方面,遵循生态系统的自然规律,合理安排作物轮作和间作,通过多样化的种植模式增加生态系统的稳定性和多样性,减少化肥和农药的使用,促进土壤肥力的恢复和提高,为可持续农业发展奠定坚实基础。

6.3.2 生物多样性保护与恢复

6.3.2.1 种植多样性作物

通过种植多样性作物,不仅能够丰富农田的生态系统,还能有效地增加生物多样性。这种策略为各种生物提供了多样化的栖息地和食物来源,从而促进了生物之间的相互依存和生态平衡。同时,作物多样性的增加还能降低病虫害的爆发风险,因为多样化的作物组合能够打破病虫害的单一食物链,减少其繁殖和扩散的机会。此外,种植多样性作物还有助于提高土壤肥力和水分利用效率,增强农田的抗逆性和稳定性,为可持续农业发展提供有力支持。

6.3.2.2 轮作与间作

轮作与间作是农业种植中重要的生态耕作技术。通过交替种植不同的作物,能够有效地避免连续种植同一种作物导致的土壤养分枯竭和病虫害累积问题。这种耕作方式有助于恢复土壤结构,提高土壤肥力,因为它允许土壤中的微生物和营养元素得到充分的恢复和再生。同时,间作技术即在同一块土地上同时种植两种或多种作物,不仅能提高土地利用效率,还能通过作物间的互补作用促进生长,抑制杂草和病虫害的滋生,从而进一步提升土壤肥力和生物多样性。这种综合性的农业管理方式有助于实现农业生产的可持续发展。

6.3.2.3 植被恢复

植被恢复是生态修复的重要一环,特别是在农田周边或闲置土地上。为了促进生物多样性的恢复,我们采用科学的方法,在这些区域种植适宜的树木、灌木等植被。这些植被不仅有助于增加生态廊道,为野生动物提供栖息地和迁移通道,还能有效地防止水土流失,提高土壤质量,增强生态系统的稳定性。同时,植被的恢复还能通过光合作用吸收大气中的二氧化碳,减少温室气体的排放,对缓解全球气候变化具有重要意义。通过精心选择植物种类、合理规划种植布局,致力于打造一个健康、多样、和谐的生态环境。

6.3.3 生态管理与保护

6.3.3.1 水土保持

水土保持是维护生态平衡和农业可持续发展的关键措施。为了有效地减少水流冲刷和土壤侵蚀，可采取一系列科学且条理清晰的措施，如梯田种植和植树造林。梯田种植通过合理规划坡地，使水流沿梯级而下，减缓流速，降低冲刷力，从而保护土壤不被侵蚀。而植树造林则通过树木的根系固定土壤，防止土壤松动和流失，同时树木的枝叶也能阻挡雨滴直接冲击地面，减少土壤侵蚀的风险。这些水土保持措施的实施，不仅有助于保护土壤结构和质量，还能改善生态环境，促进生态系统的健康发展。

6.3.3.2 有机肥料与覆盖物

有机肥料与覆盖物的应用，在农业生产及土壤管理中占据重要地位。这些天然材料，如秸秆、木屑等，不仅能为土壤提供持久且均衡的营养，还有助于改善土壤的物理结构，增加土壤透气性和保水性。同时，有机肥料和覆盖物的使用还能促进土壤中有益微生物的生长，这些微生物对于土壤肥力的维护和植物健康的保障具有关键作用。通过科学的施肥和覆盖物管理，能够实现土壤的健康循环，为作物生长创造一个良好的土壤环境。

6.3.3.3 生物防治

生物防治作为一种绿色、环保的农业管理方法，正逐渐替代传统的化学农药的使用。通过引入天敌昆虫、微生物制剂等自然生物因素，能够在不依赖化学药剂的情况下，有效地控制害虫和病原菌的侵害，从而减轻对环境的污染，维护生态平衡。这种防治方式不仅具有针对性强、效果持久的特点，而且能够减少化学农药对土壤、水源及生物链的潜在危害，实现农业生产的可持续发展。通过科学研究和实际应用，生物防治技术正逐渐展现出其在农业领域的广阔前景和巨大潜力。

6.3.4 可持续农业实践

6.3.4.1 农业废弃物资源化利用

农业废弃物资源化利用是一项重要的可持续发展战略，旨在将农业生产过程中产生的秸秆、畜禽粪便等废弃物进行有效转化和利用。这些废弃物,如果处理不当,不仅会造成环境污染,还会浪费宝贵的资源。因此,通过科学的方法和技术手段,将这些农业废弃物转化为有机肥料、生物质能源等,不仅能减少环境污染,还能实现资源的循环利用。这种转化过程不仅能够减少化肥和农药的使用,降低农业生产成本,还能够提升土壤肥力,改善土壤结构,从而促进农业生产的可持续发展。同时,生物质能源的开发利用还能为能源产业提供新的选择,缓解能源紧张问题,为构建绿色、低碳、循环的农业生态系统贡献力量。

6.3.4.2　生态农业模式

推广生态农业模式,是现代农业发展的必然趋势。这种模式强调农业生产与生态环境保护的和谐共生,通过科学规划和实践,如稻田养鱼、果园养鸡等,实现了资源的高效利用和环境的可持续保护。在这些生态农业实践中,农作物的种植与养殖业的结合,不仅减少了化肥和农药的使用,降低了农业生产对环境的负面影响,还提高了农产品的品质和产量。同时,这种生态农业模式还促进了农村经济的发展,为农民提供了更多的就业机会和收入来源,实现了经济效益和生态效益的双赢。因此,应该进一步加大生态农业模式的推广力度,让更多的人了解和参与到这一模式中来,共同推动农业生产的绿色发展和生态环境的持续改善。

6.3.4.3　社区参与

在社区建设中,鼓励并加强社区参与生物多样性保护和可持续农业实践是至关重要的。这不仅能增强社区居民对自然环境的认识和尊重,还能有效地提升他们保护生物多样性的意识和参与度。通过设立环保小组、开展生态教育活动、举办农业技术培训班等方式,可以引导社区居民积极参与到生物多样性的监测、保护和恢复工作中来,同时推动他们采纳和实践可持续的农业技术,如生态农业、有机农业等。这种社区参与的方式不仅有助于构建人与自然和谐共生的生态环境,还能促进社区的经济发展和社会进步,实现环境效益和经济效益的双赢。

6.4　生物多样性监测与评估

生物多样性监测与评估是生态学和环境科学领域的核心活动,它们对于理解生物多样性的现状、动态变化及其对人类社会的影响具有重要意义。

6.4.1　监测与评估的目的

生物多样性监测与评估的主要目的在于系统、全面地收集和分析生物多样性数据,以便精准评估生物多样性的现状、动态变化趋势以及这些变化对生态系统功能和人类福祉的潜在影响。这一过程不仅为科学研究和政策制定提供了坚实的基础,而且对于制定具有前瞻性和针对性的生物多样性保护策略至关重要。同时,通过对生物多样性数据的监测与评估,还能更有效地优化资源管理,确保自然资源的可持续利用,从而为人类社会的长期福祉和健康发展奠定坚实基础。

6.4.2　监测与评估的方法

6.4.2.1　监测方法

生物多样性监测是一项综合性的工作,其方法多样且各具特色。这些方法包括实地调查、遥感监测以及分子生物学技术等,它们共同构成了生物多样性监测的完整体系。

实地调查是最直接、最基础的方法。通过逐点调查法,研究人员能够系统地记录特定区域内的物种分布情况;样方法则通过随机或系统抽样,获取物种数量、分布和种群结构的详细信息;鸟类点数法则专注于鸟类这一特定类群的监测,通过计数和观察,了解鸟类的种群动态和迁徙规律。这些实地调查方法能够提供直观、准确的生物多样性数据,是生物多样性监测不可或缺的一部分。

遥感监测作为现代科技在生物多样性监测中的应用,具有快速、高效、大范围覆盖的优势。通过卫星和无人机等遥感平台,研究人员能够获取高分辨率的地面图像和数据,进而分析生物多样性的空间分布和动态变化。遥感监测不仅能够快速发现生物多样性热点区域和关键物种,还能够对生物多样性进行长期、连续的监测,为生物多样性保护提供有力支持。

分子生物学技术作为生物多样性监测的另一种重要方法,通过分析生物的 DNA、RNA 等遗传物质,揭示物种的遗传多样性和系统发育关系。这些技术包括 DNA 条形码技术、PCR 扩增技术等,它们能够准确鉴定物种身份、揭示物种间的亲缘关系和遗传差异。分子生物学技术的应用,不仅提高了生物多样性监测的准确性和可靠性,还为生物多样性保护提供了更加深入的科学依据。

6.4.2.2　评估方法

生物多样性评估通常采用多种科学方法以确保评估的全面性和准确性,其中包括指标体系法、模型预测法和专家评估法等。

指标体系法是一种系统性的评估方法,它通过构建一套全面、科学的评估指标体系,对生物多样性的多个方面进行评价。这些指标可能包括物种丰富度、生态系统多样性、遗传多样性等多个维度,以全面反映生物多样性的复杂性和多样性水平。指标体系法的关键在于指标的选择和权重的确定,需要依据科学研究和实际情况,确保评估结果的客观性和准确性。

模型预测法则是一种基于数学模型和统计分析方法的评估手段。它利用现有的生物多样性数据和相关的环境、社会、经济等信息,通过构建预测模型来模拟生物多样性的变化趋势和影响因素。这种方法能够预测生物多样性的未来状况,为制定保护策略提供科学依据。同时,模型预测法还能够分析不同保护策略的效果,为优化资源配置提供参考。

专家评估法则是一种基于专家经验和知识的评估方法。它依靠专家的专业知识、实践经验和判断能力,对生物多样性的重要性、脆弱性和保护需求进行评估。专家评估法能够充分考虑生物多样性的复杂性和多样性水平,以及不同区域和生态系统的特点,提出具有针对性的保护建议。这种方法通常与其他评估方法相结合,以提高评估的准确性和可靠性。

在实际应用中,可以根据评估目的和具体情况选择合适的评估方法,或者综合运用多种方法,以确保评估结果的全面性和准确性。

6.4.3 监测与评估的层次

生物多样性监测与评估是一个多层次、综合性的过程,涉及物种多样性、生态系统多样性和基因多样性等多个方面(见表6-1)。

这三个层次相互关联、相互影响,共同构成了生物多样性的完整框架。在生物多样性监测与评估中,需要从多个层次出发,综合考虑不同因素的作用,以全面、准确地评估生物多样性的现状和未来趋势。

表6-1 生物多样性的分类

多样性类型	含义	地位	区别	内在联系
物种多样性	物种的数量和种类的丰富程度	基础层次	关注单一物种的多样性	物种是生态系统和基因多样性的基础,物种多样性的增加有助于维持生态系统多样性和基因多样性
生态系统多样性	不同生态系统类型、结构和功能的多样性	核心层次	关注多个物种之间以及它们与环境之间的相互作用	生态系统多样性涵盖了物种多样性和基因多样性,是它们存在和演化的场所
基因多样性	生物遗传信息的多样性,包括基因型、等位基因和基因频率等	最高层次	关注生物体内遗传信息的多样性和变化	基因多样性是物种多样性和生态系统多样性的基础,基因变异是生物适应环境变化和进化的关键

6.4.4 监测与评估的应用

生物多样性监测与评估在生态保护、资源管理和可持续发展等多个领域均展现出广泛的应用价值。

在生态保护方面,生物多样性监测与评估发挥着至关重要的作用。通过长期、系统的监测,可以实时掌握生物多样性的动态变化,为制定科学合理的保护政策和规划提供科学依据。这些数据和评估结果不仅有助于更好地了解生态系统的健康状况,还能促进生态系统的稳定和恢复,从而保护珍贵的生物资源和生态环境。

在资源管理方面,生物多样性监测与评估同样具有不可忽视的意义。通过对生物资源的监测与评估,可以全面了解资源的分布、数量和质量,为资源的合理开发和利用提供科学的决策支持。这有助于避免过度开发和滥用资源,实现资源的可持续利用,同时有助于保护生物多样性和生态系统的完整性。

在可持续发展方面,生物多样性监测与评估同样发挥着关键的作用。生物多样性是人类赖以生存的重要基础,对人类的福祉和可持续发展具有深远的影响。通过监测与评估,可以揭示生物多样性对人类福祉的贡献和限制因素,为制定可持续发展战略提供科学依据。这有助于更好地平衡经济发展与生态保护之间的关系,实现经济、社会和环境的协调发展。

6.4.5　挑战与展望

生物多样性监测与评估在推动生态保护、资源管理和可持续发展方面扮演着关键角色,然而,这一领域也面临着多重挑战。首先,数据不足是一个显著的问题,缺乏全面、连续和高质量的生物多样性数据,使得评估结果可能存在偏差。其次,监测与评估方法的不统一也带来了挑战,不同研究机构和地区采用的评估标准和方法可能存在差异,导致结果难以直接比较和整合。最后,跨学科整合难度大也是一个需要克服的问题,生物多样性监测与评估涉及生态学、环境科学、地理学等多个学科,如何有效整合这些学科的知识和技术,形成综合性的评估体系,是当前面临的重要挑战。

展望未来,为了应对这些挑战,需要采取一系列措施。首先,加强数据共享和标准化建设是关键。通过建立统一的数据平台,实现数据的共享和标准化处理,可以提高监测与评估的准确性和可靠性。同时,加强与国际组织的合作,借鉴国际先进的数据共享和标准化经验,也是提升我国生物多样性监测与评估水平的重要途径。其次,加强跨学科合作也是必不可少的。通过加强不同学科之间的交流和合作,形成综合性的评估体系,可以更好地理解生物多样性的复杂性和多样性,提出更加科学、合理的保护和管理策略。最后,国际合作也是应对生物多样性丧失和生态系统退化全球性问题的重要手段。通过加强与国际社会的合作,共同制订全球性的生物多样性保护政策和计划,共同应对全球性的生态危机。

第 7 章　林木花卉种植
与土壤保护

林木花卉种植对土壤保护具有显著作用。通过植被覆盖,林木花卉能有效地减少土壤侵蚀和流失,增加土壤有机质含量,改善土壤结构,提高土壤肥力和保水能力。同时,它们的根系能够稳固土壤,减少土壤的风化和水蚀,有助于维持土壤的健康和稳定,为生态系统的可持续发展奠定基础。

7.1　土壤退化的原因与影响

土壤退化的原因涉及自然和人为两个方面,其影响则涵盖了农业、生态环境和社会经济等多个领域。为了防治土壤退化,需要采取科学有效的措施,如改善土地利用方式、加强农业管理、控制工业污染等,以维护土壤生态系统的健康和可持续发展。

7.1.1　土壤退化的原因

7.1.1.1　自然因素

1. 气候条件

气候条件是影响土壤结构和功能的重要因素之一。极端气候条件,如干旱、洪涝和高温等,对土壤结构、水分和养分状况产生直接而显著的影响,从而导致土壤退化。

干旱条件会导致土壤水分的严重缺失。长时间缺乏降水会使土壤干燥,土壤颗粒间的黏结力减弱,土壤结构变得松散,容易发生风蚀和水蚀。此外,干旱还会降低土壤中的微生物活性,影响有机质的分解和养分的释放,进而减少土壤肥力。

洪涝灾害则会对土壤造成冲刷和侵蚀。大量降雨会导致地表径流增加,冲刷土壤表层,带走土壤中的养分和有机质。同时,洪涝还可能造成土壤团聚体的破坏,使土壤结构变得紧实,通透性降低,影响植物的根系生长和土壤养分的吸收。

高温条件对土壤的影响同样不容忽视。高温会加速土壤水分的蒸发,导致土壤干燥和龟裂。此外,高温还会增加土壤中微生物的代谢活动,加快有机质的分解速度,但同时可能导致一些有益微生物的死亡,降低土壤的生物活性。长期的高温环境还可能使土壤中的盐分积累,导致土壤盐碱化。

2.地形地貌

地形地貌对土壤的稳定性及其健康状况有着显著影响。在坡度大、地形崎岖的地区,由于重力作用和地表径流的增强,土壤容易遭受侵蚀,导致水土流失现象的发生。

具体来说,坡度大的地区,土壤因重力作用而更容易向下滑动,特别是在降雨或其他水源冲刷时,土壤颗粒被水流带走,形成水土流失。这种侵蚀作用不仅削弱了土壤的结构和肥力,还可能导致土地退化,影响农作物的生长和生态系统的稳定性。

此外,地形崎岖的地区通常具有复杂的地貌特征,如沟壑、峭壁等,这些地形特点使得土壤更容易被剥离和侵蚀。特别是在雨季,水流沿着沟壑等低洼地带迅速流动,加剧了土壤侵蚀的程度。

为了减少坡度大、地形崎岖地区的水土流失问题,需要采取一系列措施。例如:可以通过植树造林、修建梯田等方式来稳定土壤,减少重力作用和径流对土壤的冲刷。同时,加强水土保持工程的建设,如建设拦沙坝、修建排水沟等,也能有效地减轻水土流失的程度。这些措施的实施将有助于维护土壤的健康和生态系统的稳定。

3.土壤母质

土壤母质,作为土壤形成的物质基础,其类型和性质对土壤的基础肥力和稳定性具有决定性的影响。土壤母质是指岩石风化后形成的松散碎屑物,这些碎屑物经过长时间的物理、化学和生物作用,逐渐转化为土壤。

首先,土壤母质的类型对土壤的性质具有显著影响。不同类型的土壤母质,其矿物组成、化学成分和颗粒大小等特征各不相同,这些因素决定了土壤的透水性、保水性、通气性、阳离子交换能力等基本性质。例如:由石灰岩风化形成的土壤母质通常富含钙质,土壤呈碱性反应,而由花岗岩风化形成的土壤母质则富含硅、铝等元素,土壤呈酸性反应。

其次,土壤母质的性质对土壤的基础肥力和稳定性具有决定性作用。土壤母质中的矿物成分和有机物质含量是土壤肥力的基础,它们为土壤中的微生物和植物提供了必要的养分和能量来源。同时,土壤母质的稳定性也决定了土壤的抗侵蚀能力和抗退化能力。稳定性较好的土壤母质能够抵抗风雨侵蚀和人为破坏,保持土壤结构的完整性和肥力水平。

　　然而,土壤母质的不适宜性也可能导致土壤退化。当土壤母质的类型或性质与当地的气候、植被和土地利用方式不匹配时,土壤容易发生退化。例如:在干旱地区使用含沙量高的土壤母质进行耕作,容易导致土壤水分流失和肥力下降;在酸性土壤中种植对酸性敏感的植物,则容易导致植物生长发育不良和土壤酸化加剧。

　　因此,在土壤利用和管理过程中,需要充分了解土壤母质的类型和性质,根据当地的气候、植被和土地利用方式选择合适的土壤母质进行利用和管理。同时,还需要采取合理的耕作措施和施肥措施,以改善土壤的基础肥力和稳定性,防止土壤退化的发生。

7.1.1.2　人为因素

1.不合理的土地利用方式

　　不合理的土地利用方式,尤其是过度开垦、过度放牧以及不合理耕作等,对土壤的结构和养分平衡造成了严重的破坏,进而引发了土壤退化。

　　过度开垦会直接导致土壤表层被剥离,破坏了土壤的自然结构。这种剥离不仅使得土壤失去了原有的保护层,容易受到风雨侵蚀,而且剥离的土壤颗粒还可能导致下游河流和水库的淤积,影响水资源的利用。

　　过度放牧使得草地植被遭受严重破坏,进而影响了土壤的养分平衡。植被是土壤的重要保护者,能够固定土壤颗粒、防止水土流失,并为土壤提供有机物质和养分。然而,过度放牧会导致草地退化,植被覆盖度降低,土壤裸露面积增加,容易受到侵蚀和养分流失。

　　不合理耕作也会对土壤造成破坏。传统的耕作方式往往采取深耕翻土的方式,这会破坏土壤的自然结构,导致土壤松散、板结,影响土壤的通气性和透水性。同时,不合理的耕作还会破坏土壤中的微生物群落,降低土壤的肥力和生产力。

2.农业生产活动

　　农业生产活动是人类社会经济发展的重要基础,然而,在追求高产、高效的过程中,化肥、农药的过量使用成为不可忽视的问题。这种不当的农业实践不仅改变了土壤的理化性质,更对土壤微生物和生物群落造成了严重破坏,从而加速了土壤退化的进程。

　　化肥的过量使用会改变土壤的酸碱度、有机质含量以及营养元素的平衡。这些变化破坏了土壤的自然状态,使得土壤的结构和功能受到损害。特别是氮肥的过量使用,可能导致土壤酸化,进而影响土壤中微生物的活性,破坏土壤生态系统的平衡。

农药的过量使用对土壤微生物和生物群落构成了直接威胁。农药在土壤中残留,会抑制或杀死土壤中的微生物和有益生物,减少土壤生物多样性。这不仅削弱了土壤的自然防御能力,也影响了土壤的肥力保持和养分循环。

更为严重的是,化肥、农药的过量使用加剧了土壤退化的速度。土壤退化是一个不可逆的过程,一旦发生,将严重影响农业生产的可持续性。土壤退化的表现包括土壤肥力下降、土壤板结、侵蚀加剧等,这些都将降低土壤的生产力和生态系统的稳定性。

因此,为了维护土壤健康和生态系统的平衡,必须采取有效措施减少化肥、农药的过量使用。这包括推广科学施肥、合理用药的技术和方法,加强土壤监测和评估,以及发展生态农业等可持续农业模式。通过这些措施,可以实现农业生产的绿色、健康、可持续发展。

3. 工业污染

工业污染是一个严重的环境问题,其中工业废水、废气、废渣的排放对土壤造成的污染和破坏尤为显著,进而加速了土壤退化的过程。

工业废水的排放是土壤污染的重要来源之一。废水中含有大量有害物质,如重金属、有机溶剂、有毒化学物质等。这些物质一旦进入土壤,会改变土壤的化学性质,影响土壤微生物的活性,并可能通过食物链进入人体,对人类健康构成威胁。

工业废气的排放也会对土壤造成污染。废气中的有害物质,如二氧化硫、氮氧化物、颗粒物等,会通过大气沉降的方式进入土壤。这些物质会破坏土壤的结构,降低土壤的肥力,并可能导致土壤酸化或盐碱化。

工业废渣的排放同样会对土壤造成污染。废渣中的有害物质会渗透到土壤中,影响土壤的物理和化学性质。这些物质在土壤中积累,不仅破坏土壤结构,还可能对土壤中的生物群落造成破坏,导致土壤生态系统的失衡。

7.1.2　土壤退化的影响

7.1.2.1　农业影响

土壤退化是一个严重的环境问题,其影响深远且多面。其中,最为直接的影响就是土壤肥力的下降,这对农作物的生长和产量产生了显著的负面影响,从而对全球粮食安全构成了严重威胁。

土壤肥力的下降直接影响农作物的生长。土壤中的有机质、矿物质和微量元素是农作物生长所必需的营养物质。然而,随着土壤退化的加剧,这些营养物质的含量逐渐降低,导致农作物无法获取足够的养分,生长受限,生长周期延长,甚至出现发育不良的情况。

土壤肥力的下降对农作物的产量产生了严重影响。在土壤肥力下降的情况下,农作物的光合作用效率降低,能量和物质的生产能力减弱,从而导致产量下降。这不仅影响了农民的经济收入,也加剧了全球粮食供应的压力,对全球粮食安全构成了严重威胁。

土壤退化还会引起一系列土壤质量问题,如土壤酸化、盐渍化和水分不足等,这些问题进一步限制了农作物的生长,加剧了农业生产的困难。土壤酸化会破坏土壤结构,影响土壤中微生物的活性,降低土壤的肥力和生产力。盐渍化则会使土壤中的盐分含量过高,导致农作物无法正常生长。而水分不足则会使农作物因缺水而枯萎死亡,严重影响产量和品质。

7.1.2.2　生态环境影响

土壤退化是一个严重的环境问题,它不仅破坏了土壤生态系统的结构和功能,还对整个生态系统的稳定性和抵抗力产生了深远影响。

土壤退化导致土壤生态系统的结构和功能受损。土壤是一个复杂的生态系统,包含了众多微生物、动植物以及它们之间的相互作用。土壤退化会降低土壤中的生物多样性,破坏这些生物间的平衡,使得土壤生态系统的结构和功能遭受破坏。这种破坏会导致土壤肥力下降,土壤水分调节能力减弱,以及土壤对污染物的净化能力降低,从而影响到整个生态系统的稳定性和抵抗力。

土壤退化减少了土壤碳储量,加剧了全球气候变化。土壤是地球上最大的碳储存库之一,其碳储量远远超过空气和植物。然而,土壤退化会导致土壤有机质的分解加速,使得大量的碳以二氧化碳的形式释放到大气中。这不仅减少了土壤碳储量,还加剧了全球气候变暖的趋势。

土壤退化还可能导致土地沙化、荒漠化等严重生态问题。在土壤退化的过程中,土壤中的养分和水分会逐渐流失,使得土壤变得贫瘠和干燥。这种贫瘠和干燥的土壤容易遭受风化和侵蚀,从而导致土地沙化、荒漠化等严重生态问题。这些问题会进一步破坏生态系统的健康和可持续发展,给人类和其他生物带来极大的生存压力。

7.1.2.3 社会经济影响

土壤退化是一个复杂且严峻的环境问题,它不仅直接损害了农业生产的基础,更对社会经济造成了深远的影响。

土壤退化加剧了贫困程度,对农民的生活水平和经济收入构成了严重威胁。由于土壤退化导致土地生产力的下降,农民难以获得稳定的农业产出,进而影响了他们的经济收入和生活质量。这种贫困状况往往形成恶性循环,使农民缺乏提高土壤质量的资源和动力,进一步加剧了土壤退化的程度。

土壤退化引起的水资源短缺和生态环境恶化,对社会经济的可持续发展构成严重威胁。土壤退化导致土壤保水能力下降,进而加剧了水资源的短缺问题。同时,土壤退化还破坏了生态系统的平衡,影响了生物多样性,导致生态环境恶化。这些问题不仅影响了农业生产的稳定性,也对整个社会的经济发展和生态环境造成了负面影响。

土壤退化还可能导致土壤污染和食品安全问题,对人们的健康构成潜在威胁。随着化肥、农药等化学物质的过量使用,土壤中的有害物质逐渐积累,可能导致土壤污染。这些有害物质可能通过食物链进入人体,对人们的健康造成潜在威胁。同时,土壤污染还可能影响农产品的质量和安全性,对食品产业造成负面影响。

7.2 林木花卉种植对土壤的保护作用

林木花卉种植对土壤的保护作用是多方面的,其科学性和逻辑性体现在对土壤结构、肥力、水分保持以及通气性等多个方面的积极影响。

7.2.1　土壤结构改善

7.2.1.1　防止土壤沙化

防止土壤沙化是维护生态环境和农业可持续发展的重要任务。土壤沙化不仅会导致土地资源的丧失，还会对周边环境和人类生活造成严重影响。通过植树造林和种花种草等生态恢复措施，可以有效增加地面植被覆盖，减少风蚀作用，从而防止土壤沙化。

植被是防止土壤沙化的关键。在风大且土壤裸露的地区，植被能够通过其根系固定土壤，减少风对土壤的侵蚀作用。树木的树冠能够降低风速，减轻风的冲击力，而草本植物则能够覆盖地表，减少裸露土壤的面积。这种植被覆盖能够有效地防止土壤颗粒被风吹起，形成沙尘暴。

特别是在北方风大的地区，植被覆盖的重要性更加凸显。北方地区气候干燥，降水稀少，加之风力强劲，土壤极易受到风蚀的威胁。通过大规模的植树造林和种花种草，可以显著增加这些地区的植被覆盖，降低风蚀强度，减少沙尘暴的发生频率和强度。这不仅有利于保护土壤结构不被破坏，还能改善当地的气候条件，提高生态系统的稳定性。

在实施生态恢复措施时，还应注重科学规划和合理布局。应根据不同地区的自然条件和生态环境特点，选择适宜的树种和草种，确保植被的成活率和覆盖率。同时，应加强植被的养护和管理，定期修剪、浇水、施肥等，促进植被的健康生长和发挥生态功能。

7.2.1.2　改善土壤质地

改善土壤质地是提升土壤肥力和农业生产效率的重要措施之一。林木花卉的种植在改善土壤质地方面发挥着重要作用。它们的根系在土壤中生长，能够疏松土壤，增加土壤的通透性，进而改善土壤质地。

林木花卉的根系在土壤中穿插生长，这种物理作用有助于打破土壤中的紧实结构，增加土壤的孔隙度。这些孔隙不仅为根系自身的生长提供了空间，也为土壤中的水分和空气提供了流通的通道，从而提高了土壤的通透性。

根系的活动还促进了土壤颗粒的重新排列和组合，形成了更加稳定的土壤结构。这种结构能够更好地保持土壤中的水分和养分,提高土壤的保水性和保肥性。同时,它还能够减少水分和养分的流失,提高土壤的利用效率。

林木花卉的根系分泌物也对土壤微生物的繁殖和活动起到了促进作用。这些分泌物为土壤微生物提供了丰富的营养物质和能量来源,促进了微生物的繁殖和生长。而土壤微生物是土壤生态系统中的重要组成部分,它们通过分解有机物质、释放养分等过程,进一步改善了土壤结构,提高了土壤的肥力和生产力。

7.2.2 土壤肥力提升

7.2.2.1 有机质积累

有机质积累是土壤健康与肥力提升的重要过程。林木花卉的残枝落叶等有机物质在自然界中经历分解和转化后,能够回归土壤,成为土壤有机质的重要来源。这些有机物质通过微生物的分解作用,逐渐转化为土壤中的有机胶体和其他有机化合物,从而增加土壤有机质的含量。

有机质作为土壤肥力的关键组成部分,对土壤的物理和化学性质具有显著影响。首先,有机质能够改善土壤的结构,增加土壤的疏松性和透气性,有利于根系的生长和发育。其次,有机质能够调节土壤的酸碱度,维持土壤 pH 的稳定,为作物提供适宜的生长环境。此外,有机质还能够增强土壤的保水保肥能力,减少养分流失,提高土壤的持水性和抗旱能力。

通过增加土壤有机质的含量,不仅可以改善土壤的物理和化学性质,还能提高土壤的生物活性。有机质为土壤中的微生物提供了丰富的碳源和能量来源,促进了微生物的繁殖和活动。这些微生物在土壤中的代谢过程中,能够产生各种酶和有机酸等生物活性物质,进一步促进土壤肥力的提升。

因此,加强林木花卉等有机物质的回归和利用,是促进土壤有机质积累、改善土壤肥力的有效措施。通过科学合理的农业管理措施,如合理施肥、轮作休耕、秸秆还田等,可以有效地增加土壤有机质的含量,提高土壤肥力,为农业生产的可持续发展提供有力保障。

7.2.2.2 养分循环

养分循环是生态系统中至关重要的过程之一,它确保了植物所需养分的持续供应和土壤肥力的维持。在林木花卉的种植过程中,养分循环起到了尤为关键的作用。

　　植物通过其根系从土壤中吸收必需的养分,如氮、磷、钾等,以支持其生长和发育。这些养分被植物吸收后,参与到植物体内的各种生物化学反应中,促进植物的光合作用、呼吸作用等生命活动。当植物进入衰老或死亡阶段时,它们的残体(如叶片、枝条、根系等)会自然分解。这个过程通常是由土壤中的微生物和酶所驱动的,它们将植物残体中的有机物质分解为更小的分子,如氨基酸、糖类等。随着分解过程的进行,原本储存在植物残体中的养分会被逐渐释放回土壤中。这些释放出的养分可以再次被植物吸收利用,从而形成养分循环的闭环。这种循环过程有助于保持土壤养分的平衡,确保植物能够持续获得所需的养分供应。

　　此外,林木花卉的种植还可以通过增加植被覆盖来减少水土流失,保护土壤结构。这进一步促进了养分的积累和循环,使得土壤肥力得以长期维持。

7.2.3　水分保持

7.2.3.1　减少蒸发

　　减少蒸发是维护土壤水分平衡、促进植物生长的关键环节。林木花卉在生态系统中扮演着重要角色,它们通过树冠遮挡阳光和根系吸收储存水分,显著减少了土壤水分的蒸发。

　　林木花卉的树冠层如同一把巨大的遮阳伞,能够有效地遮挡阳光,避免阳光直射到土壤表面。这种遮挡作用降低了土壤表面的温度,减少了土壤水分的蒸发速率。特别是在炎热的夏季,树冠的遮挡作用尤为显著,能够有效地保护土壤中的水分不被迅速蒸发,保持土壤湿度。

　　林木花卉的根系在土壤中分布广泛,形成了庞大的网络。这些根系不仅能够吸收土壤中的水分和养分,还能够储存一定量的水分。在干旱时期,储存于根系中的水分可以通过植物的蒸腾作用被输送到地上部分,补充植物体内的水分消耗。同时,这些水分也可以在一定程度上缓解土壤水分的蒸发,保持土壤湿度。

7.2.3.2　防止水土流失

防止水土流失是保护生态环境和农业可持续发展的重要措施。植被覆盖在防止水土流失方面起着至关重要的作用。当植被茂盛时,它们能够形成一层天然的防护层,有效地防止雨水直接冲刷地面,从而显著减少水土流失。

植被的叶片和枝干能够截留部分雨水,减缓雨滴对地面的冲击力,降低雨水对土壤的冲刷作用。这种截留作用不仅减少了雨水对土壤的冲刷,还有助于增加土壤的水分含量,改善土壤的水分状况。

林木花卉的根系在土壤中交织生长,形成了一种强大的网络结构。这种根系网络能够牢固地固定土壤颗粒,防止土壤在雨水冲刷下被带走。特别是在坡地等易发生水土流失的地区,植被的根系更是起到了关键的固定作用。

植被的凋落物如残枝落叶等,也能够为土壤提供丰富的有机物质。这些有机物质在土壤中分解后,能够增加土壤的有机质含量,改善土壤的结构和肥力,提高土壤的保水能力和抗冲刷能力。

7.2.4　土壤通气性改善

7.2.4.1　增加土壤孔隙

有机质积累是土壤肥力提升的重要过程之一,而林木花卉的残枝落叶等有机物质在分解过程中能够逐渐回归土壤,形成有机质,从而增加土壤有机质的含量。有机质作为土壤肥力的核心组成部分,不仅能为植物提供必要的营养元素,还能显著改善土壤的物理和化学性质。

有机质能够增加土壤的孔隙度。当林木花卉的残枝落叶等有机物质在土壤中分解时,会释放出大量的有机物质,这些物质与土壤中的矿物质结合,形成团聚体,从而增加土壤中的孔隙空间。这些孔隙不仅为土壤中的微生物提供了生存和繁殖的场所,也为土壤气体(如氧气和二氧化碳)的交换和流通提供了通道。

林木花卉的根系在土壤中生长时,会形成大量的孔隙和通道。这些孔隙和通道进一步增强了土壤的通气性和透水性,有助于土壤中气体的流通和水分的渗透。良好的通气性和透水性是保持土壤健康、促进植物生长的重要因素。

7.2.4.2　促进微生物活动

土壤是地球上最复杂的生态系统之一,其中微生物作为关键组成部分,对土壤肥力的维持和植物的生长起着至关重要的作用。微生物需要充足的氧气才能进行正常的生命活动,包括分解有机物质、固定营养元素等。因此,土壤的通气性对于微生物的繁殖和活动至关重要。

林木花卉的种植可以有效地改善土壤的通气性。林木花卉的根系在土壤中生长时,会形成错综复杂的网络结构,这些根系不仅为土壤提供了结构支撑,还能通过穿插和扩散作用,增加土壤中的孔隙和通道。这些孔隙和通道有助于土壤气体的交换和流通,使得土壤中的氧气含量得以增加。

随着土壤中氧气含量的提高,微生物的生存环境得到了显著改善。充足的氧气促进了微生物的呼吸作用,使得微生物能够更有效地分解有机物质,释放出更多的营养元素供植物吸收利用。同时,微生物的繁殖和活动也得到了促进,进一步提高了土壤的肥力和生产力。

林木花卉的种植还能通过其他途径促进微生物的活动。例如:植物通过根系分泌物向土壤中释放有机物质,这些有机物质可以作为微生物的碳源和能源,进一步刺激微生物的生长和繁殖。同时,植物与微生物之间还存在着复杂的共生关系,这种共生关系有助于维持土壤生态系统的稳定性和多样性。

7.3　土壤改良与林木花卉种植

土壤改良与林木花卉种植是园林园艺领域中的两个关键环节,它们之间存在着密切的联系和相互影响。通过科学合理的土壤改良措施,可以提高土壤质量,为林木花卉提供良好的生长环境;而林木花卉的种植又需要满足一定的土壤条件,才能正常生长和发育。因此,在园林园艺领域中,应重视土壤改良与林木花卉种植的相互关系,采取科学合理的措施,实现两者的良性互动和协调发展。

7.3.1　土壤改良的必要性

土壤,作为地球上生物圈的重要组成部分,是植物生长的根基。其质量的高低,直接关系到植物的生长发育、产量以及品质。然而,由于长期受到自然因素(如气候、降水、地形等)和人为因素(如过度耕作、不合理施肥、污染等)的双重影响,土壤质量往往会逐渐下降,出现一系列问题。

肥力不足是土壤质量下降的主要表现之一。土壤中营养元素的缺乏,无法满足植物正常生长的需求,导致植物生长受限,产量下降。这不仅影响农业生产的经济效益,也威胁到全球的粮食安全。

土壤结构不良也是土壤质量下降的常见问题。土壤结构不良会导致土壤通气性、透水性下降,根系生长受限,从而影响植物对水分和养分的吸收。此外,结构不良还容易引发土壤侵蚀、水土流失等环境问题。

水分失衡也是土壤质量下降的一个重要方面。土壤中水分的过多或过少,都会对植物的生长产生不利影响。过多的水分会导致土壤缺氧,根系呼吸困难;过少的水分则会使植物因缺水而枯萎。

这些问题不仅直接影响植物的正常生长,导致其产量和品质下降,还会进一步加剧土壤退化、生态环境恶化等严重后果。土壤退化会降低土地的生产力和生态功能,破坏生态平衡;而生态环境恶化则会威胁到人类和其他生物的生存与发展。

因此,进行土壤改良显得尤为必要。土壤改良是指通过一系列技术措施和管理措施,改善土壤的物理、化学和生物性质,提高土壤肥力和生产力,促进植物正常生长和生态环境改善的过程。通过土壤改良,可以有效地解决土壤肥力不足、结构不良、水分失衡等问题,提高土壤质量,保障植物正常生长,维护生态平衡。这不仅是农业生产的重要任务,也是实现可持续发展的重要保障。

7.3.2　土壤改良的基本措施

土壤改良的基本措施主要包括以下几个方面。

7.3.2.1　水利土壤改良

水利土壤改良是一项综合性的土壤管理策略,其核心在于通过科学规划和建设农田排灌工程,有效地调节地下水位,从而改善土壤的水分状况。这种改良方法旨在排除和防止沼泽地和盐碱化等不利因素,进而优化土壤的物理性质。通过精确控制水分,不仅能避免土壤过湿导致的缺氧问题,还能减少盐分在土壤表层的积累,有利于提高土壤的通气性和透水性。这些改善为植物根系的生长发育创造了有利条件,使得植物能够更高效地吸收水分和养分,促进植物的健康生长和产量的提高。因此,水利土壤改良是实现农业可持续发展的重要手段之一。

7.3.2.2　工程土壤改良

工程土壤改良是提升土壤质量的重要手段之一,它涉及一系列具有针对性的工程措施。通过平整土地,能够有效地调整地形,使得土壤表面更加平坦,便于灌溉和排水,从而改善土壤的水分条件。兴修梯田不仅能够有效地防止水土流失,还能通过分级蓄水的方式,增强土壤的保水能力。此外,引洪漫淤等工程措施则能够利用自然水源,通过合理的渠道设计,将洪水引入农田,利用泥沙淤积的方式,增加土壤中的有机质和矿物质含量,提高土壤的保肥能力。这些工程措施的综合应用,不仅能够有效地改良土壤条件,提升土壤质量,还能促进农业生产的可持续发展。

7.3.2.3　生物土壤改良

种植绿肥作物,如豆科植物和油菜等,这些作物在生长过程中能够固定空气中的氮素并积累大量有机物质,待其成熟后通过翻压或堆肥的方式回归土壤,从而显著增加土壤有机质的含量,进而提升土壤肥力。同时,营造防护林可以减缓风速,减少土壤侵蚀,保护土壤表层的有机质不被风吹走。这些生物土壤改良措施不仅能够增强土壤的保水保肥能力,还有助于改善土壤结构,如增加土壤孔隙度,提高土壤通气性和透水性,为植物根系提供更为理想的生长环境。通过实施这些措施,可以实现土壤质量的持续提升,为农业的可持续发展奠定坚实基础。

7.3.2.4　化学土壤改良

化学土壤改良是一种直接而有效的提高土壤肥力和调节土壤性质的方法。通过施用化肥和各种土壤改良剂,如石灰、石膏等,可以迅速补充土壤中的营养元素,改善土壤结构,提高土壤肥力。同时,这些改良剂还能调节土壤的酸碱度,使其更适宜于作物的生长。然而,在使用化学改良剂时,必须保持科学性和谨慎性。过量的化学改良剂可能导致土壤污染和生态平衡破坏,因此应该根据土壤的实际情况和作物需求,科学合理地选择和使用化学改良剂,确保土壤改良的效益最大化,同时避免对土壤造成二次污染。

7.3.3 土壤改良对林木花卉种植的影响

土壤改良能够显著改善土壤的水分、通气性和肥力状况,为林木花卉提供一个更加理想的生长环境。通过调节土壤的水分含量,确保植物根系得到充足的水分供应,避免因水分不足或过多而导致的生长受限。同时,提高土壤的通气性有助于根系的正常呼吸,增强植物的生命活力。此外,土壤改良还能提高土壤的肥力,为林木花卉提供充足的营养元素,促进其正常生长和发育。

土壤改良还可以提高林木花卉的抗逆性。在土壤改良过程中,通过添加有机物质和微生物制剂等措施,可以丰富土壤中的微生物群落,增强土壤的生态系统稳定性。这些微生物能够分解有机物质,释放养分,为植物提供生长所需的营养,同时能够抑制有害微生物的繁殖,减少病虫害的发生。此外,土壤改良还能够改善土壤的物理性质,如增加土壤孔隙度、降低土壤容重等,提高土壤的保水保肥能力,从而增强林木花卉抵御自然灾害的能力。

土壤改良还能够提高林木花卉的产量和品质。在土壤得到改良后,植物能够充分吸收土壤中的水分和养分,长得更加健壮,开花结果更加茂盛。这不仅能够增加林木花卉的产量,还能够提高其品质,使其更加美观、健康、富有营养。因此,土壤改良对于满足人们对美好生活的需求具有重要意义。

7.3.4 林木花卉种植对土壤的要求

不同的林木花卉在种植时对土壤的要求各有差异。一般来说,它们需要生长在肥沃、疏松、排水良好的土壤中。

肥沃的土壤富含各类必需的营养元素,如氮、磷、钾等,这些养分是林木花卉生长的基础,能够为其提供源源不断的能量。例如:玫瑰和月季等花卉对土壤肥力要求较高,种植时通常需要添加腐熟的有机肥料来确保土壤的肥沃度。

疏松的土壤对林木花卉的生长至关重要。疏松的土壤结构有利于植物根系的伸展和呼吸,同时方便水分的渗透和空气的流通。如松树、柏树等林木,其根系发达,需要充足的土壤空间来生长。

排水良好的土壤也是林木花卉生长的必要条件。水分过多会导致根系缺氧,引发腐烂等问题,而排水良好的土壤能够迅速将多余的水分排出,保持根系的健康。例如:兰花和杜鹃等花卉对水分管理要求严格,种植时通常选择沙质土壤或添加珍珠岩等排水材料。

不同的林木花卉对土壤的酸碱度也有特定的要求。例如:杜鹃花喜欢酸性土壤,而枸杞则更适应碱性土壤。因此,在种植前,需要对土壤进行酸碱度测试,并根据需要添加石灰或硫黄等调节剂来调节土壤的酸碱度,以满足不同林木花卉的生长需求。

7.4 土壤污染与林木花卉的净化作用

7.4.1 土壤污染概述

土壤污染是指人为因素导致某种物质进入陆地表层土壤,引起土壤化学、物理、生物等方面特性的改变,影响土壤功能和有效利用,危害公众健康或破坏生态环境的现象。土壤污染物大致可分为无机污染物和有机污染物两大类,包括重金属、酸、盐、碱、有机农药、有机废弃物、化学肥料、污泥、矿渣、粉煤灰以及放射性物质等。这些污染物超过土壤的自净能力时,会导致土壤的组成、结构和功能发生变化,微生物活动受到抑制,有害物质或其分解产物在土壤中逐渐积累,进而通过"土壤→植物→人体"或"土壤→水→人体"的途径间接被人体吸收,危害人体健康。

7.4.2 土壤污染对植物的影响

土壤污染对植物的影响是多方面且深远的。当土壤中的污染物浓度超过植物的耐受阈值时,会导致植物对营养物质的吸收和代谢过程发生紊乱。这些污染物可能干扰植物细胞膜的透性,影响水分和营养物质的正常运输,进而造成植物营养不良、生长迟缓甚至死亡。

某些污染物在植物体内积累,会对植物的生长发育产生长期的负面影响。这些污染物可能抑制植物的生长素合成,干扰细胞分裂和伸长,导致植物生长受限。更为严重的是,污染物还可能引发植物的遗传变异,导致植物种群的遗传多样性降低,影响其适应环境变化的能力。

以铜为例,铜是植物生长发育所必需的微量元素之一,参与植物的光合作用、呼吸作用等多个生理过程。然而,当土壤中有效态铜含量过高时,会抑制植物的光合作用,降低光合效率,同时会影响植物对氮的吸收和代谢,导致植物体内氮素代谢紊乱。相反,如果土壤中有效态铜含量过低,植物的光合作用和氮代谢也会受到不同程度的抑制。

土壤污染还会破坏植物根系的正常吸收和代谢功能。根系是植物吸收水分和营养物质的主要器官,而土壤污染会改变土壤的物理和化学性质,影响根系的生长和发育。同时,污染物还可能影响植物体内酶系统的正常作用,导致酶活性降低或失活,进而影响植物的代谢过程。

7.4.3 林木花卉的净化作用

7.4.3.1 在净化土壤污染方面

林木花卉在净化土壤污染方面发挥着重要作用,但其对空气污染的净化能力同样不容忽视。

(1)林木花卉通过光合作用吸收大量的二氧化碳,并释放氧气,这一过程不仅有助于减缓全球变暖,还能直接提高空气质量。例如:一片茂密的森林每天可以吸收大量的二氧化碳,并释放出等量的氧气,为周围的生态环境提供清新的空气。

(2)林木花卉的叶子和枝干表面能够捕获空气中的颗粒物,如灰尘、花粉和烟尘等。这些颗粒物在叶子表面积累后,通过雨水冲刷等方式被清除,从而降低了空气中的颗粒物浓度。一些特殊的植物种类,如垂盆草、吊兰等,其叶子上的茸毛和凹槽结构能更有效地捕获颗粒物。

(3)林木花卉的叶片表面和根系内的微生物能够参与有害空气污染

物的生物降解过程。例如:某些植物能够吸收空气中的二氧化硫、氮氧化物等有害气体,并通过叶片上的酶系统将其转化为无害物质。此外,一些植物还能分泌出具有抗菌、抗病毒和防霉功能的挥发性物质,进一步提高空气质量。

(4)树木还能吸收并分解挥发性有机化学物质(VOCs),这些物质是许多工业和家庭用品的副产品,如果排放到空气中,会转化为臭氧,对人体健康造成危害。树木通过吸收和分解这些化学物质,降低了它们在空气中的浓度,从而防止了臭氧的生成。

7.4.3.2　在土壤污染修复方面

在土壤污染修复方面,一些特定的植物品种展现出了卓越的修复效果,这些植物被称为超积累植物。超积累植物具备一系列独特的生态和生理特性,使得它们成为土壤污染修复领域的得力助手。

(1)超积累植物即使在污染物浓度较低的环境中也能表现出较高的积累率。这种高效的吸收能力使得它们能够在短时间内显著降低土壤中的污染物浓度。例如:紫花苜蓿是一种对镉有较高积累能力的植物,它能在镉污染土壤中大量吸收镉离子,从而降低土壤中的镉含量。

(2)超积累植物能在体内富集高浓度的污染物。这种特性使得它们能够处理高浓度的污染土壤,而其他植物可能因无法承受高浓度污染物而死亡。例如:印度芥菜是一种对镍有超积累能力的植物,它能在镍浓度高达数百毫克的土壤中生长,并将镍离子富集在其叶片和根部组织中。

(3)超积累植物还能同时吸收积累几种重金属。这种多重耐受性使得它们能够在复杂的污染环境中生存,并同时修复多种污染物。例如:羊齿蕨科植物是一种对多种重金属(如铅、锌、铜等)都有积累能力的植物,它能在多种重金属共存的土壤中生长,并通过其根系和叶片吸收这些重金属离子。

(4)超积累植物通常生长快、生物量大。这种特性使得它们能够迅速覆盖污染土壤,并通过大量的生物量来吸收和储存更多的污染物。例如:向日葵是一种生长迅速、生物量大的植物,它能在短时间内覆盖大面积的污染土壤,并通过其根系吸收土壤中的污染物。

(5)超积累植物还通常具有抗虫、抗病能力。这种抗性使得它们能够在恶劣的环境中生存,并保持稳定的生长和积累能力。例如:某些品种的紫茉莉不仅对重金属有超积累能力,还具有较强的抗虫性和抗病性,这使得它们在污染修复过程中能够保持较长的生命力。

通过吸收、转化和储存土壤中的污染物,超积累植物能够降低污染物在土壤中的浓度,从而达到修复土壤的目的。这种生物修复方法不仅成本低廉、环境友好,而且能够持续修复污染土壤,为土壤污染的治理提供了一种有效的手段。

7.4.3.3 案例分析

以寮步香市科技产业园为例,该园区在园林绿化过程中秉持着环保与可持续发展的理念,特别注重利用多种特色植物来抗污治污,打造了一个生态友好型的绿化环境。

在园区内,类芦作为一种生态适应性广的野生草类被广泛应用。类芦对干旱、贫瘠、酸化和污染等各种恶劣环境都具有很强的耐受能力,它能在这些恶劣条件下茁壮成长,不仅美化了园区环境,还对土壤具有一定的修复作用。类芦的根系能够深入土壤,固定土壤颗粒,防止水土流失,同时其生长过程中还能吸收和分解土壤中的有害物质,有助于土壤的健康恢复。

此外,朴树也是园区内一种重要的绿化树种。朴树对二氧化硫、氯气等有毒气体具有极强的吸附性,能够有效净化空气中的这些有害气体。同时,朴树对粉尘也有极强的吸滞能力,可以显著减少空气中的颗粒物含量,提高空气质量。朴树的这些特性使得它成为园区内重要的空气净化器。

在植物的选择上,园区还引入了野牡丹这一特色植物。野牡丹耐旱耐瘠,且具有很好的抗病虫害能力,适合种植在酸性土壤中。它的种植不仅丰富了园区的植物种类,还提高了园区的生态效益。野牡丹的开花期长,花色艳丽,为园区增添了美丽的色彩。

通过引入这些特色植物,寮步香市科技产业园不仅美化了环境,还发挥了显著的污染治理效果。这些植物不仅能够吸收空气中的有害物质,还能提高土壤质量,提高生态系统的稳定性。这种生态友好型的绿化方式,为园区的可持续发展奠定了坚实的基础。

第8章　景观生态学与
林木花卉种植规划

景观生态学与林木花卉种植规划紧密相连,通过运用景观生态学的原理和方法,对林木花卉的种植进行合理规划,旨在实现生态系统的平衡与和谐,提升景观的美学价值和生态功能。景观生态学强调空间异质性和生态系统的整体性,为林木花卉种植提供了科学依据,确保种植方案既符合自然环境特点,又能满足人类活动需求,实现人与自然的和谐共生。

8.1　景观生态学的基本概念

景观生态学是一门研究景观结构、功能与动态变化的综合性交叉学科。

8.1.1　定义

景观生态学,作为一门综合性交叉学科,致力于深入探究景观的结构、功能与动态变化。它以异质性景观为研究核心,不仅关注不同尺度上景观的空间格局和系统功能,还深入分析这些元素间的相互作用。景观生态学的研究内容涵盖了从微观到宏观的多个层面,旨在通过科学的手段揭示景观的自然规律和演变趋势。同时,它更是一门具有明确应用目标的学科,致力于通过景观评价、规划与管理,实现景观多样性的保护,促进人与自然的和谐共生,以及推动社会的可持续发展。在这个过程中,景观生态学不仅为我们提供了认识和理解景观的新视角,也为我们提供了保护和利用景观资源的科学依据和有效手段。

8.1.2　研究对象

景观生态学的研究对象是景观,即一系列相互作用的生态系统(包括景观元素、景观组分、斑块)相互镶嵌而成的综合体,这些综合体在地理空间中以类似的形式重复出现,并具有高度的空间异质性。这种异质性不仅体现在景观内部各组成部分之间的空间配置和相互作用上,更显著地表现在空间尺度的变异性和复杂程度上。景观生态学家们通过对这些异质性的研究,深入探究景观的结构、功能和变化过程,以揭示景观生态系统的动态平衡机制,这是景观生态学研究的核心内容。

8.1.3　研究内容

景观生态学作为一门综合了地理学和生态学的交叉学科,其研究内容深入而广泛。主要涵盖景观的结构、功能和演化三个方面。在结构研究中,学者们细致探究景观的空间格局,包括斑块、廊道、基质的组成和配置,这些元素共同构成了景观的基本框架。功能研究则聚焦于景观中的生态过程,诸如物质流、能量流、信息流和价值流的传输和交换,这些过程揭示了景观内部及其与外部环境之间的相互作用。而演化研究则是对景观空间动态的长期追踪,分析景观如何随时间发生变化,如何受到自然和人类活动的影响,并预测其未来发展趋势。这一综合性研究不仅增进了我们对自然景观和人类活动相互作用的理解,也为保护和管理生态系统提供了重要的科学依据。

8.1.4　研究目的

景观生态学的研究目的在于深入理解人类活动与自然景观之间的相互作用,并据此协调两者之间的关系,确保景观的可持续利用和管理。这涵盖了一系列实践活动,如区域开发与规划、城市空间布局、资源合理利用等,同时包含了对景观动态变化和演变趋势的深入分析。通过这些工作,我们旨在优化景观结构,提升其生态服务功能,从而保护生物多样性、维护生态平衡,最终实现人类与自然环境的和谐共生,为子孙后代留下一个绿色、健康、宜居的家园。

8.1.5　学科特点

(1)综合性:景观生态学作为一门综合性极强的学科,其显著特点在于它横跨了生态学、地理学、环境科学以及城市规划等多个学科领域。这种综合性不仅体现在理论框架的构建上,更在实际应用中展现出其独特的优势。通过整合不同学科的理论和方法,景观生态学能够全面、系统地分析景观格局与过程、生态系统的结构与功能,以及人类活动对自然环境的影响,从而为实现景观的可持续发展提供科学依据。这种综合性的特点使得景观生态学在解决复杂环境问题、优化空间资源配置等方面发挥着不可替代的作用。

(2)交叉性:景观生态学作为生态学与地理学之间的交叉学科,展现了显著的交叉性特点。这一学科不仅汲取了生态学的生物群落、种群动态、能量流动等核心理论,同时结合了地理学的空间分析、区域规划、环境评估等方法。通过这两大学科的深度融合,景观生态学形成了独特的学科体系,旨在研究景观结构、功能和动态变化的规律,以及这些变化对人类活动和自然环境的影响。这种交叉性不仅丰富了景观生态学的理论内涵,也为其在实际应用中的多元化发展提供了有力支撑。

(3)应用性:景观生态学不仅拥有深厚的理论基础,而且在实际应用中展现出了其强大的实用性和针对性。它的应用性体现在对现实世界中资源、环境和发展问题的深刻关注与积极应对。景观生态学通过综合运用生态学、地理学、环境科学等多学科的理论和方法,对土地利用、城市规划、生态保护等实际问题进行深入研究,为政策制定、规划设计和生态修复等提供科学依据和解决方案。这种强烈的应用性使得景观生态学在促进人与自然和谐共生、实现可持续发展等方面发挥着重要作用。

(4)系统性:景观生态学强调将景观作为一个完整、复杂的系统进行研究,这一系统性特点体现在对景观内部各要素之间相互联系、相互作用的深入探索上。景观中的自然要素(如地形、植被、水体等)和人为要素(如道路、建筑、农田等)并非孤立存在的,而是共同构成一个动态平衡的整体。景观生态学通过系统分析的方法,研究这些要素之间的结构关系、功能联系以及它们之间的物质流、能量流和信息流,以揭示景观系统的整体功能和演变规律。这种系统性的研究视角有助于我们更全面地理解景观生态系统的复杂性和多样性,为景观规划、生态恢复和环境保护提供科学依据。

(5)尺度性:景观生态学在探讨和研究自然环境时,具有显著的尺度性特征。它不仅仅局限于某一特定的空间尺度,而是能够跨越从微观到宏观的多个尺度,全面分析景观的结构和功能。在微观尺度上,景观生态学关注具体生态位、种群及其相互作用;在中观尺度上,它研究景观斑块、廊道及其镶嵌组合,以及这些结构单元之间的物质流、能量流和信息流;而在宏观尺度上,景观生态学则关注区域乃至全球范围内景观格局的形成与变化,以及这些变化对生态系统服务和人类福祉的影响。这种跨尺度的研究方式,使得景观生态学能够揭示不同尺度上景观结构与功能的相互关联和制约关系,为景观规划、管理和保护提供更为全面和科学的依据。

8.2 景观规划的原则与方法

景观规划的原则与方法是一个系统而复杂的过程,需要综合考虑多方面的因素。在实际规划过程中,应坚持生态优先、整体性、可持续发展、以人为本和地域性原则,采用科学的方法和技术手段进行规划设计和实施管理,以实现景观环境的协调统一和可持续发展。

8.2.1 景观规划的原则

8.2.1.1 生态优先原则

生态优先是景观规划的首要原则,它强调在规划过程中必须将生态系统的完整性和稳定性置于首要地位。这一原则要求我们在规划之初就深入了解和尊重自然规律,将保护生态环境作为规划的核心目标。通过科学合理的规划手段,我们旨在减少人类活动对生态系统的干扰和破坏,确保生态系统的健康、稳定与可持续性。同时,这一原则也倡导人与自然的和谐共生,通过合理的景观布局和生态设计,使人类活动与自然环境相互融合,实现人与自然的和谐共处,共同构建美好的家园。

8.2.1.2 整体性原则

整体性原则在景观规划中占据着至关重要的地位。这一原则要求在规划过程中,必须将规划区域视为一个不可分割的有机整体,深刻认识到其中各个元素之间的相互联系和相互作用。通过综合考虑地形、气候、植被、水体、文化历史等多元要素,实现景观的协调统一,确保规划结果既符合自然规律,又能满足人类需求。同时,整体性原则还强调规划过程的系统性和全局性,通过科学的规划方法和手段,促进景观功能的优化和整合,最终实现人与自然和谐共生的目标。

8.2.1.3　可持续发展原则

可持续发展是景观规划的重要原则,在规划过程中要全面审视资源的合理利用和环境的承载能力。为实现这一目标,必须避免过度开发和资源浪费,确保资源的可持续利用。同时,需要考虑经济、社会和环境三者的协调发展,确保规划方案既能够促进经济增长,又能够提升社会效益,并且不损害自然环境。通过科学的规划设计和精细的管理,可以实现景观资源的长期利用,为后代留下更多的生存空间和发展机会,从而实现真正意义上的可持续发展。

8.2.1.4　以人为本原则

景观规划在坚持生态优先的同时,还应以人为本,将人的需求和感受置于核心地位。在规划过程中,需要深入理解并尊重人们的日常生活习惯、审美偏好以及精神文化需求,力求打造出既舒适、安全,又充满美感的景观环境。这样的规划不仅关注物质层面的需求,如空间布局、设施配备等,更注重精神层面的满足,如文化氛围的营造、环境对人心理的积极影响等。通过这样的景观规划,能够为人们提供一个既符合生态要求,又充满人文关怀的宜居空间,使人们在其中获得身心上的满足与愉悦。

8.2.1.5　地域性原则

地域性原则在景观规划中占据着举足轻重的地位。这一原则强调在规划过程中必须深入理解和尊重特定地域的自然环境特征、历史文化传统以及社会经济条件。通过充分利用当地的自然资源,如地形地貌、植被、水文等,以及深入挖掘和传承地域文化,如建筑风格、民俗风情、历史遗迹等,能够创造出既符合现代审美,又独具地方特色的景观环境。这不仅有助于保护和传承地域文化,还能增强当地居民的文化认同感和归属感,同时吸引外来游客,促进地区经济文化的繁荣和发展。因此,地域性原则是景观规划中不可或缺的一部分,它要求在规划实践中不断探索和创新,以实现景观的可持续发展。

8.2.2　景观规划的方法

8.2.2.1　前期调研与分析

前期调研与分析是景观规划不可或缺的基础环节。它涉及对规划区域自然环境的细致考察,如地形地貌、土壤植被、水文气象等,以了解自然资源的分布和生态特征;还需深入调研社会环境,包括人口结构、居民需求、社会文化背景等,以把握社会因素对景观规划的影响;经济条件的分析同样重要,它涉及资金筹措、投资回报等方面,为规划的可行性提供经济支撑;历史文化因素的调研则有助于保护和传承地域特色,使景观规划既符合现代审美,又富有历史底蕴。通过全面而深入的前期调研与分析,可以为景观规划提供科学依据和参考,确保规划方案的科学性、合理性和可持续性。

8.2.2.2　规划目标确定

在前期调研与分析的坚实基础上,进一步明确景观规划的目标和定位。这些规划目标不仅应紧密结合区域特色和发展需求,还需确保具有高度的针对性和可操作性,以便能够指导后续的规划工作。同时,注重目标的可评估性,以便在规划实施过程中进行持续监控和效果评估,确保规划目标的实现。明确的目标和定位可提供清晰的方向和指引,使景观规划更加科学、合理、有效。

8.2.2.3　空间布局与分区

空间布局与分区是景观规划中的关键环节,它根据明确的规划目标和具体的场地条件来实施。在进行空间布局时,需要综合考虑地形、地貌、气候、植被等自然因素,以及功能需求、交通流线、视觉效果等人为因素,确保各空间元素之间的和谐统一。

分区则是将规划区域划分为若干个具有特定功能和主题的区域,每个区域都有其独特的景观特点和功能需求。分区时,需要明确各个区域之间的界线,并考虑它们之间的过渡和衔接,以确保整个景观的连续性和完整性。

通过合理的空间布局和分区,可以实现景观的协调统一和功能的合理划分。这不仅能够提升景观的美观性和实用性,还能够满足不同人群的需求,促进人与自然的和谐共生。同时,合理的空间布局和分区还能够提高景观的可持续性和可维护性,为未来的发展和变化留下足够的空间。

8.2.2.4　景观设计与营造

在空间布局和分区的基础上,景观设计与营造进入了实质性的阶段。在这一过程中,始终秉持着生态性、美观性和实用性的原则,致力于创造出既符合自然规律又充满地方特色的景观环境。

景观设计注重生态性,要充分利用规划区域的自然资源,通过植被覆盖、水系设计等手段,构建良好的生态环境,确保生物多样性和生态平衡。同时,也要关注景观的可持续性,通过选用环保材料和节能技术,减少对环境的影响,实现人与自然的和谐共生。

景观设计追求美观性,要结合规划区域的文化底蕴和地理特色,运用现代设计理念和手法,打造具有艺术感染力和视觉冲击力的景观效果。通过色彩搭配、形态设计、光影变化等手法,使景观空间更加丰富多彩、引人入胜。

景观设计强调实用性,要充分考虑人们的实际需求和使用习惯,设计出功能合理、舒适便捷的景观空间。无论是休闲游憩、文化展示,还是商业活动,都能在景观空间中找到合适的位置和场所,满足人们的多样化需求。

8.2.2.5　实施与管理

实施与管理是景观规划过程中至关重要的环节,它直接决定了规划方案能否成功转化为现实,并保障景观环境的长期可持续发展。在规划实施过程中,必须严格按照既定的规划方案进行,确保所有步骤和措施都符合规划目标,以最大限度地实现规划愿景。

同时,加强规划管理也是确保景观环境长期可持续发展的关键。这包括建立有效的监管机制,对规划实施过程进行全程跟踪和监督,及时发现并纠正问题。此外,还需要制订科学的维护和管理计划,定期对景观环境进行维护和修复,保持其良好的生态功能和美学价值。

在实施与管理过程中,还需注重公众参与和社区合作。通过积极与当地居民、利益相关者和社区组织沟通合作,共同参与到景观规划的实施与管理中来,不仅可以提高规划的透明度和公信力,还能增强公众对规划的理解和支持,促进规划目标的顺利实现。

8.2.3　景观规划的逻辑设计

逻辑设计是景观规划的重要组成部分,包括问题识别、目标设定、方案设计、优化选择等过程。在逻辑设计过程中,应充分考虑规划区域的实际情况和设计者的自身特点,形成一个完整的逻辑分析过程。

8.2.3.1 问题识别

问题识别是对规划区域进行深入的调研与分析,以准确识别出规划所面临的主要问题。在问题识别的过程中,需要关注多个方面,确保问题的全面性和准确性。

生态环境问题是景观规划中不可忽视的一环。通过对规划区域的自然环境进行调研,可以识别出可能存在的生态环境问题,如生态破坏、生物多样性减少、水资源短缺等。这些问题的存在会直接影响生态系统的健康与稳定,因此在规划中必须给予重点关注和妥善处理。

空间布局问题也是规划过程中需要重点考虑的问题。空间布局不仅关系到景观的美观性和舒适性,还直接影响到土地资源的合理利用和城市的可持续发展。在问题识别阶段,需要对规划区域的空间布局进行细致分析,识别出可能存在的空间布局问题,如空间结构不合理、土地利用效率低下、交通拥堵等,为后续的规划提供有针对性的解决策略。

功能需求问题也是规划过程中必须关注的重要方面。随着城市的发展和人口的增长,人们对景观的功能需求也在不断变化。在问题识别阶段,需要对规划区域的功能需求进行充分调研和分析,了解当地居民、游客等利益相关者的需求和期望,识别出可能存在的功能需求问题,如功能定位不明确、设施配套不完善等,为后续的规划提供科学依据和参考。

8.2.3.2 目标设定

目标设定是景观规划过程中的关键步骤,它基于问题识别的结果,旨在明确规划的方向和预期成果。在设定目标时,必须确保目标具有针对性、可操作性和可评估性。

目标设定应具有针对性。这意味着必须根据问题识别的结果,针对性地设定目标,确保规划能够切实解决存在的问题。例如:如果识别出生态环境恶化的问题,可以设定提高生态环境质量、恢复生态功能为目标。

目标设定应具有可操作性,要将宏观目标细化为具体、可操作的行动步骤。通过制订详细的实施计划,明确各项任务的负责人、时间表和资源配置,确保目标能够得到有效执行。

目标设定应具有可评估性，需要设定可量化的指标和评价标准，对目标的实现情况进行定期评估。通过收集数据、分析绩效，了解规划的进展情况，及时发现问题并采取相应的调整措施，确保规划能够按照预期目标进行。

8.2.3.3　方案设计

在目标设定的基础上，需要着手进行具体的方案设计。方案设计作为景观规划的核心步骤，其质量直接影响最终规划成果的实现效果。因此，在方案设计阶段，必须以高度的科学性和逻辑性为指导，全面考虑多方面因素。

方案设计应注重生态性。这意味着在设计过程中，要尊重自然规律，保护生态环境，确保规划区域的生态平衡。通过合理的布局和设计，促进生态系统的健康、稳定与可持续发展。

美观性是方案设计不可忽视的方面。景观规划不仅要满足功能需求，还要追求美的享受。在方案设计中，应注重色彩搭配、形态设计、空间布局等方面的美学原则，打造出具有视觉吸引力的景观效果。

实用性也是方案设计的重要考量因素。要充分考虑规划区域的实际需求和功能定位，确保设计方案能够满足人们的基本生活和工作需求。通过合理的功能分区、交通组织、设施配置等手段，提高规划区域的实用性和便利性。

历史文化内涵和地域特色也是方案设计中的重要元素。在规划过程中，要深入挖掘当地的历史文化和地域特色，将其融入设计方案中。通过文化传承和地域特色的展现，使景观规划具有独特性和文化价值。

8.2.3.4　优化选择

优化选择是决策过程中的关键步骤，特别是在景观规划领域中，选择最优方案对于项目的成功实施至关重要。在多个备选方案中进行优化选择时，需要综合考虑方案的可行性、经济性和社会效益等因素，以确保最终决策的科学性和合理性。

可行性是优化选择的首要标准。需要评估每个方案在实际操作中的可行性，包括技术可行性、环境可行性以及政策可行性等方面。技术可行性涉及方案的技术难度和实施条件，环境可行性关注方案对生态环境的影响，而政策可行性则考虑方案是否符合相关政策法规。

经济性是优化选择的重要考量因素。需要对各个方案进行成本效益分析，评估其投资成本、维护成本以及预期收益等经济指标。通过对比不同方案的经济性能，选择出经济效益最优的方案，以确保项目的经济效益最大化。

社会效益也是优化选择中不可忽视的因素。需要考虑方案对当地社区、生态环境以及文化遗产等方面的影响。一个优秀的景观规划方案应该能够提升社区的生活质量，保护生态环境，传承文化遗产，并为社会带来长远的积极效益。

8.3 林木花卉种植在景观规划中的应用

林木花卉种植在景观规划中具有广泛的应用价值。通过科学合理地选择和配置植物资源，可以充分发挥其生态功能、美学价值、空间营造和文化表达等多方面的作用，为景观环境增添生机和活力。

8.3.1 生态功能的应用

8.3.1.1 生态修复与保护

生态修复与保护是景观规划中至关重要的环节，其中林木花卉种植扮演着举足轻重的角色。在景观规划中，通过精心选择和种植适宜的林木花卉，不仅能够美化环境，还能有效地促进生态修复和保护。

具体而言，在受到破坏或污染的地区，选择耐旱、耐瘠薄的植被进行种植，是一种有效的生态修复手段。这些植物能够在恶劣的环境中生存并繁衍，通过其根系固定土壤，减少水土流失，并逐步改善土壤结构，恢复土壤肥力。此外，植物的生长还能够吸收空气中的有害物质，净化环境，提升区域的生态质量。

同时，通过种植林木花卉，建立多样化的植物群落，可以极大地增加生物多样性。这些植物群落为野生动物提供了丰富的栖息地和食物来源，有助于维护生态平衡。此外，多样化的植物群落还能够增强生态系统的稳定性和抗干扰能力，提高整个生态系统的健康水平。

因此，在景观规划中，应充分重视林木花卉种植在生态修复与保护中的作用。通过科学规划和合理布局，选择适宜的植物种类和种植方式，最大限度地发挥植物在生态修复和保护中的潜力，为创造美丽宜居的环境贡献力量。

8.3.1.2　空气净化与调节

空气净化与调节是植物在自然环境中的重要功能之一。植物通过光合作用，将二氧化碳转化为有机物质，同时释放出氧气，这一过程对于维持大气中的碳、氧平衡至关重要，有助于显著提高空气质量。在光合作用过程中，植物作为自然界的"空气净化器"，不断消耗大气中的二氧化碳，并释放出氧气，为地球生物提供了生存所需的清新空气。

除基本的氧气产生功能外，一些特定的植物还具备吸收空气中有害物质的能力。这些植物通过其叶片和根系，能够有效地吸收空气中的二氧化硫、氮氧化物等有害气体，将其转化为无毒或低毒的物质，从而达到净化空气的目的。这种功能对于减少大气污染、保护生态环境具有重要意义。

此外，林木的蒸腾作用也是空气调节的重要机制之一。当植物通过蒸腾作用释放水分时，它们不仅降低了自身的温度，还通过水分的蒸发作用，增加了周围空气的湿度。这种作用在干旱和半干旱地区尤为明显，能够有效地改善微气候，为人们提供更加舒适的生活环境。

8.3.2　美学价值的提升

8.3.2.1　色彩与季相变化

色彩与季相变化是景观设计中不可或缺的元素，特别是在林木花卉的种植中，它们能够赋予景观丰富的色彩变化和季相更替。为了营造四季皆景的景观效果，设计师需要精心选择并合理搭配不同花期、花色的植物。

春季，盛开的花朵为景观带来勃勃生机和明媚的色彩。樱花、桃花、杏花等花卉的绽放，不仅为游客带来视觉上的享受，还散发出迷人的芳香，增添了春日的愉悦氛围。

夏季，随着气温的升高，一些耐热的花卉开始盛开，如向日葵、扶桑花等。这些花卉以其鲜艳的色彩和独特的形态，为夏季的景观增添了一抹亮色。同时，绿树成荫的林木也为游客提供了避暑的好去处。

进入秋季，随着叶子的变色和飘落，景观呈现出一种沉静而富有诗意的氛围。枫叶、银杏等植物以其金黄的叶片，为秋季的景观增添了独特的魅力。此时，一些秋季开花的植物，如菊花、桂花等，也为景观带来了丰富的色彩和香气。

冬季，虽然大多数植物进入休眠期，但一些常绿植物和冬季开花的植物，如松树、梅花等，依然为景观增添了一抹生机。同时，通过合理的灯光布置和雪景的营造，冬季的景观也能呈现出一种宁静而神秘的美感。

通过合理搭配不同花期、花色的植物，可以营造出四季皆景的景观效果。这不仅能够提高景观的观赏性，还能为游客带来愉悦的视觉体验。在景观设计中，注重色彩与季相变化的运用，能够创造出更加丰富多彩、引人入胜的景观空间。

8.3.2.2 形态与质感对比

形态与质感对比在景观设计中扮演着至关重要的角色，它们能够赋予景观空间独特的魅力和视觉冲击力。不同种类的林木花卉，以其独特的形态和质感，为景观设计师提供了丰富的素材和选择。

乔木以其挺拔的身姿和宏伟的气势，成为景观空间中的主体和骨架。它们的高度和形态为景观创造了竖向的层次和视觉焦点，为观赏者提供了强烈的空间感和深度感。

与乔木相比，灌木的形态更为丰满和圆润，它们通常作为景观空间中的中层元素，与乔木形成层次上的对比和呼应。灌木的枝叶茂密，质感柔软，为景观增添了一种柔和而温暖的氛围。

草本植物则以其细腻的质感和丰富的色彩为景观空间增添了细节和活力。它们可以覆盖地面，形成统一的基底，也可以作为点缀，与乔木和灌木形成对比和呼应。草本植物的形态各异，有的纤细柔弱，有的粗壮有力，为景观空间带来了丰富多变的质感。

在景观设计中，通过合理搭配不同种类的林木花卉，可以形成层次丰富、质感多变的景观空间。这种对比和变化不仅增强了景观的立体感和深度，还使得整个空间更加生动、有趣。设计师可以根据景观的主题和风格，选择适合的林木花卉进行搭配，创造出独具特色的景观空间。

8.3.3 空间营造与划分

8.3.3.1 空间界定与围合

空间界定与围合是景观设计中至关重要的环节，而林木花卉的种植在这一过程中扮演着不可或缺的角色。通过精心选择和配置，这些自然元素能够有效地界定和围合空间，为景观环境带来层次感和韵律感。

高大的乔木因其挺拔的身姿和茂密的树冠，能够形成天然的屏障，将空间划分为不同的区域。它们像是一道道绿色的墙，既能够遮挡视线，又能够引导人流，为空间划分提供了明确而有力的边界。这些乔木的选择应充分考虑其生长特性、树形和季相变化，以确保它们在不同的季节都能呈现出良好的景观效果。

与高大的乔木相比，低矮的灌木和地被植物则以其柔和的线条和丰富的色彩，为空间界定提供了另一种可能。它们能够形成柔和的边界，使空间过渡更加自然。这些植物的选择应注重其形态、色彩和质感，以确保它们能够与周围环境相协调，营造出和谐统一的景观效果。同时，灌木和地被植物的种植还可以增加空间的层次感，丰富景观的视觉效果。

8.3.3.2 空间引导与视线焦点

空间引导与视线焦点是景观设计中的关键要素，它们通过植物的种植布局来塑造和引导游客的体验。在规划设计中，通过种植具有引导性的植物和选择具有观赏价值的植物，可以有效地引导游客的视线和行走路线，并创造令人瞩目的视觉焦点。

具有引导性的植物如行道树、绿篱等，在景观设计中起到了至关重要的作用。它们不仅提供了遮蔽和防晒的功能，更重要的是通过其形态和排列方式，引导游客的视线和行走路线。行道树以其整齐划一的排列，形成了一条明确的视觉通道，使游客能够自然而然地沿着既定的路径前行。而绿篱则以其连续的形态和高度，划分出不同的空间区域，使游客能够清晰地感知到空间的转换和过渡。

在重要节点或景观焦点处种植具有观赏价值的植物，能够形成视觉焦点，吸引游客的注意力。这些植物通常具有独特的形态、鲜艳的色彩或丰富的季相变化，能够成为景观中的亮点和标志。通过精心选择和设计，这些植物能够与周围环境相协调，形成鲜明的对比或和谐的呼应，从而营造出令人难忘的视觉效果。

在种植这些植物时，需要考虑它们的生长习性、光照需求、花期等因素，以确保它们能够在不同季节和环境下呈现出最佳的观赏效果。同时，需要考虑游客的观赏角度和视线高度，以确保他们能够欣赏到植物的最佳观赏面。

8.3.4　文化表达与传承

8.3.4.1　地域文化的体现

地域文化的体现是景观规划中不可或缺的一部分，它能够使空间充满历史底蕴和地域特色。不同地区的林木花卉品种繁多，各具特色，这些植物不仅是自然的产物，更是地域文化的载体。在景观规划中，巧妙地运用具有地方特色的植物，可以深刻地体现地域文化的独特性和多样性。

地方特色植物的种植能够直观地展现地区的自然风貌和生态特色。这些植物经过长期的自然选择和适应，与当地的气候、土壤等环境条件形成了紧密的联系，因此它们成为该地区自然环境的代表。通过种植这些植物，可以让游客在欣赏景观的同时，感受到地区的自然之美和生态之韵。

地方特色植物的种植还能够传承和弘扬地域文化。这些植物往往承载着丰富的历史、传说和民俗等文化内涵，是地区文化的重要组成部分。在景观规划中，可以通过种植具有象征意义或历史价值的植物，来传承和弘扬这些文化。例如：在某些地区，人们会种植特定的花卉来纪念历史事件或人物，这些花卉不仅具有观赏价值，更是地区文化的象征。

地方特色植物的种植还能够增强景观的辨识度和记忆点。在景观规划中，需要通过独特的元素来让游客对空间产生深刻的印象。具有地方特色的植物就是这样一个重要的元素。它们不仅具有独特的形态和色彩，还承载着地区文化的内涵，因此能够让游客在游览过程中产生强烈的辨识感和记忆点。

8.3.4.2　历史文化的传承

历史文化的传承是景观规划中不可或缺的一环，而具有历史文化价值的植物在其中扮演着重要角色。这些植物，如古树名木、历史名花等，不仅是自然界中的瑰宝，更是承载着丰富历史文化信息的活化石。在景观规划中，应当充分保护和利用这些植物资源，以传承和弘扬历史文化。

这些具有历史文化价值的植物本身就具有极高的观赏价值。它们的形态独特、树姿优美，能够吸引人们的目光，为景观增添一抹独特的韵味。同时，这些植物所承载的历史文化内涵，更能够引发人们的思考和共鸣，增强景观的文化底蕴。

在景观规划中，可以通过多种方式保护和利用这些植物资源。首先，对于已经存在的古树名木和历史名花，应当进行科学的保护和养护，确保它们能够健康生长，延续其生命力。同时，可以通过设置标识牌、解说牌等方式，向游客介绍这些植物的历史文化背景，增强游客对它们的认识和了解。

还可以在景观规划中引入新的植物品种，以丰富景观的层次和色彩。在选择植物品种时，应当充分考虑其历史文化背景，选择那些与当地历史文化相契合的植物品种。通过巧妙的植物配置和景观设计，可以将这些植物融入景观中，形成具有历史文化特色的景观空间。

还应当注重景观规划与当地历史文化的融合。在规划过程中，应当深入挖掘当地的历史文化资源，了解当地的历史文化特色和人文风情。通过将这些历史文化元素融入景观规划中，可以打造出具有地域特色和历史文化底蕴的景观空间，为游客提供更加丰富多彩的旅游体验。

8.4　城乡绿化与林木花卉种植规划

城乡绿化与林木花卉种植规划是城市和农村发展的重要组成部分，

它旨在提升城乡环境质量，增加绿化面积，促进生态平衡，同时为人们提供美观、舒适的生活空间。

8.4.1 规划目标与原则

8.4.1.1 规划目标

规划目标在城乡绿化与林木花卉种植中占据核心地位，其首要目标旨在提高城乡环境质量，促进生态平衡和可持续发展。为实现这一总体目标，需要细化具体目标，包括显著增加绿地面积，确保绿地覆盖率的稳步提升，进而美化城乡环境，创造宜居宜游的生态空间。此外，通过科学规划林木花卉种植，改善局部气候条件，减少城市热岛效应，并提供丰富的休闲游憩场所，以满足人们日益增长的精神文化需求。这些具体目标的达成，不仅将促进城乡环境的整体改善，也为实现生态平衡和可持续发展奠定坚实基础。

8.4.1.2 规划原则

（1）生态优先原则。生态优先原则在城乡绿化与林木花卉种植规划中占据核心地位。它强调在规划过程中必须尊重自然规律，坚持生态优先，以维护生态系统的完整性和稳定性。在具体实施中，应优先选择适应性强、生态效益好的植物种类，这些植物不仅能更好地适应本地的气候和土壤条件，还能有效改善环境，提升生态系统的服务功能。通过这一原则，实现人与自然的和谐共生，促进城乡绿化事业的可持续发展。

（2）科学性原则。在进行城乡绿化与林木花卉种植规划时，科学性原则至关重要。这要求在规划过程中，必须深入了解和充分考虑当地的气候、土壤、水文等自然条件，基于这些自然因素的特点和规律，科学合理地选择植物种类和配置方式。通过精准评估各种植物的生长习性、适应性以及对环境的贡献能力，能够确保所选植物不仅能在当地自然条件下健康生长，而且能够最大限度地发挥其在改善环境、维护生态平衡方面的作用。这样的科学规划不仅有助于提高城乡绿化的效果，还能为当地居民提供更加舒适、宜居的生活环境。

（3）美观性原则。在城乡绿化与林木花卉种植规划中，美观性原则占据着举足轻重的地位。这一原则强调在注重植物的实用性和生态功能的同时，更应关注其观赏价值。通过精心选择植物种类，搭配色彩丰富、形态各异的植物，以及利用季相变化带来的不同视觉效果，能够营造出既和谐统一又充满变化的绿化景观。这样的景观不仅能提升城乡环境的美观度，还能增强居民的幸福感和归属感，为城市的可持续发展注入活力。

（4）经济性原则。在追求绿化效果的同时，务必充分考虑经济成本。在规划城乡绿化与林木花卉种植时，应当基于成本效益分析，选择那些既能满足绿化需求，又具备较高经济价值的植物种类。同时，在种植方式和养护管理上，也应采用科学、经济、高效的方法，以降低整体成本，确保项目的可持续性和长期效益。通过综合考虑经济效益和绿化效果，能够实现资源的优化配置，为城乡绿化事业的长远发展奠定坚实基础。

8.4.2　植物选择与配置

8.4.2.1　植物选择

植物选择是城乡绿化与林木花卉种植规划中的重要环节，它直接关系到绿化项目的成功实施和长期效果。在植物选择过程中，应首先依据规划目标和原则，确保所选植物能够适应当地的气候和土壤条件。优先选择乡土树种，这些树种通常具有较强的适应性和生命力，能够更好地融入当地生态系统。同时，应关注植物的生态功能，如抗污染、耐旱、耐寒等特性，这些特性将有助于提升绿地的生态效益。

此外，在植物选择时，还应考虑其观赏价值和经济效益。选择一些具有美丽外观和季节变化的植物，能够提升城乡环境的观赏价值，为居民和游客带来愉悦的视觉体验。同时，应注重植物的市场需求，选择具有一定经济价值的植物种类，如药用植物、观赏花卉等，这不仅能够增加项目的经济效益，还能促进当地产业的发展。

8.4.2.2　植物配置

植物配置是城乡绿化与林木花卉种植规划中的关键步骤，它需要根据规划区域的功能需求和景观特点，进行科学合理的植物种类选择和种植方式安排。在植物配置上，应注重植物的层次感和空间感，通过乔木、灌木、地被等多层次植物的搭配，构建出丰富多样的绿化景观。乔木作为骨架，能够形成高大的绿色屏障，为空间提供明确的界定；灌木则作为中层，通过其丰富的形态和色彩，为景观增添细腻的变化；地被植物则作为底层，覆盖地面，形成统一的绿色基底。

同时，在植物配置上，还需要充分考虑植物的生长习性和季相变化。不同植物具有不同的生长速度、形态和花期，通过合理的配置，可以实现四季有景、季相变化的效果。春季，可以选择开花早、花色鲜艳的植物，如樱花、玉兰等，为景观带来勃勃生机；夏季，利用常绿植物和遮阴树种，为人们提供清凉宜人的环境；秋季，选择果实累累、色彩丰富的植物，如银杏、枫树等，展现秋天的丰收和美丽；冬季，则可以通过常绿树种和耐寒植物，为景观增添一份坚韧和生命力。

通过科学的植物配置，可以营造出既美观又实用的绿化景观，为城乡居民提供宜人的生活环境，同时促进生态平衡和可持续发展。

8.4.3 空间布局与分区

8.4.3.1 空间布局

空间布局是城乡绿化与林木花卉种植规划中的关键环节，它决定了绿化空间的分布与结构。在规划过程中，需要充分考虑规划区域的地形、地貌、水系等自然条件，以及城市或乡村的功能区划，以确保绿化空间的合理布局。

应确保绿化空间的连续性和完整性，通过精心规划，使绿地之间相互连接，形成绿色网络体系。这不仅有助于提升生态系统的稳定性和生物多样性，还能增强绿化空间的整体美感。

要充分考虑绿地的可达性和便利性。在规划过程中，应确保绿地与居民区、商业区、工业区等区域的便捷连接，为居民提供便捷的休闲游憩场所。同时，还应考虑绿地的服务半径，确保每个区域的居民都能享受到绿化空间带来的便利。

在空间布局中，还应注重绿化空间的层次感和多样性。通过合理配置不同高度的植物，形成高低错落、层次分明的绿化景观。同时，引入不同种类的植物，包括乔木、灌木、地被植物等，以丰富绿化空间的生物多样性。

8.4.3.2　分区规划

分区规划是城乡绿化与林木花卉种植规划中的重要环节，它根据规划区域的功能需求和景观特点，将绿化空间合理划分为不同的功能区域，以确保各区域的功能性和美观性得到充分发挥。

公园绿地作为城市绿化的重要组成部分，其规划应着重考虑休闲游憩和生态保护的需求。例如：在公园绿地中，可以设置儿童游乐区、健身步道、花坛等，以满足市民休闲娱乐的需求。同时，选用抗污染、降噪能力强的植物，如松树、柏树等，以改善公园的空气质量和声环境。

道路绿地是连接城市各个区域的绿色走廊，其规划应注重行车安全和景观美化。在道路两侧种植行道树，如梧桐、香樟等，不仅能够提供遮阴效果，还能有效地减少噪声和空气污染。此外，在道路交叉口和重点区域设置花坛和绿化带，能够增强道路的景观效果，提升城市的形象。

居住区绿地是居民日常生活的重要场所，其规划应强调舒适性和便利性。在居住区绿地中，可以设置休闲座椅、健身器材等，方便居民进行日常休闲活动。同时，选择具有观赏性和经济价值的植物，如樱花、月季等，既能美化环境，又能为居民带来经济收益。

防护绿地是城市生态安全的重要保障，其规划应强调防护功能和生态效益。在防护绿地中，种植具有防风固沙、保持水土等功能的植物，如杨树、柳树等，以改善城市的生态环境。同时，结合地形地貌和气候条件，设置防护林带和生态屏障，有效防止自然灾害的发生。

8.4.4　实施与管理

8.4.4.1　实施措施

实施措施是确保城乡绿化与林木花卉种植规划得以有效执行并达到预期效果的关键环节。

1．植物种植

（1）选择优质苗木：根据规划目标和当地气候、土壤条件，选择健康、无病虫害的优质苗木进行种植。例如：在干旱地区选择耐旱性强的树种，如胡杨、梭梭等。

（2）科学种植技术：采用先进的种植技术，如容器苗造林、生根粉处理等，提高苗木成活率。同时，根据树种特性和生长习性，合理安排种植密度和株行距。

（3）多样化种植：通过乔灌草结合、常绿与落叶搭配等方式，实现植物种类的多样化种植。例如：在城市公园中种植樱花、海棠等观赏花卉，同时搭配常绿树种，如松树、柏树等，形成四季有景的绿化景观。

2．养护管理

（1）定期浇水施肥：根据植物的生长需要和季节变化，制订科学的浇水施肥计划。例如：在春季和秋季对树木进行施肥，促进其生长；在夏季高温时期增加浇水次数，确保植物水分充足。

（2）病虫害防治：加强病虫害监测和预警，采取生物防治、物理防治和化学防治相结合的方法，有效地控制病虫害的发生和蔓延。例如：利用天敌昆虫防治害虫，减少对化学农药的依赖。

（3）修剪整形：定期对植物进行修剪整形，保持其良好的生长态势和观赏效果。例如：对行道树进行定期修剪，去除枯枝、病枝和过密枝条，保持树形美观。

3．设施配套

（1）在灌溉设施方面：建设完善的灌溉系统，包括水源、管网、喷头等，确保植物得到及时、充足的灌溉。例如：在绿地中铺设滴灌管道，实现节水灌溉。

（2）在道路设施方面：在绿地中设置合理的道路系统，方便游客游览和养护管理。例如：在公园中设置步行道、自行车道等，满足不同游客的游览需求。

（3）在休闲设施方面：在绿地中设置座椅、凉亭、花坛等休闲设施，为游客提供舒适的休息和观赏环境。

通过以上实施措施的具体执行，可以确保城乡绿化与林木花卉种植规划得到有效实施，并达到预期效果。这些措施不仅提高了绿地的质量和生态效益，也为居民和游客提供了更加优美、舒适的休闲环境。

8.4.4.2　养护管理

养护管理是保障绿地植物健康生长和景观效果持久的关键环节。为了加强绿地的养护管理工作，需要采取一系列细致且有针对性的措施，具体如下。

1. 浇水管理

（1）科学灌溉：根据植物的生长需要和当地气候条件，制订合理的灌溉计划。例如：在干旱季节，对需水量大的植物增加灌溉频次，确保植物水分充足；而在雨季，则适当减少灌溉，避免水涝。

（2）节水灌溉技术：引入先进的节水灌溉技术，如滴灌、喷灌等，减少水资源浪费，提高灌溉效率。例如：在大型绿地中安装滴灌系统，直接为植物根部供水，既节水又高效。

2. 施肥管理

（1）定期施肥：根据植物的生长周期和营养需求，制订施肥计划，定期为植物提供充足的营养。例如：在春季和秋季为树木施加有机肥或复合肥，促进其生长和开花。

（2）测土配方施肥：通过对土壤进行化验分析，了解土壤中的养分含量和比例，制订针对性的施肥方案。这样可以确保植物得到均衡的营养供应，避免养分过剩或不足。

3. 修剪整形

（1）定期修剪：定期对植物进行修剪整形，去除枯枝、病枝和过密枝条，保持植物的健康生长和良好形态。例如：对行道树进行定期修剪，保持树冠整齐、树干挺拔。

（2）整形美化：通过修剪整形，使植物呈现出更加美观的形态和景观效果。例如：在公园绿地中，通过修剪灌木丛和地被植物，形成各种图案和造型，增强绿地的观赏价值。

4. 病虫害防治

（1）预防为主：加强植物病虫害的监测和预警工作，采取生物防治、物理防治和化学防治相结合的方法，有效控制病虫害的发生和蔓延。例如：在绿地中设置病虫害监测点，定期进行检查和记录；同时引入天敌昆虫等生物防治手段，减少化学农药的使用。

（2）及时治疗：一旦发现植物出现病虫害症状，要及时采取措施进行治疗。例如：对受到病虫害侵袭的植物进行隔离和剪除病枝病叶；同时喷洒相应的农药进行防治。

5．长效管理机制

（1）定期巡查：建立长效管理机制，定期对绿地进行巡查和维护。例如：设置专门的养护管理团队或委托专业养护公司进行日常养护管理；同时制订巡查计划和标准，确保绿地养护工作的及时性和有效性。

（2）建立档案：对绿地的养护管理情况进行记录和整理，建立详细的养护管理档案。这样可以方便管理人员了解绿地的养护历史和管理效果；同时可以为未来的养护管理工作提供有益的参考和借鉴。

通过以上措施的实施和执行，可以确保绿地的养护管理工作得到有效加强和持久保持；同时植物的健康生长和景观效果也能得到长期的保障。

8.4.4.3　公众参与

鼓励公众参与城乡绿化与林木花卉种植规划的实施和管理过程，是确保规划方案贴近群众需求、提高绿化质量和效益的重要途径。如通过社区宣传栏、官方网站、社交媒体等渠道，广泛宣传城乡绿化的重要性和意义，提升公众对绿化工作的认知和关注度。同时，积极组织绿化志愿服务活动，邀请市民参与树木种植、花坛布置等实际工作，让他们亲身感受到绿化带来的变化和美好。此外，还要建立反馈机制，通过问卷调查、座谈会等形式，及时收集和处理公众对绿化工作的意见和建议，不断改进和完善规划方案。这些举措不仅能增强公众的绿化意识和参与度，也可为城乡绿化事业的持续发展奠定坚实基础。

第 9 章　可持续林业与花卉产业发展

可持续林业与花卉产业的发展相互促进，共同致力于实现经济、社会和环境的协调发展。可持续林业强调在保护和管理森林资源的基础上，实现林业产业的可持续发展，包括森林资源的可持续利用、生态系统的保护和恢复，以及林业政策和科技的可持续性。而花卉产业则通过优化产业结构、提高科技创新能力、完善产业链等措施，不断提升产品品质和市场竞争力，满足人们对环境美化和绿色生态的需求。两者在发展过程中相互支持，共同推动林业和花卉产业的可持续发展。

9.1　可持续林业与花卉产业的定义

可持续林业和花卉产业都是现代社会的重要产业领域，它们在促进经济发展、改善生态环境和提高居民生活水平等方面发挥着重要作用。通过加强科学管理和合理利用资源，可以实现这两个产业的可持续发展，为人类社会创造更加美好的未来。

9.1.1　可持续林业的定义与特点

9.1.1.1　定义

可持续林业是指在特定区域内，旨在确保林业资源在满足当代社会经济和文化发展需求的同时，不损害后代人满足其需求的能力。它遵循生态、经济和社会三方面的可持续发展原则，强调在保护森林生态系统的健康、完整性和生物多样性的基础上，通过科学的森林经营管理，实现林业资源的持续利用和林业经济的稳定增长。这不仅包括合理采伐木材、非木质林产品等自然资源，还涉及森林碳汇、水土保持、生物多样性保护等生态服务功能的维护，以及促进林业社区的经济繁荣和社会和谐。通过实施可持续林业，能够确保林业资源的永续利用，为后代人留下一个健康、繁荣的生态环境。

9.1.1.2　主要特点

（1）生态平衡：可持续林业将维护森林生态系统的稳定性和生物多样性置于核心地位。它强调在开发利用森林资源时，必须充分考虑生态系统的自我调节能力，避免过度开发和破坏。通过实施科学的森林管理策略，如合理采伐、植树造林、森林防火等措施，可持续林业致力于保护森林生态系统的完整性，确保森林资源的长期、稳定、健康发展，从而实现森林资源的可持续利用，为后代留下宝贵的绿色财富。

（2）经济效益：在保护生态环境的前提下，注重通过科学管理和合理利用森林资源来实现林业经济的稳定增长。通过采用先进的林业经营管理技术，优化树种结构，提高森林质量和产量，能够有效增加木材、林果、林下经济等多种林业产品的供给。同时，加强林业科技创新，发展林业深加工和绿色产业，进一步延长林业产业链，提高林业产品的附加值和竞争力。这些措施不仅促进了林业产业的健康发展，提高了林业产值和效益，也为当地经济的持续增长和农民收入的增加做出了积极贡献。

（3）社会效益：可持续林业的发展对于社会产生了深远的影响。它不仅通过植树造林、生态修复等措施显著改善了生态环境，为野生动植物提供了更加适宜的栖息地，促进了生物多样性的保护；而且可持续林业还促进了农村经济的多元化发展，通过林木种植、木材加工、生态旅游等产业的兴起，为农村地区带来了稳定的收入来源和丰富的就业机会，进而提高了居民的生活水平。例如：在推行可持续林业管理的地区，当地居民通过参与林业项目，不仅提高了自身收入，还改善了生活环境，实现了生态与经济的双赢，充分展现了可持续林业的社会效益。

9.1.2　花卉产业的定义与特点

9.1.2.1　定义

花卉产业是一个多元化的经济活动，它以花卉为核心产品，涵盖了从种植、养护到销售、加工，乃至观赏旅游等多个领域。这一产业不仅注重花卉的种植技术和养护管理，确保花卉的品质和观赏价值，同时关注花卉的市场需求和消费趋势，通过多样化的销售策略和加工方式，将花卉产品推向市场，满足消费者的不同需求。此外，花卉产业还积极开发花卉观赏旅游资源，通过举办花卉展览、花艺表演等活动，吸引游客前来观赏和消费，为当地经济发展注入新的活力。例如，某地区的郁金香花卉节已成为当地知名的旅游品牌，吸引了大量游客前来参观，不仅推动了花卉产业的发展，也带动了当地旅游业的繁荣。

9.1.2.2 主要特点

（1）品种多样性：花卉产业以其品种多样性而著称，不仅涵盖了广泛的观赏花卉，如玫瑰、牡丹、郁金香等，这些花卉以其绚丽多彩的色彩和优雅的形态，深受人们的喜爱和追捧；同时包括药用花卉，如金银花、菊花等，这些花卉在传统中医药领域有着广泛的应用价值，能够满足人们对健康和医疗的需求；此外，食用花卉如茉莉花、桂花等，不仅具有独特的香气，还可以作为食材使用，丰富了人们的饮食文化。这种多样化的品种结构使得花卉产业能够满足不同消费者的需求和喜好，为其持续发展和创新提供了广阔的空间。

（2）高附加值：花卉产业以其独特的魅力展现出显著的高附加值特性。这一产业通过精细化的种植技术、专业化的养护管理和创新性的加工手段，将花卉产品从普通的花草植物转变为具有更高观赏价值、文化价值和商业价值的精品。这些经过精心培育和处理的花卉，不仅满足了消费者对于美好、独特和个性化的追求，更在市场中形成了独特的竞争优势，从而大幅度提高了花卉产品的附加值和市场竞争力。例如：一些珍稀花卉品种通过精细的养护和包装，成为高端礼品市场的热门选择，实现了从普通花卉到高附加值商品的华丽转身。

（3）生态效益：花卉种植在生态环境中扮演着不可或缺的角色，它以其独特的绿化效果显著改善了城市环境。花卉不仅能够美化城市景观，为城市增添一抹亮丽的色彩，还能够通过光合作用吸收二氧化碳、释放氧气，有效净化空气，减少污染。此外，花卉种植还能够增加土壤湿度，保持水土，减少城市热岛效应，为居民提供更为舒适宜居的生活环境。因此，花卉种植对于提升城市形象、提高居民生活质量以及维护生态平衡都具有重要的生态效益。

（4）产业链长：花卉产业以其独特的产业链特点，展现出了强大的经济潜力和社会价值。这一产业从最初的种子选育、土壤改良和花卉种植开始，经过精心的养护管理，确保花卉健康成长并展现其最佳观赏价值。随后，通过花卉的采摘、包装、运输等环节，将产品送达消费者手中。在销售过程中，不仅涉及传统的批发零售，还融合了电子商务、直播带货等现代营销手段，进一步拓宽了销售渠道。此外，花卉加工环节也是产业链中的重要一环，通过花艺设计、花卉制品制作等方式，增加了花卉的附加值。整个花卉产业链不仅环节众多，而且每个环节都需要相应的技术和资源支持，形成了一个相互依存、紧密联系的完整体系，展现了花卉产业深厚的产业链实力和巨大的发展潜力。

9.1.3 可持续林业与花卉产业可持续发展的重要性

9.1.3.1 生态可持续性

生态可持续性是指在追求林业和花卉产业长期、稳定发展的同时，坚持保护生态环境，确保自然资源的可持续利用。这一理念强调通过科学管理和合理利用资源，如实施精准林业管理、优化花卉种植结构、推广生态种植技术等，来减少对环境的负面影响，避免过度开发和破坏生态环境。例如：采用生态友好的种植方法，如滴灌、有机肥料等，可以有效减少水资源的浪费和化学肥料的污染，同时提升花卉的品质和产量。通过这样的方式，生态可持续性不仅保障了产业的健康发展，也为后代留下了更为丰富和健康的自然环境。

9.1.3.2 经济可持续性

经济可持续性是指可持续林业和花卉产业在确保资源合理利用和生态环境保护的基础上，通过技术创新、产业升级和市场拓展，实现产业经济的长期稳定增长。这一理念强调通过提升林业和花卉产业的产值和效益，促进农村经济的繁荣和就业的增加。同时，发展绿色经济和生态旅游等新兴产业，不仅可以进一步拓展产业链条，增加产品的附加值，还能为当地带来更多的经济收益和就业机会。例如：在花卉产业中，通过引入先进的种植技术和培育高附加值的观赏花卉品种，可以提高花卉的售价和市场份额，进而带动相关产业链的发展，如花卉园艺、花卉物流等，为当地经济注入新的活力。这种经济可持续性不仅有助于提升林业和花卉产业的竞争力，也为实现农村经济的可持续发展提供重要支撑。

9.1.3.3 社会可持续性

社会可持续性是指在可持续林业和花卉产业的发展过程中，注重改善生态环境、提高居民生活水平，并促进社会公平和稳定。这些产业的发展不仅能够带来经济上的增长，还能够提升生态环境质量，为居民创造更加宜居的生活环境。同时，通过加强公众参与，如鼓励居民参与林业和花卉产业的种植、养护等活动，可以增进居民对可持续发展理念的认同感和参与感，形成共建、共治、共享的良好氛围。此外，政策保障也是推动社会可持续性的关键，政府应制定相关政策，支持林业和花卉产业的可持续发展，确保资源的合理分配和公平利用，为社会可持续性的发展提供有力保障。

9.2　林业与花卉产业发展趋势与市场需求

林业与花卉产业的发展趋势正展现出蓬勃的活力，市场需求也在持续增长。随着国家对花卉业高质量发展的政策推动，现代化花卉产业体系正在逐步构建，预计到 2035 年，我国花卉种质资源保护体系基本完备，产业链供应链体系日趋完善，基本实现花卉业现代化。同时，市场需求方面，花卉零售市场规模不断扩大，消费者对花卉产品的品质、个性化和高性价比的需求日益提升。此外，林业部门也在积极推动花卉市场向广义化发展，包括产品结构的丰富化和市场营销方式的多样化，以满足市场的多元化需求。

9.2.1　产业发展趋势

9.2.1.1　种植规模持续扩大

我国花卉产业自 20 世纪 90 年代开始便呈现出了迅猛发展的态势，历经几十年的不懈努力，如今已经跃升为世界最大的花卉生产基地之一。这不仅彰显了我国花卉产业的强大实力，也体现了国内消费者对美好生活的追求与向往。

近年来，我国花卉种植面积总体呈显著上升趋势，种植规模持续扩大。这主要得益于国家政策的扶持、科技的进步以及市场需求的增长。具体而言，国家林业和草原局等相关部门制定了一系列支持花卉产业发展的政策措施，包括财政补贴、税收优惠、科技研发支持等，为花卉产业的扩大种植规模提供了有力保障。

同时，随着科技的不断进步，花卉种植技术也得到了显著提升。先进的温室技术、节水灌溉系统、病虫害生物防治技术等的应用，使得花卉的产量和质量都得到了极大的提高，进一步推动了种植规模的扩大。

市场需求也是推动花卉种植规模扩大的重要因素。随着人们生活水平的提高和消费观念的转变，花卉消费已成为日常生活中不可或缺的一部分。无论是节日庆典、商务活动，还是家居装饰，花卉都扮演着重要的角色。这种旺盛的市场需求促使花卉生产者不断扩大种植规模，以满足市场需求。

以云南为例，作为我国著名的花卉产区之一，云南花卉产业近年来发展迅速。据统计，云南花卉种植面积已达数十万亩，涵盖了玫瑰、康乃馨、百合等多个品种。其中，云南的斗南花卉市场更是被誉为"亚洲花都"，每天有大量花卉从这里销往全国各地及海外市场。这充分展示了我国花卉产业种植规模持续扩大的成果和实力。

9.2.1.2 产业结构优化升级

产业结构优化升级是花卉产业发展中不可或缺的一环。随着技术的不断进步和市场需求的日益多样化，传统的花卉种植产业正逐步向种植与加工复合型产业转型发展。这种转变不仅提高了花卉产业的附加值，还进一步丰富了产品种类，满足了市场的多元化需求。

1. 技术引进与研发

为了提升花卉加工产业的水平，中国花卉企业积极引进国外先进的加工技术和设备，并结合国内市场需求进行本土化创新。例如：云南的花卉产业通过引进先进的温室技术和自动化设备，实现了花卉种植的高效化和规模化。同时，云南还研发出了一系列具有地方特色的花卉深加工产品，如鲜花饼、花茶等，进一步丰富了花卉产品的种类。

2. 产品质量与附加值提升

通过引进和研发先进的加工技术，中国花卉产业不仅提高了产品质量，还增加了产品的附加值。以鲜花饼为例，传统的鲜花饼只是将花瓣简单地混入面粉中制作，而现在的鲜花饼则采用了先进的加工技术，将花瓣进行精细处理，保留了花瓣的营养成分和香气，使得鲜花饼的口感和营养价值都得到了提升。这种提升不仅增加了产品的附加值，还吸引了更多的消费者。

3．产品种类丰富化

随着技术的进步和市场需求的转变，中国花卉产业正不断推出新产品，满足市场的多元化需求。除传统的鲜花和盆栽植物外，现在还有各种花卉深加工产品，如干花、花茶、花精油等。这些产品不仅具有观赏价值，还具有实用价值和健康效益，深受消费者喜爱。

以花茶为例，中国是茶文化的发源地之一，将花卉与茶叶相结合制作花茶，不仅保留了茶叶的原有口感和香气，还融入了花卉的独特风味和营养成分。这种跨界融合的创新产品不仅满足了消费者对健康饮品的需求，还丰富了茶文化的内涵。

9.2.1.3　市场竞争力提升

随着花卉产业的蓬勃发展，企业数量显著增加，市场竞争日益激烈。在这样的环境下，企业开始意识到品牌建设和产品质量提升的重要性，这也是提升市场竞争力的关键所在。

大中型花卉企业数量稳步增加，这些企业凭借先进的种植技术、强大的研发能力和完善的市场营销网络，成为推动花卉产业发展的中坚力量。这些企业注重品牌建设，通过注册商标、申请专利等方式保护自身知识产权，提高品牌知名度和美誉度。同时，他们还积极引进和培育新品种，丰富产品种类，提升产品质量，以满足市场的多元化需求。

林业部门在推动花卉市场向广义化发展方面也发挥了重要作用。他们鼓励企业丰富产品结构，不仅注重传统花卉的种植和销售，还积极引进和培育观赏价值高、经济价值大的新品种，如多肉植物、观赏草等。同时，林业部门还引导企业创新市场营销方式，通过线上线下结合、定制化服务等手段，提高市场占有率和客户满意度。

例如：云南斗南花卉市场是中国最大的花卉交易市场之一，也是全球最大的鲜切花交易市场。这里汇聚了众多大中型花卉企业，它们通过品牌建设、产品质量提升和市场营销创新，提高了市场竞争力，赢得了市场的认可。同时，斗南花卉市场还注重与国际接轨，积极引进国外先进的种植技术和新品种，推动了中国花卉产业的国际化发展。

9.2.2　市场需求

9.2.2.1　消费升级推动需求增长

随着中国社会经济的飞速发展，人们的生活水平显著提高，消费观念也经历了从基础生活需求向品质生活追求的转变。在这一过程中，花卉消费作为一种重要的生活美学和情感表达方式，逐渐融入人们的日常生活，成为不可或缺的一部分。

首先，消费者对花卉产品的品质要求日益提升。过去，人们购买花卉可能仅仅是为了装饰家居或庆祝节日，而现在，他们更关注花卉的品种、花型、颜色以及整体观感。比如，在玫瑰花市场中，消费者对品种独特的蓝玫瑰、香槟玫瑰等高品质花卉的需求不断增长，推动了相关品种的种植和销售。

其次，个性化需求成为花卉消费的新趋势。现代消费者追求独特性和个性化，他们希望所购买的花卉能够体现自己的品位和风格。因此，定制花束、个性化园艺设计等服务受到越来越多消费者的青睐。例如：一些花卉企业推出了"私人定制"服务，消费者可以根据自己的喜好和需求，选择花卉品种、颜色、包装等元素，定制出独一无二的花束或园艺景观。

最后，高性价比也成为消费者购买花卉的重要考量因素。随着市场竞争的加剧和消费者购物渠道的多样化，花卉价格逐渐趋于透明和合理。消费者在购买花卉时，不仅关注价格，更看重产品的性价比。因此，那些能够提供优质、实惠花卉产品的企业，往往能够获得更多消费者的青睐。

随着电商平台的快速发展和普及，我国越来越多的消费者开始选择在线购买花卉。各大电商平台上的花卉店铺如雨后春笋般涌现，为消费者提供了更加便捷、丰富的购物选择。同时，一些具有知名度和品牌影响力的花卉企业，如云南的斗南花卉市场、上海的虹桥花谷等，也通过线上、线下相结合的方式，不断提升自身的服务水平和产品质量，满足了消费者对于高品质、个性化、高性价比的花卉产品需求。这些成功的案例不仅推动了花卉产业的快速发展，也为其他行业的消费升级提供了有益的借鉴和启示。

9.2.2.2 市场需求多样化

市场需求多样化是现代经济中不可忽视的趋势，尤其在花卉产业中体现得尤为明显。随着消费者群体的细分和个性化需求的增长，花卉市场正面临着前所未有的挑战和机遇。

首先，年轻消费者群体在花卉市场中扮演着日益重要的角色。他们追求新颖、时尚和个性化的消费体验，因此对于花卉的观赏价值和个性化表达有着极高的要求。为了满足这一需求，花卉市场需要不断推出具有创新设计和独特风格的花卉产品，如色彩鲜艳、造型别致的多肉植物、盆栽花卉以及定制化的花束等。这些产品不仅能够满足年轻人的审美需求，还能够让他们在社交媒体上分享和展示，进一步扩大了花卉产品的市场影响力。

其次，中老年消费者群体则更注重花卉的养护价值和健康效益。他们往往对花卉的养护知识有着较为深入的了解，并希望通过花卉的种植和养护来丰富生活、陶冶情操。因此，针对中老年消费者的需求，花卉市场需要提供更为专业、全面的养护指导和服务，如提供花卉养护知识手册、开设花卉养护培训课程以及提供定期的花卉养护咨询等。这些服务不仅能够帮助中老年消费者更好地养护花卉，还能够增强他们对花卉市场的忠诚度和黏性。

在中国，市场需求多样化在花卉产业中得到了充分的体现。以昆明为例，作为中国的"花城"，昆明花卉市场不仅品种繁多、品质优良，而且非常注重满足不同消费者的需求。在年轻消费者群体中，昆明花卉市场推出了各种具有创意和时尚元素的花卉产品，如定制化的花束、以动漫形象为主题的花卉盆栽等，受到了年轻消费者的热烈追捧。而在中老年消费者群体中，昆明花卉市场则提供了丰富的花卉养护知识和服务，如开设花卉养护课堂、提供花卉健康咨询等，吸引了大量中老年消费者的关注和参与。

9.2.2.3 绿色环保理念深入人心

绿色环保理念深入人心，已成为现代社会发展的必然趋势。在花卉产业中，这一理念尤为凸显，越来越多的消费者开始关注花卉产品的环保性和可持续性，追求与自然和谐共生的生活方式。

随着环保意识的普及和提高，消费者在购买花卉产品时，不再仅仅关注其美观和价格，而是更加关注其是否环保、是否采用可持续的生产方式。这种变化促使花卉产业必须顺应市场趋势，加大环保型花卉产品的研发和推广力度。

环保型花卉产品的研发，需要林业部门和相关科研机构共同努力。他们应该注重花卉品种的选择和改良，优先选择那些生长适应性强、病虫害抗性高、观赏价值大的品种。同时，他们还应该注重花卉种植技术的创新，采用节水灌溉、有机肥料施用、生物防治等环保技术，降低花卉生产过程中的资源消耗和环境污染。

在中国，环保型花卉产品的推广已经取得了显著成效。以杭州为例，杭州在花卉产业的绿色环保方面走在了前列。杭州林业部门积极推广环保型花卉产品，鼓励花农采用环保技术种植花卉。同时，杭州还举办了多场环保型花卉展览和研讨会，提高了公众对环保型花卉产品的认识和了解。

在消费者层面，杭州的消费者对环保型花卉产品的需求也日益增长。他们更倾向于购买那些采用环保技术种植、无农药残留的花卉产品。这种需求推动了杭州花卉产业向更加环保、可持续的方向发展。

9.3　林业与花卉产业的生态经济效益

林业与花卉产业的生态经济效益是一个多维度的概念，涵盖了环境、经济、社会等多个方面。

9.3.1　生态效益

9.3.1.1　生物多样性保护
生物多样性保护是维护地球生态平衡和人类可持续发展的重要基础。林业和花卉产业作为两大绿色产业，通过植树造林、花卉种植等活动，为野生动植物提供了宝贵的栖息地和食物来源，从而显著促进了生物多样性的保护。

1. 林业对生物多样性的贡献

林业通过植树造林活动，增加了森林面积，提高了森林质量，为各种野生动植物提供了理想的生存环境。森林作为地球上最大的陆地生态系统，是生物多样性的宝库。在森林中，不同种类的植物为动物提供了食物和栖息地，同时树木的多样性也为多种微生物提供了生长环境。中国的天然林保护和退耕还林工程就是典型的林业生物多样性保护案例。这些工程不仅恢复了大量森林植被，还有效保护了珍稀濒危物种，如大熊猫、金丝猴等。

2. 花卉产业对生物多样性的贡献

花卉产业通过种植各种花卉，不仅美化了环境，还间接促进了生物多样性的保护。花卉种植过程中，通常需要营造适宜的生长环境，这也为其他生物提供了生存空间。此外，花卉种植还促进了植物种子的传播和繁殖，进一步丰富了植物多样性。在中国，许多城市都建有花卉主题公园或花卉基地，这些地方不仅吸引了大量游客，还成为多种生物的家园。

3. 生物多样性保护的重要性

生物多样性保护对于维护生态系统的稳定性和促进人类可持续发展具有重要意义。首先，生物多样性是生态系统稳定性的基础。多种生物之间的相互依存和制约关系，使得生态系统能够自我调节和恢复。其次，生物多样性是人类生存和发展的基础。最后，生物多样性还具有重要的科学研究价值，为人类的科技进步提供了无尽的灵感和素材。

9.3.1.2　碳汇功能

碳汇功能是指通过特定的生态系统（如森林、草原、湿地等）或特定技术（如碳捕捉和储存技术）来吸收和储存大气中的二氧化碳，从而减缓全球气候变暖的趋势。在生态系统中，林业和花卉产业都扮演着不可忽视的碳汇角色。

首先，林业作为最直接的碳汇方式之一，通过树木的光合作用吸收大气中的二氧化碳，并转化为生物量储存起来。树木在生长过程中，通过光合作用将二氧化碳转化为葡萄糖等有机物，同时释放出氧气。这种碳的固定和储存过程对于缓解全球气候变化具有重要意义。中国的植树造林和森林保护工程就是典型的林业碳汇实践。例如：中国的"三北防护林"（指在西北、华北和东北建设的大型人工林业生态工程）体系建设工程，不仅有效地改善了当地生态环境，还通过大规模的植树造林活动，显著增加了森林碳汇量，为应对全球气候变化做出了积极贡献。

其次，虽然花卉产业在碳汇功能方面相对于林业来说较小，但也具有一定的碳汇潜力。花卉在生长过程中同样通过光合作用吸收二氧化碳并释放氧气，对提高空气质量和减缓气候变暖有积极作用。此外，花卉产业还通过绿色植物对土壤的保护作用，减少土壤侵蚀和碳释放，间接促进了碳汇功能。在中国，随着城市绿化和生态建设的不断推进，花卉产业得到了快速发展。各种城市公园、道路绿化和居民区绿化等项目中大量使用花卉植物，不仅美化了城市环境，还通过花卉植物的碳汇功能为城市生态做出了贡献。

9.3.1.3 水土保持

水土保持是一项至关重要的生态工程，旨在通过保护和恢复地表植被，减少水土流失和土壤侵蚀，从而维护土地资源的可持续利用，保护水源地，并改善水质。林业和花卉产业作为水土保持的重要实践者，在生态环境保护和建设中发挥着不可或缺的作用。

林业通过大规模植树造林，增加了植被覆盖率，有效地阻止了水土流失和土壤侵蚀。树木的根系能够深入土壤，固定土壤颗粒，减少因风化和水力冲刷导致的土壤流失。

花卉产业也通过种植花卉和观赏植物，提高了土地的植被覆盖，从而间接地促进了水土保持。花卉的种植不仅可以美化环境，还可以增强土壤的结构和肥力，提高土壤的抗侵蚀能力。例如：在我国的一些城市，如杭州和昆明，花卉产业发达，城市绿地覆盖率高，这些绿地不仅为市民提供了休闲和娱乐的场所，还通过植被的覆盖作用，减少了雨水对土壤的冲刷，有效地防止了水土流失。

林业和花卉产业的植被覆盖还能降低地表径流，减轻洪涝灾害的影响。植被可以吸收和储存雨水，减少径流的产生，从而减轻洪峰的压力。在暴雨季节，这些植被就像天然的"海绵"，能够吸收大量的雨水，减少洪水对下游地区的冲击。

9.3.1.4 生态修复

生态修复是一项综合性的环境治理策略，旨在恢复受损生态系统的结构、功能和生态。在生态环境遭受破坏的地区，通过林业和花卉产业的积极参与，实施植被恢复和重建，可以有效地提高土壤质量、恢复植被群落结构，并促进生态系统的自我修复能力。

1. 生态修复的概念与重要性

生态修复是指通过人工干预和自然恢复相结合的方式，对受损的生态系统进行修复和重建，以恢复其生物多样性、生态功能和可持续性。在生态环境受损的地区，生态修复的重要性不言而喻。它不仅有助于提高土壤质量、保持水土，还能增加植被覆盖，提高生态系统的稳定性和抵抗力。

2. 林业和花卉产业在生态修复中的作用

（1）植被恢复与重建。林业和花卉产业通过植树造林、种植花卉等方式，可以快速恢复受损地区的植被覆盖。这些植被能够固定土壤、减少水土流失，并为其他生物提供栖息地和食物来源。随着植被的恢复，生态系统的结构和功能也会逐渐得到改善。

（2）提高土壤质量。植被的恢复能够提高土壤质量。植物的根系能够固定土壤颗粒，减少土壤侵蚀；同时，植物残体和分泌物能够促进土壤有机质的积累，提高土壤肥力。此外，一些具有特殊功能的植物（如豆科植物）还能通过生物固氮等方式改善土壤养分状况。

（3）恢复植被群落结构。林业和花卉产业有助于恢复植被群落结构。通过选择合适的树种和花卉品种进行种植，可以逐步构建出适应当地生态环境的植被群落。这些群落不仅具有更高的生态稳定性，还能为生物多样性提供丰富的生境。

（4）促进生态系统自我修复能力。随着植被的恢复和土壤质量的提高，生态系统的自我修复能力也会逐渐增强。生态系统中的生物种群会逐渐丰富起来，形成更为复杂的生态网络。这些生态网络能够有效地应对外界干扰和变化，提高生态系统的稳定性和抵抗力。

3. 实例分析

在中国，林业和花卉产业在生态修复中发挥了重要作用。以黄土高原为例，该地区长期遭受水土流失等生态环境问题的困扰。为了改善这一状况，中国政府实施了大规模的退耕还林还草工程。通过植树造林、种植牧草等措施，黄土高原的植被覆盖得到了显著提高。这不仅有效地减少了水土流失和土壤侵蚀现象的发生，还促进了当地生态系统的恢复和重建。如今的黄土高原已经焕发出勃勃生机，成为一个生态宜居的地方。

此外，中国的花卉产业也在生态修复中发挥了积极作用。许多城市通过建设花卉公园、绿化带等方式增加植被覆盖率，提高城市绿化水平。这些花卉不仅美化了城市环境，还为市民提供了休闲娱乐的好去处。同时，花卉的种植和养护也需要大量的劳动力和技术支持，这也为当地经济发展提供了动力。

9.3.2　经济效益

9.3.2.1　直接经济收益

林业和花卉产业在经济发展中占据重要地位，它们通过提供木材、花卉等多样化产品，直接创造经济收益，为国家和地方经济做出显著贡献。以下将详细阐述林业和花卉产业如何直接产生经济收益，并列举实例加以说明。

1. 林业产业直接经济收益

林业产业是一个以木材生产为主，涵盖多种林产品加工和利用的综合性产业。其直接经济收益主要来源于以下几个方面：

（1）木材销售。林业产业通过砍伐成熟树木，加工成各种规格的木材，供应给建筑、家具、造纸等行业。这些木材具有广泛的市场需求，能够为林业企业带来可观的销售收入。

（2）林副产品加工。林业产业还涉及林副产品的加工和销售，如松脂、松香、竹材等。这些林副产品具有独特的经济价值和用途，为林业企业带来额外的经济收益。

（3）生态旅游。随着人们对自然环境的日益关注，林业产业也逐渐向生态旅游领域拓展。森林公园、自然保护区等成为热门旅游景点，为林业企业带来门票收入、旅游服务收入等。

例如：中国东北地区的林业资源丰富，尤其是大兴安岭、小兴安岭等地；这些地区的林业企业通过木材销售、林副产品加工和生态旅游等方式，为当地经济带来了显著收益。大兴安岭地区依托丰富的森林资源，发展了森林旅游、林下经济等特色产业，成为当地重要的经济支柱。

2．花卉产业直接经济收益

花卉产业以花卉种植、销售为主要业务，通过提供观赏花卉、绿化苗木等产品，直接创造经济收益。其直接经济收益主要来源于以下几个方面：

（1）花卉销售。花卉产业通过种植各种观赏花卉和绿化苗木，供应给家庭、园林、公园等场所。这些花卉产品具有美化环境、陶冶情操的作用，受到广泛欢迎，为花卉企业带来丰厚的销售收入。

（2）花卉出口。中国花卉产业在国际市场上具有较强的竞争力，许多优质花卉品种被出口到国外市场。通过花卉出口，花卉企业可以拓展海外市场，增加外汇收入。

（3）花卉深加工。花卉产业还涉及花卉深加工领域，如干花、花茶、花卉精油等。这些深加工产品具有独特的市场需求和较高的附加值，为花卉企业带来额外的经济收益。

9.3.2.2　带动相关产业发展

林业和花卉产业的发展，在促进生态系统恢复的同时，也起到了强大的经济引擎作用，带动了相关产业链的发展。这些产业链涵盖了从原材料生产到最终产品加工、销售以及配套服务的各个环节，为经济增长注入了新的活力，并为社会创造了大量的就业机会。

1．林业产业发展对相关产业的带动作用

林业产业不仅是自然资源的提供者，也是推动经济发展的重要力量。木材作为林业的主要产品，其加工利用涉及家具制造、建筑材料、造纸等多个行业。随着林业产业的不断发展，这些相关行业也得到了显著的推动。例如：木材加工企业通过对木材进行切割、打磨、组装等工序，生产出各类家具和木制品，满足了市场多样化的需求。同时，林业发展还带动了林业机械、林化产品等相关产业的兴起，形成了一个完整的产业链。

2．花卉产业发展对相关产业的带动作用

花卉产业以其独特的魅力和巨大的市场潜力，成为推动经济发展的新动力。花卉种植、养护、运输等环节的发展，不仅创造了大量的就业机会，还带动了园艺设计、花卉物流、花艺培训等配套产业的发展。花卉产业的兴起，不仅美化了城市环境，提升了人们的生活品质，也为相关产业带来了丰厚的经济收益。

3. 实例分析

在中国，林业和花卉产业的发展对相关产业的带动作用尤为显著。以云南省为例，该省拥有得天独厚的自然条件和丰富的林业资源，林业产业已成为当地的支柱产业之一。随着林业产业的发展，云南省的木材加工、家具制造等相关产业也得到了迅速发展。同时，云南省还充分利用其丰富的花卉资源，大力发展花卉产业，形成了集花卉种植、销售、物流、园艺设计等于一体的完整产业链。这不仅为当地经济带来了可观的收益，也为当地居民提供了大量的就业机会。

此外，中国的花卉产业在近年来也呈现出蓬勃发展的态势。以江苏南京为例，该市依托其丰富的花卉资源和良好的生态环境，大力发展花卉产业。通过举办国际花卉博览会、建设花卉主题公园等措施，南京的花卉产业得到了快速发展。同时，该市还积极推动花卉产业与旅游、文化等产业的融合发展，形成了多元化的产业体系。这不仅提升了南京的城市形象和文化软实力，也为当地经济带来了新的增长点。

9.3.2.3 促进国际贸易

促进国际贸易是一个国家经济发展的重要驱动力，中国在这方面取得了显著成就。其中，林业和花卉产业作为国际贸易的重要组成部分，以其独特的竞争力和资源优势，为中国带来了显著的经济收益，并在改善国际收支、提高国家经济实力方面发挥了关键作用。

1. 林业产业的国际竞争力

中国的林业资源丰富，森林面积广阔，木材蓄积量大，这为林业产品的出口提供了得天独厚的条件。通过优化林业产业结构，提升木材加工技术，中国出口的木材产品在国际市场上赢得了良好的声誉。这些木材产品不仅满足了国际市场的需求，也为中国带来了可观的外汇收入。此外，中国政府还积极推动林业产业的可持续发展，通过植树造林、森林保护等措施，提高森林质量和生态效益，为林业产业的长期发展奠定了坚实基础。这些举措不仅有助于提升中国林业产业的国际竞争力，也为全球生态环境保护做出了积极贡献。

2．花卉产业的国际市场表现

中国的花卉产业也具备很强的国际竞争力。中国的花卉品种繁多、品质优良、价格合理，深受国际市场欢迎。通过培育新品种、提高花卉种植技术、拓展销售渠道等措施，中国花卉产业在国际市场上的份额不断扩大。以云南为例，云南作为中国著名的花卉产区之一，云南的花卉产业已经形成了完整的产业链和市场规模。每年，大量的云南花卉被出口到欧洲、北美、东南亚等地区，为中国带来了丰厚的外汇收入。同时，云南花卉产业的快速发展也带动了当地经济的繁荣和就业的增加。

3．林业和花卉产业对国际收支的影响

林业和花卉产业的出口为中国带来了大量的外汇收入，改善了国际收支状况。这些外汇收入不仅有助于平衡国际收支，也为中国的经济建设提供了重要的资金支持。此外，林业和花卉产业的出口还促进了中国与其他国家的经贸往来和友好合作关系的建立。

4．提高国家经济实力的作用

通过发展林业和花卉产业等具有国际竞争力的产业部门，中国不仅获得了更多的外汇收入，还提升了在全球经济中的地位和影响力。这些产业的发展为中国经济的持续增长提供了有力支撑，也为实现经济结构的优化升级和可持续发展奠定了坚实基础。

9.3.3 社会效益

9.3.3.1 提供就业机会

林业和花卉产业作为劳动密集型产业，在经济发展中扮演着至关重要的角色，尤其是在提供就业机会、促进农村劳动力转移和缓解城市就业压力方面。这些产业的特点在于它们对劳动力的需求量大，且涉及多个生产环节，从而为社会创造了广泛的就业机会。

1．提供就业机会

林业和花卉产业在种植、养护、采摘、加工、销售等各个环节都需要大量的人力资源。这些工作机会不仅涵盖了从基础劳动到技术管理的各个层次，还适合不同年龄、性别和教育背景的劳动者参与。因此，林业和花卉产业的发展为社会提供了多样化的就业机会。

以中国为例，近年来随着生态文明建设的推进和乡村振兴战略的实施，林业和花卉产业得到了快速发展。许多地区通过发展林业经济，将荒山荒坡变成了绿色宝库，同时为当地农民提供了大量的就业机会。

2. 促进农村劳动力转移

随着林业和花卉产业的发展，越来越多的农村劳动力被吸引到这些产业中来。这些产业为农民提供了更多的就业选择，使他们能够在家门口找到稳定的工作，从而实现劳动力从农业向林业和花卉产业的转移。这种转移不仅有助于优化劳动力资源配置，还有助于提高农民的收入水平和生活质量。

在中国的一些山区和贫困地区，林业和花卉产业的发展成为当地农民脱贫致富的重要途径。通过发展林业经济，当地农民可以将传统的农业生产方式转变为更加高效、环保的林业生产方式，从而提高土地的产出率和附加值。同时，花卉产业的发展也为当地农民提供了新的就业机会和收入来源，使他们能够通过自己的努力摆脱贫困。

3. 缓解城市就业压力

随着城市化进程的加速和人口的不断增长，城市就业压力日益增大。而林业和花卉产业的发展可以为城市提供新的就业机会，缓解城市就业压力。这些产业不仅可以吸纳从农村转移出来的劳动力，还可以吸引城市失业人员和下岗工人参与到林业和花卉产业中来。

在中国的一些大中型城市周边地区，林业和花卉产业已经成为城市经济的重要组成部分。这些产业不仅为城市提供了丰富的绿化资源和观赏植物，还为城市居民提供了休闲、娱乐和教育的场所。同时，这些产业的发展也为城市提供了大量的就业机会，缓解了城市就业压力。

9.3.3.2 提高居民生活质量

林业和花卉产业的发展不仅为社会经济做出了重要贡献，而且在提高居民生活质量方面发挥着不可或缺的作用。这些产业的发展为人们提供了更多的休闲场所和绿色空间，使居民的生活环境和生活质量得到了显著提升。同时，花卉产业的发展还为人们带来了美的享受和文化的熏陶。

1. 提供休闲场所和绿色空间

林业和花卉产业的发展使得城市和乡村的绿化面积不断增加，公园、绿地、花卉市场等休闲场所也随之增多。这些绿色空间为居民提供了便捷的休闲场所，使他们能够在繁忙的工作之余享受大自然的宁静与美丽。

在中国，许多城市都通过发展林业和花卉产业来打造宜居环境。例如：北京市通过大规模的绿化工程，建设了多个森林公园和绿地，为市民提供了丰富的休闲场所。这些公园和绿地不仅提高了城市的空气质量，还提升了市民的生活质量。另外，上海、广州等城市也积极推广花卉产业，建设了多个花卉市场和花园，为市民提供了欣赏花卉、感受自然之美的机会。

2．改善生活环境

林业和花卉产业的发展有助于改善居民的生活环境。绿色植物能够吸收空气中的有害物质，减少噪声污染，调节气候，为居民创造一个更加舒适、健康的生活环境。

在中国的一些乡村地区，林业产业的发展带动了乡村环境的改善。通过植树造林、退耕还林等措施，乡村的生态环境得到了有效保护，空气更加清新，水源更加洁净。这些改善不仅提高了居民的生活质量，也吸引了越来越多的游客前来观光旅游，促进了乡村经济的发展。

3．提供美的享受和文化的熏陶

花卉产业的发展为人们提供了美的享受和文化的熏陶。花卉作为一种独特的文化载体，不仅具有观赏价值，还蕴含着丰富的文化内涵。通过赏花、品花等活动，人们可以感受到大自然的美丽和花卉文化的魅力。

在中国，花卉文化源远流长，花卉产业的发展也体现了这一文化的传承与创新。例如：每年的春季，中国各地都会举办盛大的花展活动，如洛阳牡丹花会、上海花博会等。这些花展不仅展示了各种美丽的花卉品种，还融入了丰富的文化内涵和艺术元素，为游客提供了一场视觉盛宴和文化盛宴。通过参与这些活动，人们可以深入了解花卉文化，感受花卉文化的魅力，提升自己的审美素养和文化修养。

9.3.3.3　促进社会和谐稳定

林业和花卉产业的发展不仅对提升生态环境质量具有重要意义，同时在促进农村经济发展、农民增收致富以及缩小城乡差距等方面发挥着关键作用，从而有助于构建和谐稳定的社会环境。

1. 促进农村经济发展

林业和花卉产业作为农村经济的重要组成部分，其发展能够直接带动农村经济的增长。通过种植、养护、加工和销售等环节的发展，这些产业能够为农村提供多元化的经济收入来源，增强农村经济的韧性和活力。

以中国为例，许多地区通过发展林业经济，实现了农村经济的快速增长。例如：在浙江省的某些山区，当地政府鼓励农民种植竹子、油茶等特色林业产品，通过深加工和销售，这些产品不仅为农民带来了可观的收入，还推动了当地农村经济的繁荣。

2. 农民增收致富

林业和花卉产业的发展为农民提供了更多的就业机会和收入来源，帮助农民实现了增收致富。与传统农业相比，林业和花卉产业通常具有更高的附加值和更广阔的市场前景，能够为农民带来更高的经济收益。

以云南省的花卉产业为例，当地农民通过种植特色花卉，如玫瑰、康乃馨等，不仅提高了土地的利用效率，还通过销售这些花卉获得了丰厚的收入。许多农民因此实现了脱贫致富，生活水平得到了显著提升。

3. 缩小城乡差距

林业和花卉产业的发展有助于缩小城乡差距，推动城乡经济的协调发展。随着这些产业的发展，农村地区的经济实力和吸引力逐渐增强，吸引更多的资源和要素向农村流动，从而推动城乡经济的均衡发展。

在中国的一些地区，通过发展林业和花卉产业，农村地区的基础设施和公共服务得到了显著改善，农民的生活质量和幸福感不断提升。同时，这些产业的发展也吸引了越来越多的城市资本和人才向农村流动，为农村经济的发展注入了新的活力。

4. 促进社会和谐稳定

林业和花卉产业的发展有助于促进社会和谐稳定。通过为农民提供更多的就业机会和收入来源，这些产业能够减少农村贫困和社会不稳定因素，增强社会的凝聚力和向心力。同时，这些产业的发展还能够改善农村生态环境，提高农民的生活质量，为社会的可持续发展奠定坚实基础。

9.4　林业与花卉产业发展策略与政策建议

　　林业与花卉产业发展策略应着重于产业规划与布局、科技创新与人才培养、市场开发与品牌建设，以及生态环境保护与可持续发展等方面。政策建议方面，应加大政策扶持力度，拓宽融资渠道，降低产业发展成本，同时强化生态环境保护，推动产业绿色、高质量和可持续发展。

9.4.1　产业规划与布局

9.4.1.1　区域特色定位

　　区域特色定位是林业与花卉产业发展中的重要战略，它基于各地区的自然资源和环境条件，旨在发展具有鲜明地方特色的林业产品和花卉品种。这种定位不仅有助于提升产品的市场竞争力，还能促进区域经济的可持续发展。

　　1.　区域特色定位的重要性

　　（1）它体现在充分利用地区优势上。由于各地区在气候、土壤、水资源等自然条件方面存在差异，这种区域特色定位有助于精准把握这些优势，从而发展与之相适应的林业与花卉产业。通过因地制宜，选择适宜本地生长的树种和花卉品种，不仅能降低成本，还能提高产品质量，增强市场竞争力。

　　（2）区域特色定位有助于提升市场竞争力。具有地方特色的林业产品和花卉品种在市场上往往更具吸引力，因为它们能够满足消费者对于独特性和个性化的追求。这种独特性不仅体现在产品的外观上，还体现在其文化内涵和地域特色上。通过区域特色定位，可以打造出具有地方特色的品牌，提高产品的知名度和美誉度，从而在市场竞争中脱颖而出。

　　（3）区域特色定位对于推动区域经济发展具有重要意义。它有助于形成产业集聚效应，吸引相关产业链上下游企业的集聚。这些企业的集聚不仅可以共享资源、降低成本，还可以形成产业协同和互补效应，推动整个区域经济的发展。同时，区域特色定位还可以带动相关产业的发展，如旅游、文化等产业，进一步丰富区域经济的内涵和层次。

2. 如何确定区域特色定位

（1）深入分析自然资源与环境条件。这是确定区域特色定位的基础。通过细致考察地区的气候特征、土壤类型、水资源状况等自然资源，评估它们对林业与花卉产业发展的潜在影响。了解这些资源的分布、丰度和特性，有助于确定哪些林业产品和花卉品种在该地区具有生长优势。

（2）研究市场需求与趋势。市场需求是产业发展的驱动力。通过市场调研，了解消费者对林业产品和花卉品种的具体需求和偏好，以及市场的整体发展趋势。这包括了解目标市场的规模、消费者群体特征、消费习惯以及市场竞争状况等。这些信息有助于确定哪些林业产品和花卉品种在市场上具有竞争力，并预测未来的市场变化。

（3）综合考虑经济效益与生态效益。在确定区域特色定位时，不能只关注经济效益，而忽视生态效益。林业与花卉产业是生态友好型产业，其发展应当与生态环境相协调。因此，在确定特色定位时，要充分考虑产业发展的生态影响，确保产业发展的可持续性。通过选择适合本地生长且生态友好的林业产品和花卉品种，采取生态友好的种植方式，减少对生态环境的破坏，实现经济效益与生态效益的双赢。

通过以上步骤的综合考虑，可以确定出既符合地区自然资源与环境条件，又满足市场需求，同时兼顾经济效益与生态效益的区域特色定位。这将为林业与花卉产业的可持续发展提供有力支撑。

9.4.1.2 产业布局优化

产业布局优化是经济发展的重要战略，旨在通过科学规划和合理布局，避免产业同质化竞争，形成优势互补、错位发展的产业格局。这一战略对提升产业整体竞争力、促进区域协调发展具有重要意义。

1. 合理规划产业布局

产业布局优化首先要求在宏观层面对区域资源、产业基础、市场需求等因素进行全面分析，明确各地区的产业定位和发展方向。例如：在中国，东部地区凭借其优越的地理位置和经济基础，重点发展高新技术产业和现代服务业；中部地区依托丰富的农业资源和劳动力优势，大力发展现代农业和制造业；西部地区则着重在生态保护的前提下，发展特色农业、能源矿产和生态旅游等产业。

2．避免产业同质化竞争

产业同质化竞争不仅浪费资源，而且难以形成核心竞争力。因此，产业布局优化要求各地区根据自身优势，选择具有特色的主导产业，形成差异化竞争。例如：中国某些地区在花卉产业上具有得天独厚的自然条件和技术优势，便通过建设花卉产业园区，形成集研发、生产、销售、观光于一体的花卉产业链，有效地避免了产业同质化竞争。

3．形成优势互补、错位发展的产业格局

产业布局优化要求各地区之间形成优势互补、错位发展的产业格局。这既有利于提升整个产业体系的效率和竞争力，也有利于促进区域协调发展。在中国，不同地区之间的产业合作日益紧密，形成了许多具有地方特色的产业集群和产业链。例如：京津冀地区在协同发展框架下，共同打造先进制造业、现代服务业和现代农业等产业集群，实现了产业优势互补和错位发展。

4．鼓励产业集聚

产业集聚是推动产业布局优化的重要途径。通过建设产业园区、打造产业集群等方式，可以吸引相关企业和要素集聚，形成规模效应和协同效应。在中国，各地纷纷建设林业和花卉产业园区，通过政策扶持和优质服务，吸引了一批龙头企业入驻，推动了林业和花卉产业的快速发展。这些园区不仅提升了产业整体竞争力，还带动了周边地区的经济发展。

9.4.2　科技创新与人才培养

9.4.2.1　加强科技创新

加强科技创新是推动林业和花卉产业持续发展的重要动力。为了提升这两个产业的科技含量和竞争力，需要采取一系列措施来加大对科技创新的投入，并推动新品种、新技术、新设备的研发和应用。

1．加大科技创新投入

（1）财政资金支持。政府应高度重视林业和花卉产业的科技创新工作，并设立专项资金，为相关科技创新项目提供稳定的经费支持。这些资金可以用于新品种培育、技术研发、设备更新等方面，以确保科技创新工作的顺利进行。同时，政府应建立完善的资金管理机制，确保资金使用的透明度和有效性。

（2）引导社会资本。除财政资金支持外，政府还应积极引导社会资本进入林业和花卉产业的科技创新领域。通过制定税收优惠、政策扶持等激励措施，降低社会资本进入科技创新领域的门槛和风险，吸引更多的社会资本投入。同时，政府还应加强与社会资本的沟通和合作，建立多元化的投入机制，共同推动林业和花卉产业的科技创新工作。

通过财政资金支持和社会资本的引导，可以形成多元化的科技创新投入机制，为林业和花卉产业的持续发展提供强大的动力。这将有助于推动新品种的培育、新技术的研发和新设备的更新，提高林业和花卉产业的竞争力和可持续发展能力。

2. 推动新品种、新技术、新设备的研发和应用

推动新品种、新技术、新设备的研发和应用，对林业和花卉产业的持续发展具有重要意义。

（1）在新品种培育方面，应加强种质资源的收集、保存和高效利用，通过科学的杂交育种、基因编辑等现代生物技术，培育出能适应不同气候和土壤条件、产量高、品质优良、抗病虫害能力强的新品种。这不仅有助于满足市场对多样化、高品质林木花卉的需求，还能提升产业的竞争力和可持续发展能力。

（2）在技术研发方面，鼓励科研机构、高校和企业深化合作，共同研发节水灌溉、精准施肥、病虫害生物防治等关键技术。同时，推动智能化管理技术的应用，如利用物联网、大数据、人工智能等技术手段，实现对林木花卉生长环境的实时监控、精准调控和智能决策，提高产业的生产效率和品质。

（3）在新设备应用方面，应积极引进和推广先进的林业和花卉产业设备。例如：自动化播种机、智能温室、无人机监测等设备的应用，可以大大提高产业的机械化、自动化水平，降低劳动强度，提高生产效率。此外，这些新设备的应用还能促进产业的转型升级，推动产业向更

加绿色、环保、高效的方向发展。

通过综合推动新品种、新技术、新设备的研发和应用，可以为林业和花卉产业的可持续发展提供强有力的科技支撑，助力产业实现更高质量、更有效率、更可持续的发展。

3．加强与高校、科研院所的合作

（1）构建产学研一体化机制。应建立林业和花卉产业与高校、科研院所之间紧密且持久的合作关系，以形成高效的产学研一体化机制。这一机制可以通过设立合作项目，实现双方在人才培养、技术创新、产品研发等方面的深度合作。高校和科研院所的科研团队可以为企业提供前沿的技术支持和理论指导，而企业则可以为科研团队提供实践基地和市场反馈，共同推动科技创新成果的转化和应用，实现科研成果与产业需求的无缝对接。

（2）促进资源共享。应鼓励高校、科研院所与企业之间实现资源的共享，包括实验室、设备、数据等。这种资源共享不仅可以提高资源的利用效率，避免资源的浪费，还可以加速科技创新的进程。通过共享资源，高校和科研院所可以更加深入地了解企业的实际需求，为企业提供更加精准的技术支持；而企业则可以借助高校和科研院所的优质资源，提升自身的研发能力和技术水平。同时，资源共享也有助于打破行业壁垒，促进不同领域之间的交叉融合，为林业和花卉产业的创新发展注入新的活力。

4．实例分析

在花卉产业方面，中国云南的花卉产业就是一个典型的例子。云南省政府高度重视花卉产业的科技创新，加大了对新品种培育、技术研发、设备更新的投入。通过与国内外高校、科研院所的合作，云南花卉产业在品种创新、技术升级等方面取得了显著成果。例如：云南成功培育出了多个具有自主知识产权的花卉新品种，提高了产品的附加值和市场竞争力。同时，云南还引进了先进的温室设备、灌溉系统等，提高了花卉产业的自动化、智能化水平。这些措施的实施，使得云南花卉产业在国内外市场上占据了重要地位。

在林业产业方面，中国的竹林产业也展示了科技创新的力量。浙江省安吉县是著名的竹乡，当地政府积极推动竹产业科技创新，与多所高校和科研机构建立了合作关系。通过引进新技术、新设备和新工艺，安吉县成功实现了竹材的高效利用和深加工，开发出了竹纤维、竹炭、竹板材等高附加值产品。这些创新产品不仅提高了竹产业的附加值，还带动了当地经济的发展。同时，安吉县还建立了完善的产学研一体化机制，鼓励企业和科研机构共同开展技术创新和成果转化工作，推动了竹产业的持续健康发展。

9.4.2.2　人才培养与引进

人才培养与引进是林业和花卉产业持续发展的关键。为了提升产业的竞争力和创新能力，必须加强人才培养，提高从业人员的专业素养和管理能力。一方面，应鼓励高校开设与林业和花卉产业相关的专业，培养具备专业技能、创新精神和国际视野的复合型人才。这些人才将成为产业发展的中坚力量，推动新技术、新方法的研发和应用。另一方面，积极引进国内外优秀人才，特别是具有丰富经验和先进技术的专家学者，他们将为产业发展提供宝贵的智力支持和指导。以中国云南省为例，该省在林业和花卉产业人才培养与引进方面取得了显著成效。云南省的高校开设了林业、园艺等相关专业，培养了大量具备专业技能和管理能力的人才。同时，云南省还积极引进国内外知名专家学者，建立了多个林业和花卉产业的研究机构和实验室，为产业发展提供了强大的智力支持。这些措施的实施，有效地提升了云南省林业和花卉产业的科技水平和市场竞争力。

9.4.3　市场开发与品牌建设

9.4.3.1　拓展市场渠道

拓展市场渠道是林业和花卉产业发展的重要一环。为了提升林业和花卉产品的市场竞争力，必须加强市场营销，积极开拓国内外市场渠道。这包括建立健全销售网络，强化与电商平台、大型超市、专业花卉市场等渠道的合作，通过线上、线下相结合的方式，提高产品的知名度和市场占有率。以中国云南省的花卉产业为例，该地区不仅注重提升花卉的品质和种类，还积极拓宽市场渠道。通过与电商平台合作，云南花卉实现了全国乃至全球的在线销售，极大地提升了产品的知名度和市场竞争力。同时，云南花卉还成功打入了欧洲、北美等国际市场，成为国际市场上备受瞩目的优质产品。这些成功的市场渠道拓展经验，为林业和花卉产业的持续发展提供了有力支撑。

9.4.3.2　品牌建设

品牌建设是提升林业和花卉产业竞争力的关键一环。要注重打造具有地方特色的林业和花卉品牌，这不仅能够凸显产品的独特性和高品质，还能增强消费者对本地产品的认知度和信任度。具体而言，应深入挖掘地方文化、自然资源等独特元素，与产品特性相结合，形成独特的品牌形象。同时，加强品牌宣传和推广至关重要，可以通过广告、展会、网络等多种渠道进行推广，提高品牌的知名度和影响力。此外，品牌保护也是品牌建设的重要方面，需要建立完善的品牌保护机制，防止侵权行为的发生，维护市场秩序，保障品牌的合法权益。

例如：在花卉产业中，云南省的斗南花卉品牌就是一个成功的案例。斗南花卉以其品种繁多、质量优良、服务周到而享誉国内外。当地政府和企业注重品牌建设，通过举办国际花卉博览会、开展网络营销等多种方式，加强了品牌宣传和推广，提高了消费者对斗南花卉的认知度和信任度。同时，斗南花卉还建立了完善的品牌保护机制，通过注册商标、申请专利等方式，保护了自己的品牌权益，维护了市场秩序。这些措施的实施，使得斗南花卉成为中国花卉产业的佼佼者，为中国花卉产业的品牌建设树立了典范。

9.4.4　生态环境保护与可持续发展

9.4.4.1　加强生态环境保护

加强生态环境保护是林业和花卉产业可持续发展的基础。在推动林业和花卉产业发展的同时，必须注重生态环境的保护，确保资源的合理利用，防止过度开发和污染。这包括采取一系列措施，如加强生态修复和治理，提高生态系统的稳定性和服务功能。例如：在中国，一些地区积极实施退耕还林、生态修复等工程，通过植树造林、水土保持等措施，有效地改善了当地的生态环境。同时，在花卉产业发展中，也注重环保型栽培技术的推广和应用，减少化肥、农药的使用，保护土壤和水源，确保花卉产业的绿色健康发展。这些措施的实施，不仅提升了林业和花卉产业的生态效益，也为当地经济的可持续发展奠定了坚实基础。

9.4.4.2　推动可持续发展

推动可持续发展是林业和花卉产业未来发展的重要方向。在坚持绿色发展理念的基础上，需要注重产业链延伸和循环经济的发展，通过优化产业结构、提高资源利用效率，实现产业的绿色转型和可持续发展。具体而言，可以加强林业和花卉产品的深加工，开发高附加值产品，推动产业链向纵深发展；同时，推动废弃物资源化利用，形成循环经济的闭环，降低环境污染和资源浪费。此外，加强国际合作与交流也至关重要。通过与国际先进企业和机构开展合作，学习借鉴国外先进的可持续发展理念、技术和模式，引进先进的管理经验和市场运作模式，推动林业和花卉产业向更高质量、更可持续的方向发展。

中国在这方面已有诸多成功案例。例如：浙江安吉的竹产业在推动可持续发展方面取得了显著成效。安吉县通过优化竹产业链，发展竹纤维、竹炭等深加工产品，提高了竹材的附加值；同时，注重竹产业废弃物的资源化利用，如将竹废料转化为生物质能源或有机肥料，形成了循环经济的良好模式。此外，安吉县还积极与国际竹藤组织等机构开展合作，引进国际先进的竹产业技术和管理经验，推动了竹产业的可持续发展。这些实践不仅为当地经济发展注入了新动力，也为全球林业和花卉产业的可持续发展提供了有益借鉴。

第 10 章　案例分析与实践应用

在多个成功的案例中，通过合理规划林木花卉的种植布局，不仅显著提升了当地的环境质量，如减少空气污染、保护水源地、改善土壤状况等，还促进了生态旅游和当地社区的可持续发展。这些实践应用证明了林木花卉种植在环境保护中的重要作用，并为未来相关工作提供了宝贵的经验和启示。

10.1　成功案例分析

林木花卉种植不仅是美化环境、提升生活品质的重要手段，同时是环境保护和生态修复的有效途径。通过多个成功案例的分析，可以清晰地看到林木花卉种植在环境保护方面的积极作用。

10.1.1　案例选取与分析

10.1.1.1　生态修复与保护

生态修复与保护是维护地球生态平衡、促进可持续发展的关键举措。以中国的"三北防护林"体系建设工程为例，该工程是一项具有深远影响的生态工程。自实施以来，它以惊人的科学规划，逐步改善了中国北部地区的生态环境。通过大规模的林木种植，该项目不仅有效地遏制了风沙的侵蚀，减少了土地沙漠化，还显著提高了土壤质量，增强了水源涵养能力，为当地乃至整个区域的生态环境提供了坚实的保障。这一成功案例充分展示了林木种植在生态修复与保护方面的巨大潜力和显著成效，为全球生态治理提供了宝贵的经验和启示。

10.1.1.2　生物多样性保护

在肯尼亚的"绿带运动"项目中，当地政府实施了一项具有前瞻性的政策，即鼓励农民将部分耕地重新转变为森林。这一举措不仅成功恢复了受损的生态环境，还显著提升了土壤的保水能力，促进了生物多样性的丰富。随着森林面积的逐步扩大，许多一度濒危的珍稀动植物种群得以恢复和繁衍，生态链的平衡得到了有效维护。这一案例充分展示了林木花卉种植在保护生物多样性方面所发挥的不可或缺的作用。在中国，类似的实践也取得了显著成效。例如：在四川的某些地区，通过实施退耕还林政策，大量的农田被重新绿化为林地，这不仅有效地改善了当地的气候和土壤条件，还为众多野生动植物提供了良好的栖息环境，显著提高了生物多样性。这些成功的实践案例进一步印证了林木花卉种植在生物多样性保护中的重要作用。

10.1.1.3 碳汇功能提升

碳汇功能提升对于应对全球气候变化具有重要意义。在中国四川、云南等地通过实施大规模的植树造林活动，显著提升了森林的碳汇功能。这些地区结合当地的气候和土壤条件，引进了适宜生长的树种和花卉，并运用科学的种植技术和管理方法，确保了森林的健康生长和有效管理。随着森林面积的不断扩大，这些地区的碳汇能力得到了显著提高，有效吸收了大气中的二氧化碳，为缓解全球气候变暖做出了积极贡献。同时，这些碳汇功能的提升也为当地经济发展注入了新的活力，促进了生态旅游等相关产业的发展，实现了生态效益和经济效益的双赢。

10.1.1.4 水土保持与水源涵养

水土保持与水源涵养是生态建设中至关重要的环节。在黄土高原地区，长期面临严重的水土流失问题，但通过大力推广种植林木和花卉，这一局面得到了显著改善。这些植被不仅通过根系牢牢固定土壤，有效减少地表径流和冲刷，还显著提高了土壤的抗蚀能力，减少了水土流失的风险。同时，林木和花卉的蒸腾作用能够增加空气湿度，促进降雨，并通过其茂盛的枝叶和土壤层截留雨水，有效涵养水源，进而提升地下水位，为当地的农业生产提供了稳定且充足的水资源。例如：在陕西的延安地区，通过实施退耕还林政策，大面积种植了耐旱且具有良好水土保持能力的树种和花卉，不仅有效地改善了当地的水土保持状况，还带动了农业生产的可持续发展。这一案例充分展示了林木花卉种植在促进水土保持与水源涵养方面的重要作用，为实现生态文明和可持续发展提供了有力支撑。

10.1.1.5 生态环境改善与居民生活质量提升

生态环境改善与居民生活质量提升之间存在着密切的联系。在城市绿地建设项目中，通过精心规划和种植各类林木花卉，有效地改善了城市的生态环境。这些绿地不仅美化了城市景观，为市民带来了宜人的视觉享受，还提供了宝贵的休闲场所和绿色空间，使居民能够亲近自然、放松身心，从而极大地提升了他们的生活质量和幸福感。同时，绿地植被还能够吸收空气中的有害物质，如二氧化碳、尘埃和有害气体，并释放氧气，有效净化空气质量，为居民创造出一个更加健康、舒适、宜居的生活环境。以北京为例，近年来，北京市大力推进城市绿化建设，通过种植大量的林木花卉，不仅使城市面貌焕然一新，还为市民提供了更多优质的绿色空间，显著提升了居民的生活品质。这一实例充分证明了生态环境改善与居民生活质量提升之间的紧密关系。

10.1.2 结论

通过对以上成功案例的分析可以看出，林木花卉种植在环境保护方面具有多方面的积极作用。它不仅能够在修复和保护生态环境、保护生物多样性、提升碳汇功能、提升水土保持和水源涵养能力等方面发挥重要作用，还能够在改善城市生态环境、提升居民生活质量等方面发挥积极作用。因此，应该进一步加强对林木花卉种植的支持和推广力度，促进其在环境保护和生态修复方面发挥更大的作用。

10.2 种植技术的实际应用效果

种植技术的实际应用效果体现在多个方面，这些方面不仅直接影响农作物的产量和质量，还关联到资源利用效率、环境保护以及农业生产的可持续性。

10.2.1 提高产量和品质

在产量增加方面，先进的种植技术，如精准播种技术能够确保种子在土壤中均匀分布，合理密植则保证了农作物生长空间的合理利用，加之科学的灌溉系统，使得农作物在最佳的生长条件下苗壮成长，从而大幅度提高单位面积的产量。同时，通过科学施肥和病虫害综合防治技术的应用，有效地减少了作物损失，进一步提升了产量。以我国山东寿光为例，这里作为中国的蔬菜之乡，通过引进先进的种植技术和管理模式，蔬菜产量持续增长，为当地农民带来了可观的收益。

在品质提升方面，种植技术的优化对农作物的品质有着直接而显著的影响。通过选择适宜的品种、调整种植密度、精确控制施肥量和灌溉量，可以有效地提升农作物的外观品质、口感和营养价值。这些技术的应用，使得农产品在外观上更加美观，口感上更加鲜美，营养价值更加丰富，满足了消费者对高品质农产品的追求。例如：在我国云南普洱，当地茶农通过采用科学的种植技术，不仅提高了茶叶的产量，还使得茶叶的品质得到了显著提升，深受消费者的喜爱。

10.2.2　节约资源和降低成本

种植技术的实际应用效果在节约资源和降低成本方面尤为显著。

在节约水资源方面，通过引入节水灌溉技术，如滴灌和渗灌，可以实现精准灌溉。这些技术能够根据作物的生长需求和土壤的水分状况进行精确调控，从而有效地减少水资源的浪费。例如：在中国的新疆地区，由于气候干旱，水资源十分紧缺，当地农民广泛采用滴灌技术，不仅大幅提高了灌溉效率，还显著降低了灌溉成本，对保障农业生产的可持续发展起到了关键作用。

在节约肥料和农药方面，精准施肥和施药技术通过科学分析作物生长需求和病虫害发生情况，实现了肥料和农药的精准投放。这不仅有效地减少了资源的浪费，还降低了对环境的负面影响。以山东的蔬菜种植基地为例，通过采用精准施肥技术，农民能够根据蔬菜的生长周期和营养需求，合理调配肥料种类和用量，从而在保证产量的同时，减少了化肥的使用量，提高了农产品的安全性和品质，也降低了生产成本。

10.2.3　环境保护和可持续发展

在减少环境污染方面，通过广泛采用生物防治、物理防治等环保型病虫害防治技术，显著减少了化学农药的使用量，进而降低了对环境的污染。例如：在四川的某生态农业园区，通过引入天敌昆虫进行生物防治，不仅有效地控制了害虫数量，还大幅减少了农药的使用，有效地保护了当地生态环境。

在促进生态平衡方面，生态农业种植技术如轮作、间作等被广泛应用，这不仅增加了农田生态系统的生物多样性，还有助于改善土壤结构，提高土壤肥力，为农作物的生长提供了更为健康、肥沃的土壤环境。

种植技术的创新和应用极大地推动了农业的可持续发展。通过优化种植结构、提高资源利用效率、降低生产成本等措施，农业生产变得更加稳定且可持续，为农业的长期发展奠定了坚实的基础。例如：在山东的某现代农业示范区，通过引入先进的种植技术和管理模式，不仅提高了作物产量和品质，还实现了农业生产的资源节约和环境保护，为当地农业的可持续发展提供了有力支持。

10.2.4　提高农业生产效率

机械化种植技术的广泛应用极大地提升了种植效率。例如：在中国，大型农场已经普遍采用自动化播种和收割设备，这些机器能够在短时间内完成大面积土地的播种和收割工作，极大地减少了人力成本，提高了生产效率。

智能化管理技术的引入，为农业生产带来了更加科学的管理方式。通过物联网技术，农民可以实时监测农作物的生长状况、土壤湿度、养分含量等关键数据，并利用大数据分析提供精准的管理建议。这种智能化的管理方式不仅能够帮助农民更好地掌握农作物的生长规律，还能有效减少资源的浪费，提高农业生产的整体效率。以我国的新疆地区为例，该地区广泛采用无人机、智能灌溉等先进技术进行棉花种植管理，不仅实现了精准施肥、节水灌溉，还大幅提升了棉花产量和质量，充分展示了种植技术实际应用效果的强大力量。

10.3　未来发展方向与展望

林木花卉种植与环境保护的未来发展方向包括多个方向，这些方向将相互促进、相互支持，共同推动林木花卉种植与环境保护事业的持续发展。

10.3.1　技术革新与智能化种植

随着科技的不断进步，林木花卉种植技术正逐步迈向智能化、自动化的新时代。在这一过程中，智能浇水系统能够依据土壤湿度和植物需求进行精确的水分供应，自动化温室则通过智能调节光照、温度和湿度等环境参数，为植物提供最佳的生长条件。此外，远程监控技术使种植者能够实时监控植物的生长状态，而数据分析则能够为他们提供科学决策的依据。这些技术的集成应用，不仅大幅提升了种植效率，减少了资源的浪费，还有效地降低了人为操作中的错误率。展望未来，随着人工智能和物联网技术的深入发展，林木花卉种植将进一步实现精准化、智能化管理，推动产业向更高效、更可持续的方向发展。

10.3.2　品种改良与生物多样性保护

品种改良在林木花卉种植领域占据举足轻重的地位。通过先进的基因编辑和杂交育种技术，科研人员能够培育出具备强大抗逆性、快速生长能力及高观赏价值的新品种，这些新品种不仅适应性强，而且能够更好地满足市场和消费者的多样化需求。在追求品种改良的同时，应同样注重生物多样性的保护，警惕单一品种种植可能引发的生态失衡问题。因此，在种植实践中，应积极采用生态友好的种植方法，如合理布局、科学施肥、减少农药使用等，以确保在种植过程中保护野生动植物的栖息地，维护生态平衡，实现林木花卉产业的可持续发展。

10.3.3　绿色种植与可持续发展

绿色种植不仅是林木花卉种植与环境保护相结合的必然选择，也是实现可持续发展的重要途径。在绿色种植实践中，要积极采用有机肥料和生物农药等环保技术，旨在减少化学农药和化肥的使用，从而有效地减轻对土壤、水源和生态系统的污染压力。同时，要高度重视资源的循环利用，将农作物秸秆、畜禽粪便等农业废弃物转化为有机肥料，实现资源的最大化利用，减少废弃物的排放。此外，要积极推动林业碳汇项目的开展，通过大规模种植树木，增加森林面积，提高森林质量，从而增强森林吸收二氧化碳的能力，为缓解全球气候变化问题贡献林业力量。这一系列的绿色种植措施，不仅有助于保护生态环境，还能促进林木花卉产业的健康发展，实现经济效益与生态效益的双赢。

10.3.4　生态修复与生态景观建设

林木花卉种植在生态修复和生态景观建设中发挥着举足轻重的作用。一方面，通过精心选种和种植树木花卉，能够有效地修复受损的生态系统，它们能够稳固土壤、防止水土流失，并提升土壤肥力和水源涵养能力，从而恢复和增强生态系统的稳定性和自我修复能力。另一方面，花卉的观赏价值使得它们成为生态景观建设中的点睛之笔，通过合理规划与设计，可以打造出美丽宜人、丰富多彩的生态景观，显著提升城市的绿化水平，改善市民的居住环境，为人们带来更加美好的居住体验。展望未来，随着人们对生态环境质量要求的日益提高，林木花卉种植在生态修复和生态景观建设中的作用将愈发重要，成为实现绿色可持续发展不可或缺的一环。

10.3.5　市场多元化与国际化

市场多元化与国际化是林木花卉种植行业发展的必然趋势。随着人们生活水平的提高，对林木花卉的需求逐渐呈现出多元化趋势，不仅要求品种丰富、质量上乘，还追求独特的观赏价值和个性化需求。与此同时，全球化进程的不断深入也为林木花卉种植行业带来了更广阔的国际市场。为了抓住这一机遇，企业需要加强市场调研，深入了解国内外市场的需求和趋势，同时加大产品研发力度，提升产品的品质和竞争力。通过积极参与国际交流与合作，企业可以拓展国际市场，实现品牌的国际化和全球化发展。这不仅有助于提升企业的整体实力，还能为林木花卉种植行业的持续健康发展注入新的活力。

参 考 文 献

［1］韩阳，何利贤．林木常规育种技术对园林绿化花卉资源的保育与应用［J］．种子科技，2022，40（11）：52-54.

［2］刘亚圣．林木花卉品种创新发展路径及对策建议：以福建省为例［J］．发展研究，2021，38（10）：55-60.

［3］兰璞，王丽娟，贾凤伶，等．天津市林果花卉种业发展现状、存在问题及对策建议［J］．天津农业科学，2021，27（6）：46-49.

［4］铁铮，李建泉．优新林木花卉品种助力京津冀绿化［J］．绿化与生活，2021（3）：18-20.

［5］铁铮．北林大：推进林木花卉种质创新 助力园林绿化［J］．国土绿化，2021（2）：50-51.

［6］铁铮．70多种林木花卉优新品种助力绿化［J］．绿色中国，2021（3）：58-59.

［7］张德山．林木花卉种子虫害处理［J］．农业知识，2019（16）：30-31.

［8］李冉．提升花卉苗木国际竞争力有"药方"［J］．中国林业产业，2016（10）：77-80.

［9］俞新水，彭翠松，吴建花．新形势下保山市林木种苗与花卉产业发展思路［J］．林业调查规划，2019，44（1）：116-119.

［10］席娅玲．肃州区花卉林木种苗产业现状与发展对策［J］．农业与技术，2016，36（15）：85-86.